城市发展与景观设计

许　嵩　孔佳雪　著

中国纺织出版社

图书在版编目（CIP）数据

城市发展与景观设计 / 许嵩，孔佳雪著 . -- 北京：中国纺织出版社，2017.8（2025.1 重印）

ISBN 978-7-5180-3973-9

Ⅰ. ①城… Ⅱ. ①许… ②孔… Ⅲ. ①城市景观—景观设计 Ⅳ. ① TU-856

中国版本图书馆 CIP 数据核字（2017）第 209012 号

责任编辑：范雨昕　　责任校对：寇晨晨　　责任印制：何　建

中国纺织出版社出版发行
地址：北京市朝阳区百子湾东里A407号楼　邮政编码：100124
销售电话：010 — 67004422　传真：010 — 87155801
http：//www.c-textilep.com
中国纺织出版社天猫旗舰店
官方微博http：//weibo.com/2119887771
永清县晔盛亚胶印有限公司印刷　各地新华书店经销
2017年8月第1版　2025年1月第2次印刷
开本：710 × 1000　1/16　印张：20.25
字数：276千字　定价：88.00元

前　言

城市的艺术风格、景观是互通的。社会与经济的发展加速了城市化进程，导致城市环境问题的产生，生态学理论被及时引入城市规划和景观学学科，拓展了学科的研究领域。生态问题成为城市景观的首要考虑因素。这里说的生态问题主要是指景观首先应具有良好的生态效应，有助于改善城市环境，有利于提高市民的生活质量。因此，生态效益成为影响和评价城市景观优劣的重要标准，表现在大尺度景观上就是要严格保护和合理利用场地的自然资源，表现在小尺度景观上是要求有合理的绿地率、适宜的植物配置和符合人们交往行为需求的空间布局等。这些大多是偏于自然的、物质的因素，但里面也包含一些文化层面的因素，例如要求尊重当地的民风习俗，充分利用当地人文资源，弘扬地域文化等，主要体现在景观的社会功能、空间组合的形式与意象表达上。这已经超出自然与物质的层面，似乎属于人们另一种生存状态的需求，也就是人文层面的生态需求。由此，我们依稀预感到人文层面的生存状态可能会对城市景观产生全局性的制约与影响，形成与之相适应的景观形态。

本书共十章。湖北工业大学的许嵩负责第一至第六章的编写，湖北工业大学的孔佳雪负责第七至第十章的编写。在本书的编写过程中，我们参阅并引用了国内外学者的有关著作和论述，并从中受到了启迪，特向他们表示诚挚的敬意。由于我们知识与经验的局限性，书中的疏漏之处在所难免，恳请广大读者提出宝贵意见和建议，以使我们的学术水平能不断提升。

作者

2018 年 2 月

前言

[illegible]

编者

目　录

第一章　导论

第一节　城市景观研究的价值

从公元前3500年两河流域城市的出现至21世纪初，世界已有一半以上的人口居住在城市。三千多年的城市发展史造就了多姿多彩的城市文化，生活在城市中的人们对城市有着各种各样的认识和体会。城市对他们而言不仅仅是一部提供生活功能的庞大的“机器”，更是一种归宿，是精神的家园。人们向往美的城市，渴望拥有美好的生活。城市在作为聚落形式的同时，也成为审美对象被人们感知。城市景观研究的意义首先在于揭示城市美学的价值。

城市作为“人与自然的共同作品”，是典型的文化景观。它作为人类文化遗产的组成部分，反映出所在地域基本而独特的文化特征。随着信息时代的到来，全球一体化的信息交流加速了文化的交融，原本独立发展的各个城市的文化特征日益模糊，城市文化趋同。“千城一面”的特色危机反映了城市地域文化的衰微。对城市景观的研究有助于揭示并发挥城市的景观特质，保护地域文化的多样性。

近年来，随着城市建设规模的扩大和速度的加快，历史遗产保护已成为城市更新过程中一个经常引起矛盾和冲突焦点问题。由于东西方有关“保护”和“更新”观念的冲突与混合，造成了认识上的偏差和实际操作的混乱局面，使“建设性破坏”和“假古董”各行其道，割裂了城市景观的历史延续性，破坏了城市整体的风貌特色。而以空间格局、自然环境、建筑风格为主要内容的古城风貌特色的保持与延续，是我国历史文化名城保护实践的重要内容之一。对城市景观展开理论上的研究，有助于树立整体的保护意识，并在实践中坚持正确的发展观。另外，随着城市化进程的加快，城市新区建设力度加大，新兴城市大量涌现，景观意识的观念也有助于形成优美的城市形象，创造和谐的城市生态环境。

尽管城市以其日新月异的面貌昭示其建设发展的巨大成就，但关于城市问题的披露还是屡见弊端。这不仅表明了人们对城市生活的关注，更表明了当以物质、技术、功利为取向的文化形式居于统治地位并开始禁锢人们的生命本性的时候，社会对主体性的呼唤和人文精神的觉醒。如果说欧洲中世纪的文艺复兴，自觉地站在作为主流文化的宗教的对立面，揭起了崇尚理性反对愚昧的旗帜；而当代的人文精神，却将矛头指向曾经作为人文精神的理性，成为当今反技术理性运动中的主力军。由于物质的、技术的、功利的追求在社会生活中占据了压倒一切的统治地位，而精神的活动和追求被忽视、被冷漠、被挤压、被驱赶，使人有可能成为马尔库塞所说的“单面人”，成为没有精神生活和情感生活的单纯的技术性的动物和功利性的动物。因此，从物质的、技术的、功利的统治下拯救精神就成了时代的要求、时代的呼声，人文精神对现时代主流文化的批判往往采用“复古”的形式。一是回归历史，回到某一过去的时段；二是还原本性，返回生命的原初经验。如果将城市建设置于这种背景之下，我们不难理解作为对西方强势文化盲从产物的“欧陆风”的劲吹，对中国传统文化生吞活剥的“假古董”的泛滥以及对“山水城市”无限向往的回归自然的生命冲动。城市景观的研究虽然并不能与城市的物质性、技术性、功利性相分离，却明显地具备了人性化的准绳。成为联系人与城市的纽带，从而呼唤人文精神的觉醒。毕竟，我们生活在城市当中，我们是城市景观的一部分。

第二节　城市研究的理论与方法

总体上，城市的研究存在两条线索，一是城市本体的研究，二是城市主体的研究。

在西方哲学史中，本体指的是存在及其相关物。“本体”一词源于希腊文 on（存在、有、是）和 ontos（存在物），城市本体研究的主要内容包括城市形态和土地利用结构两个方面。通过外部观察、经验积累、比较研究等途径来加深对城市的理解，并通过建筑设计、城市规划、城市设计等技术手段对城市的发展施加影响。

城市形态的研究包括城市的肌理、城市的结构、城市的形态3个层次。城市形态是“构成城市所表现的发展变化着的空间形态特征。这种变化是城市这个‘有机体’内外矛盾的结果，不同的经济结构、社会结构、自然环境、科技文化以及人们生活、民族心理的总构成，形成了城市某一时期特定的形态特征，它是一种动态性形态的表征。”城市形态的研究方法建立在传统的从外观上理解城市的“景观论”的基础之上，并引入结构主义的研究方法，注重本质和发展演化的研究。

土地利用结构的研究以城市空间配置类型作为出发点，通过对城市空间资源的有效配置与合理安排，使城市空间的开发有序化、合理化、公平化。在可持续发展思想的背景下，城市土地利用结构的研究已从简单的功能区分的方法向注重社会调查和实证研究的人类生态学方法及关心生活质量、强调为市民提供公平设施的时间地理学方法转变。

近年来，城市本体的理论研究取得了进展。探讨城市空间发展的自身规律及其深层结构的城市空间可发展研究理论使城市形态与土地利用结构有机联系起来。城市设计作为整体设计的理论研究与实践也使城市研究的建筑学方法与规划学方法相融合，通过城市设计的介入，景观论的方法重新受到了重视。

城市本体的研究虽然考察了作为人类活动空间结果的城市空间结构，但忽视了作为城市空间形成机制的人类活动本身。即使是人类生态学方法，也把人看得过于机械化和一般化，忽视了人类活动背后的文化及传统因素的影响。

城市主体的研究以城市地域社会为对象，探讨人类活动与城市的互动关系。如行为主义方法援引心理学和行为学的一些理论与方法，重视说明人类行为的意识决定过程，从人的行为因素来解释一些地理现象的形成。古尔德（P.R.Gould）的行为论、凯文·林奇（K.Lynch）的城市认知地图等都是行为主义方法的典型代表。另外，人本主义方法成为理解城市空间的一个重要视角。人本主义强调以人为本，突出人性化原则，将人类意识、人类能动性、人类知觉及人类创造性放在中心和主动的地位。在区域研究中，人本主义强调人地关系的人性化，表现反映人们思想、性格、价值观念和感情的很多具有象征意义的事物；强调研究者的参与观察方法，用研究者的个人感受（包括对自然的、社会的、人文的所有东西的一体化感受）来描述一个区域的特征。虽然，行为主义方法和人本主义方法采用了比较主观的分析法，忽略了社会现实的制约性，但作为对城市本体研究的补充，仍然具有重要的方法论价值。

第三节　城市景观研究的理论与实践

千百年来，中国的园林与园林建筑是在一种与外部世界较少交流的环境里逐步生长、完善、流传下来的，相对稳定、保守的渐进式历史环境使它们与传统文化一脉相承，形成相对独立、完整而又成熟的体系，带有鲜明浓重的本民族的文化艺术特征，当今对园林的理论研究较多地侧重于对传统园林和建筑的资料性整理及园林传统的诠释，缺乏建立在现代意识上的系统研究，因此，古典园林对现代城市景观研究的理论意义仍待发掘。我国现代城市景观的研究始于风景名胜区的规划实践以及城市历史景观（历史建筑、历史建筑群、古典园林、城市山水等）的保护工作。

1984年和1988年，国务院相继公布了两批国家重点风景名胜区，划定了一大批省市级的风景名胜区，风景名胜区的规划、建设陆续展开，风景名胜区作为一种不可再生的文化景观资源，其美学价值受到了重视。近年来，景观生态学的研究成果使风景名胜区的规划超越了单纯景观美学的目的。景观生态学的理论认为景观由某一地段上生物群落和环境间的相互关系所构成，并把某一地域环境内的各种现象作为一个生态系统来研究，风景由生态决定，一切风景建筑活动都应从认识风景的各种变化和生态因素出发，同时将人与环境作为一个整体来观察和研究。根据景观生态学理论，风景是景观生态与人类活动的有机结合，是由人类介入的景观生态综合体，是自然与社会系统双向作用的结果。对风景名胜区的研究主要侧重于景观特点及建筑与自然的关系，如《中国名山风景区》是一本系统介绍中国山岳风景名胜区的著作。首先从历史角度介绍了名山风景区的发展历程，然后从自然资源和人文资源各个角度描述其景观特点，并对国内著名的山岳进行了分类与考察，列举了大量建筑实例，最后又从风景审美的角度对名山的鉴赏进行了总结。《苏南名山建筑》则从形态、空间和文化内涵三大方面探讨了苏南名山建筑中一些与景区规划、景观设计以及建筑设计相关的规律性问题，特别是具体分析了其建筑群体与山体的结合状态，并从传统哲学与美学的角度加深了对名山建筑整体形态关系的理解。

国家历史文化名城保护的理论与规划实践使城市景观的研究范围得到了进一步拓展。1982 年首批 24 个国家历史文化名城的公布，标志着名城保护制度的初创。城市景观特别是历史景观的研究与保护得到了重视。除了研究城市中各景点、景点之间及景点与城市环境之间的关系外，对城市整体景观、特征景观的认识与研究，也成为城市景观研究的内容。一方面，从主体即观赏者的角度来研究城市视觉环境，主要研究其观赏点、观赏路线、观赏距离、观赏心理、静态观赏以及动态观赏等；另一方面，从客体即从城市实体环境的角度将城市景观的研究分为总体视觉环境、区域性视觉环境、局部空间视觉环境 3 个层次。此类研究通常建立在历史文化名城保护的背景之下，着重于对文物古迹、历史地段、风貌特色（空间格局、自然环境、建筑风格等）的保护，研究的范围和意义有一定的局限性，但对人的活动的关注及城市整体景观概念的提出具有重要的理论价值；同时，大量的历史文化名城保护实践为城市景观设计提供了借鉴并具有指导意义。

目前，城市景观的研究从源头上看大致分为以下 3 类。

一、从园林、建筑美学向城市美学的渗透

中国悠久的造园史形成了以意境为主要内容的园林与建筑美学体系。古典园林的一些设计手法作为“传统文化的本质的东西”在现代建筑实践中广为提倡。如室内外空间互相渗透，紧密联系，层层引导，步移景异的手法；群体设计中主次分明，逐渐展开，步步深入，引人入胜的手法；运用对景、借景，变有限空间为无限空间的手法等。这种以园林为根源的审美观念向建筑（特别是建筑群）、城市的渗透形成了以“山水城市”思想为代表的城市美学观点。与此同时，建筑界在逐渐摆脱“风格”与“主义”的纠缠后，开始冷静地思考建筑美学问题。此类思考主要集中在视觉艺术规律和艺术创作的主观能动性表达两个方面。实际上，对建筑的思考很自然地引入到城市。这不仅是由于建筑外延的不断扩大导致建筑与城市界限的模棱两可，更为本质的原因恐怕是看待城市问题上的根深蒂固的建筑传统。此外，现代西方建筑理论的发展也对城市美学观念起到了潜移默化的

影响。

二、西方城市规划理论的景观渊源

以城市景观为重要内容的物质空间规划在世界范围内广泛流行，这种以“理想景观”为目的的蓝图规划反映了西方对物质环境的关注，无论是“理想城”、霍华德的“田园城市”，还是以建筑学方法建造起来的昌迪加尔、巴西利亚，都反映出鲜明的景观特色。这种“乌托邦”型或最终境界型的规划已逐渐被现实主义的渐进式的动态规划所取代，对景观多样性的追求成为后者的重要目标。采用视觉分析的方法，从人在城市空间里活动的过程中所得到的实际的动态的体验来研究城市景观，突破了文艺复兴及巴洛克时期静态方法的局限。凯文·林奇通过认知地图的研究，提出“可识别性”与“形象性”的标准，把城市景观的重要性和作用提到了一个新的高度。

三、世界风景园林文化理论的发展

风景园林文化，作为人类文明史的一个分支，有着悠久的历史。刘滨谊将人类古代景园文化分为始创阶段的神话文明时期、形成阶段的宗教文明时期和发展阶段的科学文明时期。20 世纪，人类的景园文化进入了科学艺术文化时期，景观设计也突破了地理学的范围，成为一门综合的艺术，景观建筑学作为世界景园文化的重要组成部分，其发展标志着现代风景园林观念的形成。根据《牛津园艺指南》：“景观建筑是将天然和人工元素设计并统一的艺术和科学。运用天然的和人工的材料——泥土、水、植物、组合材料——景观建筑师创造各种用途和条件的空间”在这个定义中，景观设计仍然与建筑设计没有太大的区别，相反说明了两者之间的密切联系。景观建筑学专业上的重点是各种环境的规划与设计，其范围从园林设计直到国土区域的自然资源管理。由于风景或景观约定俗成的含义（偏重于土地的直接利用形态即建筑物以外的对象），景观建筑学开始脱离建筑学和城市规划成为“三位一体”的学科之一。景观建筑学的发展无疑使城市景观研究的领域得到了拓展，从景观出发的建筑设计和城市设计也成为人们关注的热点。景观设计（或称环境设计、环境艺术设计）成为当今设计界的时尚。

然而我们应该清醒地认识到，景观建筑学在西方的发展历史仅有一百多年，而引入中国是近几年的事，其理论研究在中国仍很薄弱。景观建筑学一方面与传统的“风景园林”“园林学”相结合，致使有人将其片面地理解成是一个以“园”“林”“风景”为应用核心的专业；另一方面，将景观仅仅理解为“绿化”“美化”“亮化”或将“城市景观”等同于城市环境的艺术化（在城市中摆放艺术品）的狭隘认识，也阻碍了景观建筑学的发展。传统的建筑设计、城市规划也随着对社会环境问题广泛而深入的关注走向与景观建筑学的融合，建筑界的建筑学和城市规划专业人员成为从事现代景观规划设计的主要力量之一。现在的问题是，建筑界由于缺乏对城市景观研究的理论基础，被动的“景观设计”比比皆是。理论滞后于实践固然是其原因，而受“在可能的条件下美观”的根深蒂固的影响致使人们片面地将景观设计理解为一种陪衬，这是阻碍城市景观理论研究发展的更为深刻的原因。

第四节 城市景观研究的方法

一、景观体验——城市认知的方法

应该从什么角度，站在什么样的立场上去理解现代城市，或者说，如何去认识城市景观的美是现代人普遍关心又莫衷一是的问题。对美的主观感受的千差万别使得关于城市美的研究难以深入开展。因此对城市的许多剖析和理解是以经济、社会、文化及历史的视角为线索来展开的，而作为人类多种活动载体的城市空间却未能得到充分的重视，特别是城市空间的美很少被提及。然而，应该看到，人们对城市的理解最初是从外部观察开始的，城市的建筑物、街道、广场、河流、树木、山峦都是以其鲜明的形象展现在人们面前的。人们生活在城市当中，对于一些与自己密切相关的城市空间是再熟悉不过的。在前工业时代，城市缓慢发展，物质空间形态相对稳定，对城市美的研究通常建立在古典建筑美学的基础之上，建筑本体的“客观”之美及其构图原则的讨论是其要内容，而今天的建筑与城市美学研究却离开传统美学关注的中心，把眼光投向了审美的主体——人和人的生活体验，甚至很少直接谈论建筑及城市之“美”，这样的“矫枉过正”使对于城市的认识陷入了另一个窘迫的境地，一方面，人们耻于谈美，认为以往诸如崇高、秀雅、和谐、平衡、对称、圆满的传统美学范畴已经过时了，只要符合现代人的某种需要或口味，这样的东西就具有审美的价值，比如荒诞、破缺、混乱都成为了美学的标签，审美文化的多元化使得人们普遍陷入了麻木的大众文化的心理状态，人云亦云，随波逐流，表现出对城市美的无所适从的困惑。另一方面，由于当代生产和消费文化已经从实用策略、经济策略向审美策略转变，相应地，相对于传统的产品经济模式，城市的环境经济模式受到了重视。在“城市经营”的理念下，城市环境及城市文化也作为资本参与运作。城市迫切需要自身的美化以适应审美文化的消费性取向。审美文化的多元化和消费性的碰撞使得城市建设处于缺乏自律的失控状态，陷入“建设性破坏”的可怕危机之中，在这种情况下，有必要重新认识传统景观论的积极意义，发掘其合理内核，并注重行为活动及文化心理的研究以克服传统景观论的局限性。这种新的景观论方法应成为城市认知的一种切实可行的途径。

景观体验不仅是对城市空间的观察，还取决于置身于城市空间的主体的行为及心理感受。景观体验采用人本主义的观察方法，强调人地关系的人性化，强调研究者的参与观察方法并依赖研究者的个人感受。在研究中通常以“置换角色”的方法避免分析的主观性，并注重社会现实的制约性以克服“理想主义”的倾向。

二、景观空间——城市研究的视角

景观在地理学中与区域、地表、地方、地区、地带、领域等概念一样，代表二维化的地表空间。20世纪，景观设计突破地理学的范围成为一门综合的艺术，景观建筑学相应脱离建筑学和城市规划成为独立学科。景观空间在城市研究中偏重于从知觉的角度来理解空间，它不仅代表三维的几何空间，还是场所的概念，包括人——地及人——人之间的各种关系。从主体角度讲，景观空间代表着实用与审美的双重关系，既是物质的，又是精神的。广义来讲，城市景观空间是人工与自然相交融的综合体，既包括由实体（城市中的建筑物、构筑物、道路、广场、小品设施、河流、绿化、山体等人工与自然的物质要素）组成的内、外部空间以及过渡空间，也包括形成空间的实体本身，城市景观空间首先表现为可视的物质空间，同时，作为承纳社会活动（居住、交往、运动、工作、购物、游憩等）的载体，景观空间又是一种以人为主体的社会空间。最后，景观空间作为场所，对主体产生了潜移默化的文化及心理上的影响，在主体一方，对空间的体验产生了亲密或疏离、认同或陌生、接纳或拒绝、融合或孤立、舒展或局促等不同的心理感受。在客体一方，空间随时间演化的动态性和使用方式上的变化性使景观空间突破物质的局限性而表现出丰富的内涵，产生特定的文化意义，从而满足相应的社会文化心理需求。因此，从景观研究的角度上讲，对物质空间、社会空间、心理空间的综合感受构成了城市的景观空间。

物质空间对应景观空间的物质层面，从空间类型上可粗略地分为建筑空间、道路空间、开敞空间等，社会空间对应景观空间的社会层面，从行为方式上可大致地分为居住空间、交往空间、行为空间等。心理空间对应景观空间的心理层面，从主体感受上讲可分为感应空间、领域空间和占有空间 3 个层次。

广义的感应空间指主体对外部世界及自身位置的认识，大到宇宙天体，小到所在的城市乡村，其空间范围的大小受制于主体的年龄、文化背景、知识水平、社会阅历等多种因素。历史地看，文明的发展、社会的进步、科技的飞跃、知识的传播使人类的感应空间不断扩大，比如从地心说到日心说的转变、哥伦布发现“新大陆”、麦哲伦第一次环球航行都使人类对外部世界的认识发生了改变，从而对自身所处的位置有了更进一步的认识。狭义的感应空间是指主体由于经常涉足而较为熟悉的空间范围，如童年生活过的乡村，求学、工作、居住过的城市等。占有空间是指个体实际拥有或能完全自主的空间，在私密场合，比如封闭的院子、居住的房间、个人办公室等，表现为空间内主体行为的自主性；在公共场合，比如电影院里的座位、电梯、公交车上站立时占有的空间位置等，表现为主体实际拥有的空间范围。保存和占有一部分空间并力图扩大这一空间范围是人类基本的欲望。领域空间是占有空间向外的延伸，是与主体关系密切且经常使用的空间。领域空间是有限度的分享型空间，具有一定的开放性，这一点使领域空间与占有空间区别开来。

斯蒂（D.Stea）将领域按社会组织结构分为 3 个层次：领域单元——即个人空间、领域组团和领域群。他把个人空间定义为一个小的圆形物质空间，以个体为中心，文化上的因素影响着半径；领域组团包含了个体空间及其间交往频繁的通道；领域组团之间通过个体领域单元相互联系，而包含这些组团的集合则被定义为领域群。在领域群中，即使个人的空间也会被集体成员视作“我们自己的领域”。

领域单元的概念与心理学家R·索玛（R. Sommer）提出的随身携带的“气泡”概念相类似，表示个体心理上所需的最小空间。霍尔（G. F. Hall）于1966年在《潜在尺度》一书中，提出了美国白人中年男子的4个级别的空间距离：即亲密距离、个人距离、社会距离、公共距离，分别表示出从私密至公共各个级别中的个人“气泡”（即个人最小的领域感）的大小。同时，进一步研究还发现，“气泡”的大小与主体在不同场合、所处的文化背景、年龄、性别等因素都有关系，并认为理想的人际距离在1.2 ~ 1.8m。小于这个距离表示趋向于公共性，易产生拥挤感；大于这个距离则表明趋向于私密性，易产生孤独封闭感。由此可见，个人的领域空间存在一定的范围，交往行为一般在这个范围内发生。个人的领域空间是保有自我并兼纳他者的心理范围，它的存在平衡了自我与他者的关系。如果将领域单元从个人空间的角度拓展到居住单元，由于物质对限定空间产生的作用，使领域空间在某种程度上通过物质空间表现或暗示出来。

领域组团的形成是领域单元相融合的过程，这不是一个简单的相加，而是空间领域性增强的过程。观察广场上的人群，单个人的领域空间易受侵扰，因而表现为不断地游移以求得合适的位置，而三五成群互相熟识的人群的领域空间则具有一定的稳定性。对内，他们相互之间开放个人的领域空间；对外，则通过高声谈笑或视线监视的方式表现共同的领域性。领域群为领域组团的融合效果，表明了领域性由具体到抽象并向更高一级形式过渡的过程。领域性是一个具有不同层次的概念，它的形成是一个复杂的社会现象。本书所关心的是不同层次的领域性在空间上的投影，也就是心理空间与物质空间之间的关系。领域性通常以物质空间手段表现或暗示出来，同时领域性也表现为捍卫领域的行为和心理。这种“捍域”行为一方面表现为防止“外来者”的侵扰；另一方面表现为对物质空间的保护，并有助于维护伦理规范，形成社会公德。1954年，美国心理学家马斯洛（A.H.Maslow）在他的成长动机论中提出了“需要的层次”论。依照需要的重要性和先后出现的顺序，马斯洛将它们排成生理、安全、交往、尊重、自我实现 5 个等级。领域空间的存在使主体在安全与交往两个层次得到满足，而这两个层次也正是审美需求集中的区域。在安全的庇护条件下，主体有可能进行观察或瞭望，以满足好奇心和求知欲；在交往的行为中，对自我与他者的关注必然会延及对交往环境的审视与选择，从而产生景观体验。

三、景观实践——空间整合的思路

从方法论角度上讲，整合是基于整体和生态设计观念基础上的在限定中的创造。与柯布西耶“光明城市”的伟大理想不同，整合思想的核心是对现成结构的把握、使用以及改良。这种思想不仅适用于城市结构和建筑，而且也适用于一切其他结构。结构主义哲学大师法国人列维·施特劳斯将这种思想称为“能工巧匠”的方法，这种思想强调使用现成的以及已经存在的形式和结构，用现在的材料来工作，将其转化为新的、有用的东西。这种思想主张不无中生有，不闭门造车，不创造全新的东西，而是用现有的材料进行工作，制造新的产品。“能工巧匠”能从现有的东西中看到不完善的、不完美的地方，也能从人们普遍认为是不好的现有东西中看到有用的东西，他们或是推陈出新，或是脱胎换骨，这是他们的高明之处。

这种简单而又深奥的哲学原理，与可持续发展的环境主义思想不谋而合。在城市建设上，原先那种拆除旧建筑、推平后再建造新建筑的做法不符合可持续发展的观点。“能工巧匠”的观点认为，一座住宅、一条街道、一个城市，甚至一个区域的真实潜力是已经存在的，就看你如何去发掘它，人类的大多数生存地和栖息场所都有无穷的潜力可挖。所有现在的结构都有人性的因素包含其中，因此，这些“能工巧匠”们会尽心地聆听，仔细地研究环境的历史，探索生活在这个环境（或结构）中的人们的场所识别的“心愿”和“场所意识”，他们会在设计中表达和保持这种内容，以保持历史的延续性。

景观实践为城市景观空间的整合提供了思路与方法，景观偏重于土地的直接利用形态即建筑物以外的对象这一约定俗成的含义。景观实践的内容可概括为以下 3 个方面：

（一）景观设计

景观设计又可称为环境艺术。起源于人对自然环境的美化、改善和利用自然改善环境两种需求，它包括历史悠久的古典造园活动，以欧洲 18 世纪城市公园为发端的公共环境艺术（公园、绿地、广场等），将建筑与自然相融合的现代造园活动和从城市设计到国土环境的地景设计 4 种类型。“从前的环境艺术，一是作为一个独立整体，二是作为空间内容，随着城市空间形态的变化，可感知的城市内部空间遭到破坏，环境艺术便承担起营造城市空间的任务，产生了它的第三种性质。”

（二）景观建筑

有学者将景观建筑定义为“处于自然环境内，与自然景观相结合，具有较高观赏价值并直接与风景审美、旅游服务发生关系的建筑环境。”作为游赏休憩性建筑，景观建筑面积体量相对偏小，对艺术性的要求一般高于实用功能性，具有很高的审美价值。另外笔者认为，现代城市空间环境中许多具有一定实用功能但又对视觉环境造成极大影响的公共服务型建筑小品如大门、围墙、书报亭、公厕、电话亭以及市政和公用设施如地下车库出入口、加油站、大型通风口也应视为景观建筑小品来积极参与城市空间的营造。

（三）整体设计

从规划角度讲，应重视空间规划的重要性，“空间发展的过程和现象虽然非常复杂、多变，但它仍有隐藏的秩序和成长的规律，这些规律存在于空间生长的规模大小、位置选择、发展时序以及发展方式之中，这些规律除了与经济、社会的因素相关外，空间条件和由此产生的自身规律具有十分重要的作用，地域空间由于受到自然与人为要素，地形、地貌、地质、气候等自然环境，矿藏、植被、水源等自然资源和已建成的城市、村庄、建筑等人工环境以及文化、宗教、哲学观和价值观等精神环境的影响，其区位条件或者说空间条件必然不同，不同的空间条件适合于不同的空间使用，形成不同的空间关系。”因此，空间发展全过程中的城市设计及城市空间优化显得尤为必要。

从建筑设计角度讲，由于专业分工不断趋于细密，技术成分的介入越来越多，建筑师的用武之地也越来越褊狭，建筑师在放弃了室内空间优化设计的机遇的同时也存在着抛弃外部空间环境设计的倾向，表现为重视主体建筑轻视配套建筑，重视总平面交通规划忽视环境气氛的营造，重视自我完善忽视与城市空间的协调，在这方面，建筑大师的做法值得学习。贝聿铭的建筑之所以具有空间艺术感染力是与他和雕塑家的精诚合作分不开的。同样，南京大屠杀遇难同胞纪念馆深沉久远的时空震撼力取决于建筑与环境的整体构思，取决于齐康先生在环境艺术设计上的高深造诣和不厌其烦的亲力亲为。而普遍存在的问题是，许多建筑师被迫或主动放弃室外环境设计从而导致建筑与环境的格格不入。为了赶抢工期，室外环境的施工周期被压缩，粗糙的场地与精美的建筑并存的现象比比皆是，这些都源于建筑师以及业主缺乏景观空间的整体概念，而另外，有邀请景观“名师”者，极尽环境艺术之能事，风头非压倒建筑不可，于是本末倒置，劳民伤财。也有囊中羞涩的业主，将环境理解为绿化种植，在某纪念性建筑版颇有韵律感的4个花坛内搞了个“春夏秋冬”，贻笑大方。由此可见，建筑师的景观观念以及整体设计的思想是景观实践的基础。

从城中空间优化的实践来看，街区或街道风貌整治、步行街及公园广场建设、小区“出新”等均是景观实践的内容。景观实践是整体的设计实践，既强调景观空间本身的协调，又关注景观空间物质、社会、心理诸层面的统一，从而达到审美怡情的最终目的。

第五节 城市景观研究的展望

由于城市景观研究的理论滞后于实践，使当前的城市景观设计处于随波逐流、人云亦云的盲从状态，加上“可持续发展”“生态学”等层出不穷的思想观念的影响，使景观思想体系成了一个大杂烩。景观设计一方面还充当建筑设计与城市设计的陪衬；但另一方面也存在将其意义扩大化、盲目艺术化的倾向，这使城市与建筑出现了所谓“城市化妆”的形式主义潮流。

针对这种情况，借鉴国际景观建筑学教育的经验，坚持景观学的专门化方向，并培养出中国自己的景观建筑师已成为当务之急。然而，这并不意味着对城市景观的研究会有立竿见影的效果，更何况一个成熟的教育体系的建立需要很长时间甚至几代人的努力。因此，景观研究在借鉴景观建筑学理论的同时，从建筑与城市研究的成果中汲取养分是十分必要的。城市景观的研究应注意以下几个方面：

一、重视“城市中的建筑”的研究

英国规划学家戈登·卡里恩（Gorden Cullen）认为：“一幢建筑物是建筑，而两幢建筑物则是城市景观。”沙里宁也认为：“城市从本质上讲，是一个大的建筑。”建筑对构成城市景观的积极作用是明显的。在城市景观的研究中，应当将建筑视作系统中的一个要素来看待，而不应将其排除在外。强调“城市中的建筑”，在于提倡建筑师的城市意识和环境意识，而景观意识是其中重要的组成部分。在对城市与建筑长期的研究中积累起来的理论成果，如基于环境心理学的空间、场所的研究和建立在形式美学基础上的建筑与城市美学的研究具有重要的参考价值。

二、重视结构即要素关系的研究

罗伯特·文丘里认为：“建筑师对景观负有责任，他可能会巧妙地彰显或损害景观，因为如果我们看看永远存在的整体，每一建筑的介入都会改变一景象中每一元素的性质。”建筑，仅仅是城市景观系统中的一个要素（或子系统）。构成城市景观的要素是多种多样的，它们之间的相互关系构成了丰富的城市景观。用系统论的观点对城市景观进行研究有利于各个学科与领域的融合。

三、重视“人”的研究

“审美心理学”与“环境心理学”是研究城市景观的理论基础。审美心理学研究的中心内容是审美经验，滕守尧将这种审美经验描述为：“人们欣赏着的自然、艺术品和其他人类产品时，所产生出的一种愉快的心理体验，这种心理体验是人的内在心理生活与审美对象（其表面形态和深刻含义）之间交流或相互作用的结果。”环境心理学是研究环境与人的心理之间相互作用的边缘性学科，它将心理学引进建筑或环境，成为新的学科领域。环境心理学着重研究人与周围社会的、物理的环境关系，重视利用科学手段，探讨解决存在于他们之间的问题的方法，对城市景观的研究离不开对人的心理的研究，这也是探讨景观发展演化的深层结构的途径之一。

第二章　城市景观的形成及演化

第一节　景观的形成

一、被观察的观察者——景观的缘起

景观是如何生成的？换句话说，景（所见之物）何以成为景观？显然，“观”是景观生成的唯一途径。离开了主体的观察，景观就无从谈起。“观”即指感受“景”的方式，它和景观本身一样充满变化。这种变化反映在感受途径的多样化，除了最主要的视觉、知觉外，听觉、味觉、触觉等也参与其中。从心理学角度讲，人具有把各种感觉印象相互转化或沟通的能力，在那些有较强艺术创造力的人身上这种感觉的能力体现得尤为明显。他们既可以从某种声音中“看”到色彩和形状，又可以在某些色彩中“听到”种种声响，既可以在红色中感受到温暖，又可以在蓝色中触到冰凉。因此，感受景观是一个复杂的综合的过程，我们可以将这个“观”的过程称为景观体验。另外，这种变化还表现在感觉的高度选择性上。同样的事物，比如一条鲜花，仅仅由于人的职业、身份和实际需要不同，人们的体验就极不相同。园艺家看到的可能是它的品种、特性；画家看到的可能是它的色彩、形状；医生看到的可能是它的药用价值；而在诗人眼中，可能就是“一花一天国”。显然，在人对景观的体验背后，存在着完整的思想体系。它先于感受而发生作用，并且决定了人对景观的态度。景观不仅是单纯的自然或生态现象，它也是文化的一部分。

景观体验反映了人对现实的对象化关系，这种关系建立在实用关系的基础之上，通过漫长的劳动生产实践，随着精神和实践的感觉能力日益丰富与提高，审美关系逐步形成和发展，并从实用关系中分化、独立出来。蒋孔阳总结了审美关

系区别于其他关系的4个基本特点：一是“通过感觉器官来和现实建立关系”，因而审美关系的首要特点是“感性的形象性与直觉性”。二是自由性，包括“外在的自由”（即对外物直接功利关系的清除）和“内在的自由”（即内容与形式都能自由地展示人的本质和心灵的创造）两个方面，三是人作为一个整体来和现实发生关系，人的本质力量能够得到全面展开。四是它突出地表现为“人对现实的一种感情关系”。

当人与现实的审美关系建立起来之后，景观也就产生了。换句话讲，通过“观”（体验），使人与景发生了审美关系，从而形成了景观。那么，这种审美关系究竟是如何建立起来的呢？或者说，体验过程中是如何产生美感的呢？按照李泽厚的观点，美是一种社会现象，是作为人的对象物的社会属性，美的产生要具备两个方面的条件，即“外在自然的人化”和“内在自然的人化”。蒋孔阳在实践论美学基础上，系统地阐述了审美关系的主客体方面：客体方面，他提出“美是人的本质力量的对象化”；主体方面，他认为“美和美感都是人类社会实践的产物”，他对美感的定义是：人的“本质力量得到对象化或者自由显现后，我们对它的感受、体验、观照、欣赏和评价以及由此而在内心活动中所引起的满足感、愉快感和幸福感，外物的形式符合了内心的结构之后所产生的和谐感，暂时摆脱了物质的束缚后精神上所得到的自由感”。格式塔心理学派则用异质同构论解释审美经验的形成。鲁道夫·阿恩海姆说：“那推动我们自己的情感活动的力，与那些作用于整个宇宙的普遍的力，实际上是同一种力，只有这样去看问题，我们才能意识到自身在整个宇宙中的地位以及这个整体的内在统一。”景观的缘起即是因为被观察的观察者（主体）对现实对象的体验。

二、风景画与山水画——景观体验

从人类实践的角度分析，景观分为自然景观和人文景观。自然景观是天然景观和人文景观的自然方面的总称，尽管人文景观中自然环境与人工环境结合在一起而难以截然分开，但人类生产劳动和社会实践强度的不同还是导致了人文景观的差别。例如城市与原野或乡村的区别，对自然美的发现和欣赏是景观体验的重要内容，它既是人类原初的审美经验，又对人们的景观观念产生了深远的影响。

最直接地表达人们景观观念的是无处不在的景观艺术和景观设计的实践。景观艺术（主要表现为绘画）表达一种提炼过的审美体验，而景观设计则在于将理想中的生活状态在现实中筑造出来。

绘画作为景观艺术的表现形式，具有悠久的历史。在欧洲，中世纪结束之前，一直是人物画占绝对统治地位，纯粹的风景画到 17 世纪才产生，但画中有风景则始于 14 ~ 15 世纪。风景画在西方艺术史上相对来说发展较晚，它滥觞于早期的古典艺术。风景最初并没有被看作是独立的艺术表现对象，它只是生命、死亡、信仰这些重大主题的背景，作为人物画、宗教画的陪衬。出于对中世纪象征意义描绘的失望，文艺复兴时期的画家们的视野开始冲破中世纪幻象的藩篱，拓展到世俗的风光、城镇景色和罗马文明的遗迹。对这个时代的人们来说，景观成为某种真实具体的事物，风景从进入绘画，作为陪衬，走向对等再到独立这一过程，实质上是西方人欣赏自然美的意识的萌发觉醒的过程，是大自然从作为审美的陪衬到成为独立、纯粹的审美对象的演化过程。文艺复兴以后，西方人对自然美已经真正发现。相比较而言，在对自然的审美过程中，其崇高、恐怖、怪诞、荒凉等美比优美、秀丽更多地进入人们的视野。这表明，在西方，不仅人们对自然美的意识发生较晚，而且在人与自然的审美关系中，对立因素也明显大于和谐因素。

与西方相比，中国古代对自然美的发现与欣赏要早得多，也自觉得多。与山水诗相呼应，山水画开始作为一个独立的画种而问世是在魏晋南北朝时期（公元 3 ~ 5 世纪）。自唐朝（公元 618 ~ 907 年）以来，山水画在美术领域占有极其重要的地位。山水画的艺术观念还为中国园林的设计奠定了哲学基础并影响了整个东方的景观设计观念。通过风格各异的山水画，中国人的世界观和生活态度得到了诗性的表达。在对自然的审美体验中，中国人更偏重体验自然元素的优美，而对自然的崇高、荒凉、怪诞等感受相对弱一点。

有学者指出，中西两大审美文化传统对自然美的态度是相反的，西方是疏离的、遮蔽的，而中国则是亲近的、洞开的，并将其原因归结为中国以“天人合一”的文化精神为灵魂，而西方则以“主客二分”为文化模式之核心。正是这两种本原性的文化精神的差异，导致了审美文化传统中对自然美的发现与遮蔽这两种相反的倾向。

从西方风景画和中国山水画的比较中不难发现，东西方对自然美的欣赏或者说对自然的景观体验有着文化传统上的差异，这种文化的差异导致了东西方艺术发展的不同倾向。如中西古代艺术类型的差异，西方以雕刻和叙事诗作为标志，中国则是音乐和抒情诗较为发达。又如在古代艺术创造和审美活动中，西方重模仿与再现，中国重感性与表现，这种文化的差异还对人类的景观实践产生了深远的影响。

值得注意的是，正是西方这种“主客二分”的文化模式导致了自然美在美学中的失落。因为“自然美的继续出现，将触动一个痛点，所有作为纯粹的人工制品的艺术作品，都是对自然美的犯罪。整个人造的艺术品，在根本上与非人造的自然对立。自然美从美学中消失，是因为人的自由和尊严概念膨胀至极端的结果。”因此，近现代流行的西方美学体系是以艺术为中心的美学体系，艺术常常被看作是美的结晶和美的最高形态，而自然美往往作为次一级的同题被附带地提到。即使是在中国美学界具有广泛影响的实践美学的“自然人化”的思想，也只是将自然物作为人的“产品”或者说艺术品来欣赏，实际上取消了自然美的本质特性。在今天看来，自然并不是因为它被人控制、征服、改造、利用而为人赏识，而是因为它的野性、原始性、陌生性、多样性而备受青睐，不将自然等同于人工产品，才能发现自然的真谛。

自然美的现代意义在于能诱导人们回归人与自然本原性的和谐状态，这与中国传统文化“天人合一”的精神是契合的。审美指的是从日常状态进入本原状态，而不是在日常状态中对宇宙万物品头论足，用日常状态来保护自然必然会陷入一种可怕的悖论。尽管美学界没有给出具体切实的可行方案，但是他们倡导人们彻底改变对自然的态度。只要从根本上改变了对自然的敌对态度，自然是不需要保护的，需要保护的恰恰是我们自身。因此，在自然不可改变地蒙难之前，应当将自然从文化变形和消耗中拯救出来，因为我们可以从树中造出纸，但不能从纸中造出树。

三、有意味的形式——景观实践

从古至今，敏感的艺术家们总是通过他们的绘画表现出景观体验的审美经验，而设计师们则通过他们的构思与实践来满足人们的期望。从绘画到景观实践，也就是从艺术领域到设计领域的讨论，将对我们理解景观大有裨益。

马武定在《城市美学》中将城市与一般艺术品的区别概括为5个方面。一是与功利性不能相脱离。艺术以审美为根本目的，而城市是社会活动的载体，其生活居住的场所功能是不会退化的。二是与生活关系最为密切。艺术反映生活，表现思想感情，而城市就是现实生活本身。三是“生活的形象”，构成城市形象的外部形式的材料，本身就是生活和生产资料，这些材料并不是为了“艺术”表现和表情的需要而被调动起来，而主要是为了使用。四是“生长的形象”。每个城市都有一部自己的成长史，不少城市在短短的时间内就“旧貌换新颜”。从这个意义上说，城市是最富于变化的动态艺术，最有生命力的艺术。五是“真、善、美”高度统一的综合艺术。城市的艺术性和城市的艺术形象，体现了“真、善、美”的高度统一，体现了科学技术与艺术的结合。如果我们从景观要素的角度进一步分析，就会发现城市景观在满足功利性目的基础上的艺术化倾向是相当明显的。比如对建筑装饰的重视，建立在声、光、电技术基础上的艺术化形象的创造等。不仅如此，一些景观要素也逐渐脱离功利性目的，向纯艺术化方向发展，比如近年来城市景观雕塑的大量出现。在景观实践领域，艺术化的倾向也有不同程度的表现。不仅具有一定功能意义的公共环境设施（如游憩设施、市政设施、户外广告、灯光照明、建筑小品等）被作为艺术品来设计，而且不具有明确功能的景观小品（如环境小品、城市户外雕塑等）也大量涌现。同时，在景观设计领域，一些不具实际功用的景观要素，如特殊的地形、水面、植物等作为景观设计的素材被列入以体现其艺术风格。那么，城市景观的这种纯艺术化的走向是否导致与一般艺术品（音乐、舞蹈、绘画、雕塑等）的混同呢？城市景观与一般艺术品是有区别的，其区别并不在于与功利性能否相脱离，而是城市景观相对一般艺术品来讲具有“场所”意义的特征，具体地讲，体现在以下两个方面：

一是，城市景观与空间和场所密不可分。确切地说，和其所在城市的地理与文化特征相联系，景观实践一方面改变着城市的面貌，另一方面加强了城市环境的可识别性。比如我们可以从城市景观的角度迅速地辨认出某个城市。通常来讲，艺术无国界，而景观艺术或者说环境艺术却是有地点限制的，我们可以在实践过程中借鉴或模仿某些景观要素的特点和手法，却永远无法复制它的环境。因此，对地点性的忽视必然导致“千城一面”的文化迷失。而事实上，城市的“仿制”却永远不会成功，以城市雕塑为例，它与普通雕塑的区别在于与特定地点发生关系，并往往成为特定空间和场所的标志，除了本身的艺术品质外，与环境的结合（位置、比例、尺度、色彩、文化内涵等）也是衡量其成功与否的标准，即使是完全相同的雕塑作品，如果置于不同地点之中，对其的体验也会截然不同（图 2–1）。

图 2–1　不同环境下的景观艺术

二是，城市景观的地点性决定了景观实践不同于一般艺术品的创作，它是对环境的感应，是环境的艺术，景观的形成建立在场所的基础上，同时又通过有意味的形式的介入形成新的场所的特征，因此，景观实践是与环境互动的连续动态的创作过程。对城市来讲，不存在类似于普通艺术品那样的最终成果，不存在“终极景观”，这是因为，景观本身和景观环境一样充满了变化，对景观的体验和景观的实践始终不能脱离时间与空间的维度，不能脱离环境这个大的前提。

那么，景观实践与普通艺术品的创作过程是不是一回事呢？在深入研究这个问题之前，先来看一个例子。

清朝画家郑板桥以画竹名闻天下，他用一段话描写其创作过程：“江馆清秋，晨起看竹，烟光、日影、雾气，皆浮动于疏枝密叶之间。胸中勃勃，遂有画意。其实，胸中之竹，并不是眼中之竹也。因而磨墨、展纸、落纸，倏作变相，手中之竹，又不是胸中之竹也。”（图 2–2）。

图 2-2　郑板桥的“竹”

滕守尧在《审美心理描述》中将这一过程称为艺术“再现”过程的3个阶段，即“眼中之竹”“胸中之竹”“手中之竹”分别对应为“表象”“意象”和“再现形象”，“表象”来自于对外物的初步知觉；“意象”产生于情感、想象和审美理想对知觉表象（或回忆起的形象）的改造；“再现形象”是艺术家以特定的媒介将心中意象外化出的形象，3种形象依次逐级远离外部存在，郑板桥的竹虽然仅有“一两三枝竹竿，四五六片叶”，与其说它表达了竹的最本质的东西即坚强挺拔、刚正不阿，不如说是通过竹表达了自己的情感。“手中之竹”仅仅是水墨和线条而已，是一种自然形式，但由于其积淀了社会内容，因此成为了“有意味的形式”。而“形式一经摆脱模拟、写实，便使自己取得了独立的性格和前进的道路，它自身的规律和要求便日益起着重要作用，从而影响人们的感受和观念。后者又反过来促进前者的发展，使形式的规律更自由地展现。”在这个过程中，“这个原来是有意味的形式，因其重复的仿制而日益沦为失去意味的形式，变成规范化的一般形式，从而这种特定的审美感情也逐渐变为一般的形式感。”除了纯艺术创作，在设计领域，对这种美的形式和审美的形式感的追求也古已有之。建筑艺术以抽象的线条体现审美对象，表达出一种情感中的理性的美。中国古建筑屋顶舒展如翼、四宇飞张的艺术形象是功能、技术与审美的和谐统一。在《诗经》等古代文献中，对建筑有“如翚斯飞”“作庙翼翼”之类的描写，其造型与远古时期的图腾崇拜是否有联系尚不得而知，但有一点可以肯定，这种美的形式是“有意味的形式”，是社会内容积淀的结果（这是一个漫长的过程）。由于这种形式“并没有什么超出力学原则以外的矫揉造作之处，同时在实用及美观上皆异常的成功”，因此，表现出了“情感中的理性的美”。在漫长的实践中，屋顶的结构枢纽和构造节点在被美化的同时，注入了文化性的语义和情感性的象征。例如处于屋顶最高点的鸱尾，原本只是正脊与垂脊的交叉节点。出于所处地位的显要，把它做成了鸱尾的形象，不仅取得轩昂、流畅的生动形象和优美轮廓，而且揉进了“虬尾似鸱，激浪即降雨”的神话传说，寄托着“厌火样”的深切意愿，后来鸱尾逐渐演变为鸱吻，最后定型为龙吻，这个龙吻同样蕴涵着龙能降雨消灾的语义。这时，屋顶形式已经逐渐作为一种规范化的形式美而存在了。到了明代，屋顶形式已逐渐作为一种规范化的形式美而存在了。到了明代，由于“砖产量的上升，砖墙取代土墙成为普遍的趋势，屋身的防水要求起了根本性变化，按理说屋顶应该随之出现重大的变革。但实际上除了硬山顶的应运而生，屋顶出檐略为收缩外，整个屋顶体系并没有出现重大的变化。特别是砖塔的檐部处理和砖构‘无梁殿’的屋顶处理，都表现出与砖结构格格不入的抵牾。屋顶上有一些装饰物，原本是功能性构件的美化，后来失去了功用也仍然保留着，成了纯装饰的点缀”。甚至到了近代，采用钢筋混凝土的建筑技术来模仿大屋顶风格的作品也曾颇受欢迎。这说明，形式有其与功能、技术相分离的自身规律，美（情感）并不是理性的附庸。当然，在实践过程中，情感的表现（审美形式）与理性的制约（功能、技术性要求）是结合在一起的，这也正是景观实践（建筑、景园等）与普通艺术品创作的区别所在（图 2–3）。

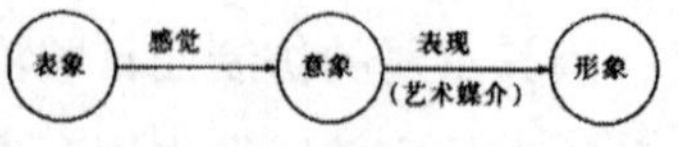

图 2–3　艺术创作的过程

以上讨论了艺术创作的一般过程，那么景观实践又是怎样一个过程呢？不妨举另外一个例子，长春净月潭风景区观景塔楼（森林之曲）是东南大学建筑研究所齐康教授近期的作品，作为典型的景观建筑，它的创作过程体现了景观实践过程的一般规律。位于净月潭前区制高点的观景塔楼是整个景区的标志性建筑。建筑师凭借对地域风景品性的敏感和领悟，以集簇高耸的形态来契合森林的韵律。不同标高的坡屋面层层错叠，加之檐下的斜撑，整座塔楼犹如冠盖层叠的松树。竖向条形玻璃、参差的构架把单纯的体量支离成错落有致的竖直形体的集簇，更加突出了体量的挺拔和高耸（图 2–4）。

图 2–4 “森林之曲”——长春净月潭观景塔楼

可以将观景塔楼的设计实践过程概括为“表象”——“意象”——“形象”的过程。“表象”首先是指净月潭林海茫茫的北国风光，进而深入到当地的自然、人文特征，文化传统以及建筑师头脑中出现的相关的物质形象（经验与积累的结果）。另外，建设单位的意图包括对其功能、造型等的要求以及相应的场地、基础设施、技术、法规的约束是必须考虑的内容。所有这些在建筑师这里得到了综合，理性的思考与感性火花的碰撞产生了一种综合的创作背景，这是通过感觉而形成的表象。继而，建筑师通过创作意义的把握形成了“意象”——“森林之曲”，这一过程就是“立意”，所谓“意在笔先”。关于“立意”，齐康教授称之为“设计的前奏”，是一种创作的思维活动，并且指出：“立意要有宽厚的知识结构和思维层次以及设计者的良好修养和素质。”总的来说，意象（构思）转化为形象（完成的工程实践）是一个表达的过程，它既是一种创作活动，也是一种生产活动。但它们之间需要一个中间环节，这就是设计的表现（手法、技法），它与“手中之竹”是有区别的，后者已经是完成了的艺术形象，而前者仅仅是一个中间环行。“构思和手法两者相辅相成，相得益彰”。在从意象到形象的过程中，除了其审美意义外，设计者表现的物质手段，还有功利性与目的性的制约均参与其中，感性与理性在这里同样要碰撞出灵感的火花，最终完成表现的过程。实际上，如果把中间环节（设计成果）看作形象 I，把最终的实施结果看作形象 II，则其完整的过程表现如图 2–5 所示。可以看出，这是一个循环深入的过程，不仅在设计表现阶段有可能循环往复，到了实施过程中也会有不断的修正。

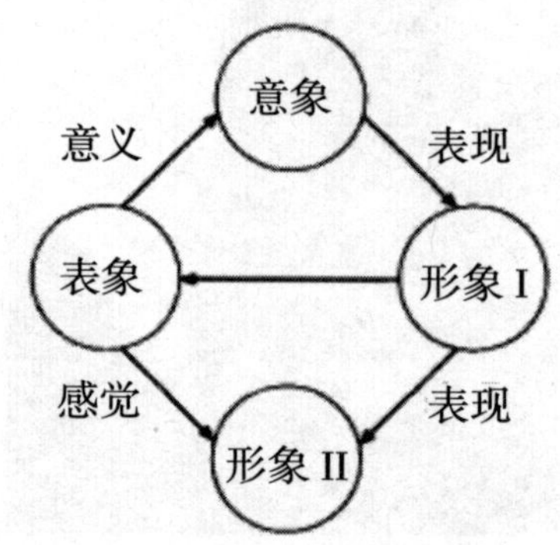

图 2–5　景观实践的过程

通过以上对艺术创作与景观实践过程的分析，可以认为：

（1）艺术创作是逐级远离外部实在的物质——精神的过程，而景观实践是从外部实在进入内心世界，最后反映为外部实在的过程，是物质——精神——物质的过程。

（2）李泽厚在分析原始人类对使用工具的符合规律性的形体感受和“装饰品”上的自觉加工的现象时将两者区分为物化活动和物态化活动，前者是“物质生产的产物”，是“将人作为超生物存在的社会生活外化和凝冻在物质生产工具上，是一个现实的‘人的对象化’和‘自然的人化’；后者是精神生产、意识形态的产物”，是将人的观念和幻想外化和凝冻在物质对象上，是想象的“人化和对象化”。前者构成人类基础，后者发展为上层建筑（包括艺术、宗教、哲学）。通过前文对景观和景观实践的分析，可以认为景观实践不完全等同于物化或物态化活动，而是兼具两者的内容，无法截然分开。

（3）与景观的“场所性”相对应，“物质性”是其另一个重要特征。其“物质性”具体表现在：首先，景观表现为人工或天然元素的组合，虽然不一定具有功利性的目的（实用关系），但其最终表现形式回到了物质的本原状态。我们用天然和人工的材料（石、砂、土、地砖等）来铺筑园路，却不可能像绘画那样用线条或颜料来表现乡间小径，更不可能像音乐和文学那样用符号来进行指代。其次，景观实践的过程自始至终不能与功利性相脱离，我们的审美态度会影响大量的资金和劳动力投入。而从社会学角度看，景观是个人生活的延伸或者说是整个社会的公共空间，其影响涉及生活质量以至于城市或地区的经济前景。因此，景观实践并不是提供一个仅用来观看的东西，而是为大众服务（作为一种理想），它还意味着责任。

第二节　城市景观的形成

人与城市的审美关系如何建立？或者说，人们以何种途径体会到城市环境的美并将其作为城市景观来欣赏呢？这是一个十分复杂的过程。可以看到，不同历史时期，不同地区、民族对城市的审美概念是不同的。不仅东、西方有差异，各个国家甚至不同的城市也有微妙的差别，如果涉及不同的个体，情况就更为复杂了。这种变异性和差异性的表现是有根源的，概括地讲，是由于审美立场、审美态度、审美文化等诸多因素造的。如果从根源上分析，城市景观生成不外乎 3 种途径，一是美学途径；二是心理学途径；三是历史文化途径。当然这 3 种途径只是为了方便论述而作的概括。事实上，美学和心理学从来都难分彼此，而历史文化又具有极其广泛的含义，本书之所以不回避这个话题，一方面是由于审美已日益成为人们的需要，正所谓“爱美之心，人皆有之”；另一方面，尝试性地探讨有助于拨开层层迷雾，去认识各种景观现象。

一、城市景观生成的美学途径（审美立场）

如前文所述，景观的生成在于主体与对象物的审美关系的建立，这种关系建立在实用关系的基础之上，但具有独立的意义。城市景观的生成自然以审美关系为先决条件，却始终无法摆脱实用关系的存在，具体表现为城市景观及景观实践区别于艺术品与艺术创作的场所性（与时间、空间维度的相关联）利物质性（与功利、目的、物质的不相脱离）两个特征。正是由于实用关系（物质的、技术的、功利的）的日益强化，人们习惯以科学思维和科学态度来理解事物，感觉越来越麻木，情感越来越冷漠，在成为“单面人”的同时，又成了名副其实的“局外人”，失去了“发现美的眼睛”。

现代美学理论通常都将美学意义上的“美”与日常意义上的“美”区别开来，认为美学意义上的“美”是一种境界美，是用无功利、无目的、大概念的最纯真的眼光来看世界，是一种本然的人生境界。这种结论似乎将美变成了一种神秘的不可企及的东西，从而导致了美的不可知论。但让我们来看一看这些城市吧。我们用诸如“堂皇气派”“现代时尚”“欧陆经典”“五十年不落后”等词汇来形容城市与建筑，至多再加上模棱两可的“以人为本”，或者根本不加评论，却绝少提起“美”这个字眼（即便提起，通常是业外人士），而诸如“精巧雅致”“清新自然”的字眼也逐渐远离了城市。即便是对当今城市言辞激烈的批评，也往往仅以历史文化和伦理道德为指向。

由此可以理解，为什么自然之美经常被人们提起（作为人生最美好的回忆），而对生于斯、长于斯的城市之美却绝少提及呢？由此还可以理解善良的人们在大自然造化被无情剥夺时的无可奈何的痛心疾首。这样看来，提倡城市景观的观念和景观设计的实践是克服城市异化（同时也是人的异化）的一种途径。

有这样一种疑问，既然现代城市被物质、功利、技术所淹没，是不是无法体会到城市真正意义（美学意义）上的美了呢？或者干脆说，除了人们心仪的自然之美，城市之美是否已经不存在了呢？如果有，又通过什么途径来产生呢？回答是肯定的。这种美表现为人类深刻的感情，是一种由衷的喜爱之情，是超脱物质的关爱，是城市鲜明特色或深厚的文化底蕴赋予人们的“家”和“根”的感觉。

可以将城市景观生成的美学途径归纳为这样一个过程，即在真、善、美高度统一基础上对城市的关爱。虽然，在传统哲学体系中，真的问题归于知识论，善属于伦理道德的范畴，只有美才属于美学要研究的问题，但这三者确实存在着千丝万缕的联系，特别是在城市景观研究领域，对真与善的关注是不能忽视的。

首先来看一下真与美的关系。在本书的研究领域，真与美的关系主要表现为实用价值与审美价值的关系，正如对建筑的功能形式之争由来已久一样，这种困惑同样反映在景观设计领域。那么，坚持美与真的统一是不是意味着对毫无实用价值（功利目的）的景观要素（如纯粹装饰物、观赏性植物、城市雕塑等）的排斥呢？答案显然是否定的。美是一种无关功利的情感，“在这种表面的无美功利中，可能掩盖着一种较之个人功利更为广泛和更为深刻的社会意义和社会性内容，它虽然对眼前的实践活动无益，但却使人看到了对整个种族、阶级和时代有益的东西，这种满足不是纯生理上的，而是通过想象在精神上的一种满足。”实际上，形式积淀了社会意义和社会内容，从而成为“有意味的形式”，这正是美的初衷，正如帕克（D.H.Parker）所说：“审美价值是在想象中转化了的实用价值，鞋子看起来很美，而不是在脚上的感觉，但却必须是看起来觉得穿着它是舒适的才行。屋子的美不在于住在里面很舒适，但必须看起来使人觉得住在里面是舒适的。美就在对它的用途的回忆和预测中，它们是思想的两个方面。用是行动，美则是纯粹的意图。明白了实用意图作为纯意图能进入美中，则可解决实用工艺品的矛盾，可以调解人们坚持艺术与生活相联系和美学与哲学所主张的美的非功利件之间的矛盾。”提倡真与善的统一包含两个方面的目的：一是在景观实践中，对不具有实用价值的景观元素的应用应采取慎重的态度，特别是艺术品应力求凝练概括成为“画龙点睛”之美，而非“画蛇添足”之累；二是必须在求真的同时求美，真的未必是美的，而美也不是真的延伸，特别是具有高度审美价值的城市景观，一旦失去了审美意义，就可能意味着实用价值的贬低甚至消失。

再来看一下美与善的关系，美和善都是人类追求的最高价值。美而不善或善而不美都是有缺陷的，唯有尽善尽美才是人类的理想。在中外美学史上，比较普遍的看法是美与善之间是一种形式与内容之间的联系，并主张形式应该为内容服务。古罗马时代有贺拉修斯的"寓教于乐"的思想；中世纪则把文艺看作是宣扬神学的传声筒。而在中国，"文以载道"的儒家思想一直影响到新中国的文艺界，也就是所谓的"政治性第一，艺术性第二"。尽管这种意识形态决定论的思想在当今社会仍有一定程度的影响，但将美从为政治道德服务的对象的角色中解脱出来，认识美的独立价值的倾向已越来越明显。而只有当美具备了独立的价值，才能与善达到更高层次的统一；在城市景观研究领域，善表现为当今社会的伦理道德标准、人文关怀，也就是"以人为本"的思想以及社会公平两个方面，这是城市景观研究的重要前提。在这种观念的背景下，诸如城市开放空间的私有化或专属化倾向，对城市自然空间的非公共用途的开发等都将受到抵制。坚持真善美的统一，是基本的审美立场和审美态度。只有当真善美高度统一，并由此产生了发自内心的无关功利的喜爱之情，城市才能被作为景观来看待，这是城市景观生成的美学途径。

二、城市景观生成的心理学途径

在20世纪出现的各种现代心理学流派中，对美学产生较大影响的有心理分析学派、格式塔学派、行为主义学派、信息论学派和人本心理学派。这些学派从各自不同的角度展开了对审美心理经验的分析。由于审美活动是一个相当复杂的心理过程，使得这些学派在维持理论系统性的同时难免以偏概全，甚至导致谬误，而当其作为方法应用到美学领域时，却时常碰壁。但是，借鉴和参考心理学的理论有助于审美心理经验的分析，从而使我们对审美活动有更为全面的认识。在城市景观研究领域，格式塔心理学派的理论有重要的借鉴价值。

其原因在于：①尽管格式塔原理不只是一种知觉的学说，但它却源于对知觉的研究，而且一些重要的格式塔原理，大多是由知觉研究所提供的。②格式塔心理学认为，我们自然而然地观察到的经验，都带有格式塔的特点。这个自然而然的过程即是在"日常意识中断"后对"形"的关照。③格式塔心理学原理以"心物场"和"同型论"为总纲而派生出的若干亚原则（组织律）对景观实践领域有重要的参考价值。

（一）从“心物场”到“心理空间”

格式塔心理学的代表人物之一考夫卡认为：世界是心物的，经验世界与物理世界不一样。观察者知觉现实的观念称为心理场，被知觉的现实称为物理场，两者并不存在一一对应关系，而人类的心理活动却是两者结合的心物场。当同一空间被不同的人或人群感受，产生的体验通常存在着明显的不同，这便是通常所说的“心理空间”。花园中的台阶对于成人来讲并不构成障碍，而对幼儿来讲可能是难以逾越的壁垒。中国古典园林通过借景、遮挡、对比等手法产生的“小中见大”的效果与西方采用被称为“哈哈”（HAHA）的用来延伸景观视野的人工沟渠的手法也有异曲同工之妙。

无独有偶，在中国艺术家和园林设计师心目中占有重要位置的“意境”的概念可以说和“心物场”的理论不谋而合。意境不仅是意（观念）与境（场景）的叠加，其背后还蕴含了丰富的情感、心理学和哲学意味。以意境美为出发点，诸如“以少胜多”“境生象外”“以虚代实”“计白当黑”等日益成为艺术高度发展的形式、技巧和手法。欣赏“可望、可行、可游、可居”的山水画或流连于“道法自然”的传统中国园林，我们感受到的也是一种心理空间，是“生活——人生——自然境界”。

（二）从“同型论”到“积淀说”

格式塔心理学派用“同型论”解释审美经验的形成，指出：“心和物具有同样格式塔的性质，都是一个通体相关的有组织的整体，它不是部分之和，而部分也不含有整体的特性。”格式塔艺术心理学代表人物鲁道夫·阿恩海姆在解释外部世界和内部世界的力的本质时指出：“一颗贝壳或者一片树叶的形状，是产生这些自然事物的那些内在力的外在表现，当一棵树的形状呈现在我们面前时，它就把生长这棵树的全部生长力的活动展现在我们眼前了。大海的波浪，星球的球形轮廓，人体的复杂轮廓线，这一切都反映了那些创造这些形状的力的活动。”但应该看到，“内在心理结构与外部事物结构上的同形或契合，是人类积淀了千百万年的社会历史实践活动之后获得的一种能力，它虽然是无意识的，而且有一定的生理基础，但如果投合思想和意志的参与，就不能达到美感上的契合，而只能是生物性的。”也就是说，“自然事物和人的内在心理结构之间的同形或契合，却不仅是‘物理——生理’结构之间的同形，而且还有‘生理——精神’之间的同形。”正是人类的社会历史实践使生理与精神达到了契合。这一过程在实践美学中被称为“积淀”。即“在对象一方，自然形式已积淀了社会内容；在主体一方，官能感受中已经积淀了观念性的想象、理解。”因此，只有将“积淀说”（强调人的社会性阐释）与“同型论”（偏重人的生物性分析）相结合，才可能解释审美体验的差异及变异性表现，才可能理解不同历史时期对同一审美对象所产生的不同认识与体验，以及个体的童年经验与成年后的观察又是多么千差万别。

（三）从“组织律”到“形式美”

格式塔心理学认为，每一个人，包括儿童和未开化的人，都依照组织律经验认识有意义的知觉场，这些组织原则包括图形与背景、接近与连续、完整与闭合、相似性、转换律等。格式塔是法文 Gestelt 的译音，英文往往译成 form（形式）或 shape（形状），中文一般译为“完形”。格式塔心理学所说的形，是经由知觉活动组织成的经验中的整体，而不是客体本身就有的。它有两个基本特征，一是整体不等于部分之和，部分不能决定整体，但“整体”的性质却对“部分”的性质有着极重要的影响。二是“变调性”，即一个格式塔，即使在它的各构成成分——大小、方向、位置等均改变的情况下，格式塔依然存在（或不变）。例如一个曲调变调后仍可保持同样的曲调，尽管组成曲子的音符全部不同。显然，格式塔的“整体”性追求的是多样统一的整体效果，而“变调性”是维持这种整体效果的有效手段，特别是在艺术表现形式中体现得尤为明显。如中国古代山水画的“丈山、尺树、寸马、分人”的构图比例的运用，就是用了“变调”的原理来摹写自然。格式塔心理学家发现，有些格式塔给人的感受是极为愉悦的，这就是那些在特定条件下刺激物被组织得最好、最规则（对称、统一、和谐）和具有最大限度的简单明了性的格式塔。这种愉悦的感受可以看作是一种美感的生成，因此，形式美的法则由此产生了。

运用形式美的基本法则在于求得多样有机的统一，它包括对比律、同一律、节韵律、均衡律、数比律等。对比律是通过并置、间隔等手法进行要素的对比以求得统一的手段。同一律包括对称、重复、渐变、对位等手法。节韵律即通过有规律的重复和有规律的变化产生节奏和韵律的艺术效果。均衡律强调静态与动态的平衡，数比律关注构成形式中各造型要素间的逻辑关系，形式美的法则在城市、建筑、装饰艺术、实用工艺品产品造型等许多领域产生了深远而广泛的影响，时至今日它仍是指导设计实践的主要美学准则。然而，应该看到，当形式美的规律一日成为法则，实际便已到它的终结之处。总的来看，上述形式美的法则追求的是一种有秩序的整洁的美，它对形式的要求是简单而有规则的理性，也就是简单而规则的格式塔。现代心理学研究中指出的“差异原理”证明，人的知觉能力的敏感性与眼前的“图式”和心中熟悉的“图式”之间的差异程度有关。心理学家舒帕尔·卡格安（Schubel Kagan）在观察儿童的行为时发现，在那些十分熟悉的事物面前，儿童们总是表现得心灰意懒，毫无兴趣，而那些与他们熟悉的事物有所不同，但又可以看得出与他们有一定联系的事物，才能真正吸引他们。差异原理不仅适用于普通知觉，同样也适用于审美知觉，只有那些在我们熟悉的传统中经过大胆创新的艺术形式才会引起我们极大的兴趣和敏锐的知觉。格式塔心理研究也表明，在大多数人眼里，那种极为简单和规则的图形是没有多大意思的，相反，那种稍微复杂点、稍微偏离一点和稍不对称的无组织性（排列上有点零乱）的图形，似乎有更大的刺激性和吸引力。这种图形一般能唤起更长时间和更强烈的视觉注意及更大的好奇心。

心理学对此的解释是，“先是唤起一种注意和紧张，继而是对其积极地组织，最后是组织活动得以完成，开初的紧张消失。这是一种有始有终、有高潮有起伏的经验，这样的经验当然不再是平直乏味的。这就是人们在日常生活和艺术欣赏中宁愿欣赏那些稍微不规则和相稍复杂些的式样的原因。”正如荒诞感在现代西方美学中成为一个审美范畴进入了社会生活一样，我们生活的城市在多元化的表面上也越来越模糊多义而难以捉摸，城市景观在多样性的躯壳下所体现出来的非理性倾向也弥漫了我们的生活空间，或者说，城市中充斥了许多复杂而不统一的格式塔，因此，追求复杂而又统一的格式塔成为景观艺术的一个根本出发点，因为多样统一的“形”是艺术能力成熟的表现，无论用于再现自然还是用于表现内在情感生活，它都是胜任的，因为它是生命力和人类内在情感生活的高度概括，而且是它们的最真实和最本质的反映。实际上，美学法则概括的均衡率原则也体现出了这种艺术追求的倾向。虽然，从一定意义上讲，美学法则对现代艺术而言已经失去了指导意义，但对于城市、建筑及城市景观这些特殊的艺术领域，其合理的内核是应该继承的。正如鲁道夫·阿恩海姆所说：“如果艺术过分强调秩序，同时又缺乏具有足够活力的物质去排列，就必然导致一种僵死的结果。而装饰艺术中，这种单调性不仅是允许的，而且也是不可缺少的——严格的对称在艺术品中是少见的，而在装饰艺术中却是频繁出现的。”如果抛弃了形式美的法则，或许我们的城市将陷入更加可怕的混乱之中。

三、城市景观生成的历史文化途径

广义的文化是指人类社会发展进化的一切物质文明与精神文明的成果；狭义的文化多指意识形态方面的内容，包括知识、信仰、艺术、道德、法律、风俗以及作为社会成员的人所获得的才能和习惯。如果采用后者对文化的定义，除了美学、心理学外，城市景观生成的途径还包括历史与文化两个方面。

（一）历史途径

城市景观是与一定的时间维度相关的，城市与时间的关系密不可分。城市在历史的长河中始终处于动态演变之中，城市景观也随着时间的推移不断演化，在城市中从来不存在理想状态的“终极景观”。在城市不断发展的过程中，一方面，作为人文景观的城市与其赖以生存的自然地理环境紧密地结合在了一起，形成了城市景观的空间地域特征。如“据龙盘虎踞之雄，依负山带江之胜”的南京；“四面荷花三面柳，一城山色半城湖”的济南；“七条琴川皆入海，十里青山半入城”的常熟；“群峰倒影山浮水，无水无山不如神”的桂林（图 2–6）。

图 2–6　山水城市桂林

这些都是描述了城市与一定地域空间环境的关系，这种地域特征形成了城市总体的景观格局，久而久之，作为景观特色成为人们的共识。另一方面，在不同历史时期产生的杰出的人工景观作品（建筑群、园林、街道广场等）反映了特定时期的政治、经济、文化特征，作为“人化的自然”成为值得珍惜和保护的“历史遗产”，并形成了城市景观的基本特征。北京的故宫、罗马的斗兽场、巴黎的罗浮宫享誉世界。华盛顿的中心绿地、威尼斯的圣马可广场令世人向往。不仅仅是这些空间实体，城市中那些具有历史感的场所也是形成城市景观特色的重要因素，比如上海的南京路、天津的劝业场、南京的夫子庙等等。除了那些历史悠久的古城以外，一些发展时间不长的近代城市也有鲜明的景观特色，比如“赌城”拉斯维加斯等。这些经由历史途径产生的城市景观受到了重视与保护，使得城市景观具备了生存的传统与发展的基础，而不是“无源之水、无本之木”。当然，鉴于文化上的原因，不同的历史时期、不同的国家民族、不同的个体对城市景观的认识是有差异的，甚至有根本性的区别，这是由于不同的社会“期待视野”导致的。“期待视野”是接受美学理论的一个概念，指的是接受者对作品进行接受的全部前提条件。不同历史时期的接受者，由于接受意识的变化，对作品将做出不同的接受选择。而不同的地区、民族的接受者对作品也会有不同的接受选择。前者是“期待视野”的变异性表现，后者则是“期待视野”的差异性表现。尽管“期待视野”具有个体的差异性，在一定时期，约定俗成的审美观念、审美情趣以及生活方式还是决定了具有普遍意义的社会“期待视野”。另外，对历史性景观的普遍认同还有一个更为深刻的原因，这就是由内容到形式不断积淀的后果。在漫长的历史过程中，原本具有明确实用目的的用途逐渐淡化、转化甚至消失，而体现人类本质力量的美感逐渐显现出来。按照布洛的“距离产生美”的论断，只有心理上有了“距离”，对眼前的对象才能做出审美反应。正如李泽厚在讨论青铜艺术时指出的那样，“社会越发展，文明越进步，也才越能欣赏和评价这种崇高狞厉的美。在宗法制时期，它们并非审美观赏对象，而是诚惶诚恐顶礼贡献的宗教礼器，在封建时代，也有因为害怕这种狞厉形象而销毁它的史实。恰恰只有在物质文明高度发展，宗教观念已经淡薄，残酷凶狠已成陈迹的文明社会里，体现出远古历史前进的力量和命运的艺术，才能为人们所理解、欣赏和喜爱，才成为真正的审美对象”。对城市景观生成的历史途径的考察至少提供了以下三个方面的启示。

（1）所谓“温故而知新”。历史不是包袱，而是前进的动力。城市景观实践是在保护基础上的发展，发展过程中的创新。如果不断地用一个新的错误去弥补过去的错误，城市在丧失传统的同时也将被现代所抛弃。

（2）由于时空和文化上的距离，在对待历史和西方的态度上通常表现为两个极端。一是拒绝排斥，二是无原则的宽容。前者是文化至上的产物，通常源于意识形态决定论，后者是文化虚无的后果，表现为模仿与抄袭。当今社会以后者为甚，既表现为追风的狂热，如“广场风”“欧陆风”“KPF 风”等，又表现为受制于市场和竞争的被动选择。正如对青铜艺术的欣赏不能脱离传统文化背景一样，对城市景观艺术的种种现象也应追根溯源；只有在理解基础上才能建立起审美关系，毕竟城市景观是真、善、美高度统一的艺术。

（3）人类历史是人们为了改善生存状态而不断突破物质和精神的现存局限所进行的努力。因此，创新是人类生存的动力源泉。齐康教授在总结建筑创作哲理时将创新总结为和谐、入境、出新 3 个方面。说明创新不是凭空的想象，而是对约定俗成的一种突破，这些原则对景观实践有重要指导意义。

（二）文化途径

城市景观是一定文化特征的反映，正如伊利尔·沙里宁曾说：“让我看看你的城市，我就知道你的市民在追求什么。”文化对城市景观具有潜移默化的影响，这种根深蒂固的作用深刻地影响着不断发展变化着的城市景观。虽然，以城市景观为目的，自觉地对城市整体形象和环境艺术进行创造的城市设计是近现代的事，但对城市美的欣赏却由来已久。横向来看，东西方存在文化传统上的差异。西方比较欣赏田园之美，这是一种驯化了的自然之美，因此，在城市景观实践中更多地倾向于对天然元素进行人工化、几何化的组织，在人工材料的使用上十分注重科技理性以展现人类控制自然的能力。而在中国，山水之美更多地进入艺术视野，景观实践也以“道法自然”为指导原则，对境界美的追求使得设计者对场所意识、对人与环境因素的考虑更甚于对客观对象本身的依赖。纵向来看，不同历史时期，不同文化类型，产生了千姿百态的城市景观并形成了欣赏景观的不同的观念。正如烟囱林立、高压铁塔的景象曾经是城市美的象征，甚至空气污染也被描绘成“天上飘着朵朵水墨般的云彩”；而正当人们陶醉于摩天大楼、高速公路、不夜城的伟大成就的同时，对园林化的环境和绿色生态城市的向往也在人们心头悄然滋生。

对城市景观生成的文化途径的考察有助于分析纷繁复杂的景观现象背后的深层结构，并对景观实践的文化价值取向有一定的指导意义。

综上所述，尽管城市之美很少被人提及，但对城市景观的体验确实存在。由于景观体验是一种复杂的心理过程，所以景观体验审美理论的建构具有相当的难度。对审美理论探讨的目的并不在于理论本身，而是试图从根本上阐释本书的基本概念，并形成本书基本的观点，作为进一步探讨的出发点。

（1）将审美关系从实用关系中独立分离出来是城市景观研究的前提。只有这样，城市的美的论述才具有理论价值，也只有这样，诸如对美与真（实用价值）、善（伦理道德）的关系才能做进一步的探讨。

（2）本章肯定了城市与城市景观的艺术性，并对城市景观与普通艺术品、景观实践与艺术创作进行了区分。指出"场所性"与"物质性"是景观与景观设计区别于艺术品和艺术创作的两个重要特征。

（3）城市景观的历史文化背景是景观"场所性"的内容之一，相对美学和心理学研究来说，历史文化的探讨是接近城市美学的更为现实可靠的途径，也使得城市景观的保护、发展与创新具备了现实的参照对象。

（4）德国美学理论家阿多诺认为，"在自然凌驾于人类之上的时期，是没有自然美的存在余地的。这似乎如同农业人口的情况那样，他们对自然景色的审美特质缺乏敏感性，因为自然对他们来讲只不过是一个劳作的直接对象而已。"然而，在当今大的城市当中，自然美却作为一种审美策略逐渐成为了人工景观的附庸，当人们醉心于对天然元素的组织和加工的同时，自然之美却离城市越来越远了。对城市自然景观系统的保护与培育不仅是维持生态平衡的要求，还是保有自然之美以维持人类内心平衡的有效手段。

第三节　城市景观的演化

一、观念与原型

从城市刚出现到现在，城市景观的演化随着人类文明的进步不断发生着，尽管城市形态的演变受各种经济、政治、文化的因素所制约。从景观研究的意义上讲，我们还是可以发现那些亘古遥远的先民理想的景观观念作为一种“集体无意识”在历史轨迹中留下的不可磨灭的文化印记。追根溯源，人类不断的景观实践，其根本目的就是为了平衡自己的内心感受，建立起自我与外部世界的对话体系，以期实现心目中理想景观的图式。

（一）原始的景观观念

“风水”作为“中国人认识世界、感知世界和处理现实世界的一种方式”，对中国人内心深处理想的景观模式的形成具有不可低估的作用。俞孔坚认为：“理想风水模式深存在中国人的内心深处，是构筑在中国人的生物基因与文化基因上的图式，而风水‘说’仅是对这种深层图式的系统的、附和的解释。”这样来理解风水就可以撇开风水学说的迷信成分而深入生态及文化的深层结构，以探究由于风水而形成的理想模式的基本结构特征（表 2–1）。

表 2–1　理想景观的模式及特征

<table>
<tr><th colspan="2">理想景观模式</th><th>主要结构特征</th><th>背景</th></tr>
<tr><td rowspan="3">仙境神域模式</td><td>昆仑山模式</td><td>“高山上的葫芦”
（险绝的距离+重城围护）</td><td rowspan="3">能满足人的一切生理和物质功利需求（包括黄金、美玉、美人和不死药）的现实中难以达到的境域</td></tr>
<tr><td>蓬莱模式</td><td>“漂浮着的葫芦”
（岛屿隔离+壶口+壶腔）</td></tr>
<tr><td>壶天模式</td><td>“悬空着的葫芦”
（空间隔离+壶口+壶腔）</td></tr>
<tr><td rowspan="2">艺术家的理想模式</td><td>陶渊明模式</td><td>“带柄的葫芦”
（走廊+豁口+围合的盆地）</td><td rowspan="2">作为乌托邦社会模式的背景，是艺术家超脱于社会和物质功利意义之上的栖居地理想</td></tr>
<tr><td>沟壑内营的可居模式</td><td>“山边或山中的葫芦”
（山林围护与屏蔽+险崖或水面隔离+溪谷曲径的走廊和豁口+依山傍水的界缘特征）</td></tr>
<tr><td colspan="2">统计心理学的理想模式</td><td>“山边或山中的葫芦”
（林木的围护与屏蔽+穿越于林中的曲径走廊+依山傍水的界缘特征）</td><td>现代人的居住景观理想</td></tr>
<tr><td colspan="2">风水模式</td><td>综合了上述各种理想特征并通过一些人为构筑物和具有象征性的符号来弥补或强化某种结构</td><td>能带来最大社会和物质功利性的来世与现世的栖居地</td></tr>
</table>

进一步从分析原始人类的择居、狩猎等行为特征出发，可以发现人类选择并适应自然环境以求得生存的基本行为导致了原始的景观体验和景观观念。总的说来，适于采集（农耕）心理的强化庇护的景观特征与适于狩猎（游牧）行为的隐蔽的观察的景观特征构成了中西方景观模式的分野，形成了不同方式的捍域行为。前者表现为对土地及自然景观的眷恋和依赖，后者表现为对人工景观的推崇（图 2–7、图 2–8）。从这个意义上讲，原始景观观念的分野与地理、文化特征上的结合有可能强化了东方内敛性的天人合一与西方扩张性的主客二分的文化精神。而东西方不同的文化传统反过来又进一步影响到景观观念的进一步发展。一般来说，东方人对自然的态度是亲近洞开的，而西方则是遮蔽疏离的，不仅从东西方不同的景观体验如山水画和风景画的表达中反映出这一倾向，在景观实践中，“道法自然”与“超越自然”也成为东西方不同的艺术取向。

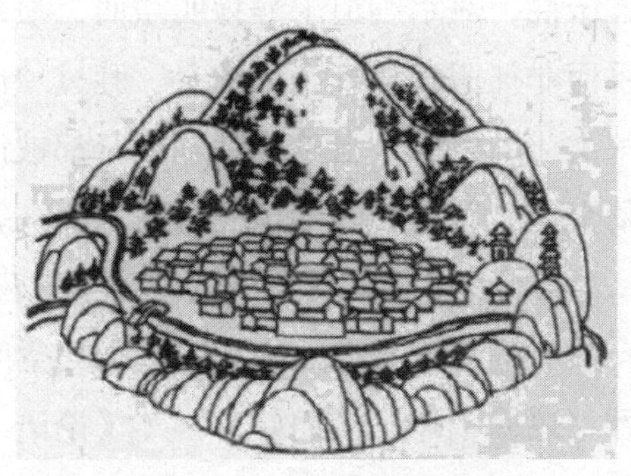

图 2–7　对土地及自然景观的眷恋和依赖

图 2–8　对人工景观的推崇——奥地利萨尔斯堡的城堡

老子曰："人法地，地法天，天法道，道法自然。""道法自然"既是中国人原始的景观观念，又反映了朴素的生态保护观念。"在一个数千年来以聚居生活、收集、选择、积累、分类和贮存为基本行为方式的国家里，这些基本行为方式必定给中国人的心理带来非常特殊的影响。人们最终以一种不带征服色彩的方式适应了自然。"对自然力量的崇拜奠定了古代意识中的神学基础，这种源于敬畏的原始的生态保护观念指导着中国人对待自然的行为方式，并培养了一种风景欣赏的品位，深刻地影响了中国景观美学的发展，这便是独特的"山水"文化。"山水"作为一个"以偏概全"的复合词，它几乎涵盖了以山水为主体的整个大自然。在景观实践包括城市建设、造园等活动中，山水文化的影响表现为以人合天敬畏山水、象天法地范摹山水、淡泊出世寄情山水 3 个阶段，"山水"终于成为一种理想景观图式根植于中国人的内心深处。在山水文化中，对山的态度只有生存性、可容性而无征服性，对水则追求静穆明澈而无喷泉的波涛汹涌，对林木则是共享移情式的关系而非征服式处理，"意义"胜过"形式"，而"形式"重于"内容"。随着山水文化的发展，自然的功利成分都被摒弃了。陶渊明式的良田美池桑竹之类、阡陌交通、鸡犬相闻的田园村庄之美被郭熙所谓"巨障高壁，长松巨木、回溪断崖、岩岫巉绝、峰峦秀起"的"丘壑内营"的理想境界所替代。而另一方面，"道法自然"的思想根源是中国古代文化空间和时间二重内向的整体形态特征，由此导致"述而不作，信而好古"（《论语·述尔篇》），使传统成为障碍，减缓了对科学与哲学新领域的探索。

"超越自然"反映了西方对自然的基本态度，与中国人对自然景观的眷恋和依赖以及寻求自然庇护的行为不同，西方先民表现了对自我力量的信赖以及对制高点和开阔视野的偏好，他们倚靠人工景观（如城堡）达到掩蔽和观察的双重目的。对他们来讲，驯化了的"田园牧歌"式的自然之美比荒凉贫瘠的未开化景观更具吸引力，因而将愉悦感与功利性相结合一直是西方传统的景观观念。在《圣经》里，花园被描述为："伊甸园里，河流两岸，生长着各种花草树木，郁郁葱葱。在园子当中，生长着生命树和善恶树。树上都结着果子，果子都很好吃。"英国景观学派的重要人物约瑟夫·爱迪生（Joseph Addison，1672—1719 年）提出了将使农业与园林相结合的思想，认为"玉米地可以产生出迷人的景色"。将耕作、种植与愉悦感相结合的思路使景观设计有了崭新而深刻的美学意义，使美与实用紧密地结合在一起。这种“景用结合”的思想强化了西方对自然的利用与征服的倾向。如在法国凡尔赛宫，大片的橘子树郁郁葱葱，硕果累累；而中国园林除了受道家思想影响有少许药用植物外，鲜有经济作物；西方园林对自然采取加工、征服的处理方式，将建筑与园景相结合以求得秩序；将喷水、雕塑组成壮观的巨型喷泉，用巨大而密集的树木围合空间，这与中国古典园林“虽由人做，宛自天开”的艺术倾向形成了强烈的反差。

（二）城市景观空间的原型分析

城市景观空间的类型纷繁复杂，如果追根溯源，从城市景观空间结构角度来分析，可以将城市景观空间大致归纳为以下几种空间原型。

罗杰埃（M.A.Laugver）在《论建筑》中描述了一种建筑始源，认为原始的质朴茅屋包含已经发展的一切建筑元素的胚胎：垂直方向的树枝使我们想起柱子；水平环绕的树杆使我们想起柱顶檐口；相交的顶部又给我们山墙的启示。在罗杰埃看来，在小屋这一原型的基础上，所有的建筑奇迹都能被构想出来，如图2-9所示。我们可以想象，当小茅屋的主人采集或狩猎归来，循着多次踩踏出来的道路回到小茅屋时，一种景观体验产生了，这条道路与原始小茅屋一起构成了景观空间的一种原型，并形成了通径与住所这一类型的景观空间。

图2-9　建筑的原型——原始的茅屋

通径与住所构成了人工景观的基本内容，形成了建筑与街道、建筑与广场这些丰富的景观空间。总的来看，通径与住所这一类型是自然中的人工，表现了人类对自然的改造与征服。

（三）自然条件的限定

起初，出于实用与享乐的目的，统治阶级划定了果蔬园或狩猎的囿，逐渐成为享乐审美的私园。如古埃及的树木园、葡萄园、蔬菜园，古希腊的果蔬园。波斯的四分园通常被认为是西方园林早期的原型，其实质也是有网格状水渠系统的树木园，只是因为东亚干旱，水成为生命的象征，因此四分园又称作“天堂园”。四分园在后来，一方面演化为具有象征意义的大型墓园或园林化的建筑环境；另一方面与古希腊罗马的内庭式建筑相结合发展为“柱廊园”。后来，限定的自然这一景观空间类型的植耕狩猎的实用意义渐渐淡化，休闲、娱乐、象征、审美的功能发展起来。随着私园的开放，演化为当代的国家公园、郊区公园（植物园、动物园、主题娱乐园等）、城市绿环、大型墓园以及祭祀或宗教意义的大型园林（图 2–10、图 2–11）。

图 2–10　日本园林

图 2–11　北京天坛公园

（四）花园与居住相结合

当种植不是为了生产而是为了美，耕作不是为了生存而是为了娱乐时，花园便产生了。花园与居住相结合成为人居环境中最为重要的景观之一，它反映了人工与自然的关系，表明了人对自然的景观体验。

两种不同的景观空间原型是这一类型景观空间的根源，一是以大自然为背景的别墅建筑；二是建筑中的庭院空间，这也可以归结为园林或花园与建筑的两种不同的结合方式所导致的景观趋势。

前文提到，波斯的四分园在发展过程中有两种走向，一是演化为具有象征意义的大型墓地或园林化的建筑环境。这是园林与建筑相结合的方式，表现为园林建筑化和建筑园林化（图 2–12）。古罗马园林型制受其建筑群华丽盛大风格的浸染，使园林仿佛是由柱廊、雕塑装饰的广场；而在埃及，方形围墙内的园地里以建筑为中心，在周围整齐有序地种树、修水池、建凉亭；在意大利，园林成为别墅的宏大背景，园林的轴线是别墅轴线的延伸。二是与古希腊罗马内庭式建筑相结合发展为“柱廊园”。园林进入建筑内部，形成庭院空间，园林从属于建筑或成为建筑的补充部分。在庞贝古城遗址中，中庭里是一些集水池、花盆和雕塑品；在西班牙，园地集中在建筑群的内庭，出现了著名的阿尔罕布拉宫的狮子中庭；在中世纪的教堂、修道院里，由柱廊围出方形园地，中间有喷泉或水池，从这里分出 4 条道路，划分出的 4 块园地里种草种花；在中国的四合院中，庭院里也往往是这种四分后种草植树的模式；而通常被称为“后花园”的私家园林，则是“以道养身”的自然化秩序对“以儒治世”的人工秩序的互补。

图 2–12　以色列巴孛梯田花园

以大自然为背景的别墅建筑将自然作为宏大的背景和欣赏与控制的对象，强调建筑的崇高、自然的秩序感和人工化，欧美的庄园别墅、郊区独立式住宅以及田园城市、花园郊区的居住理念均可认为源于这样的景观观念。在中国，由于传统文化心理的影响，这种凌驾于自然之上的景观空间类型一直没有发展起来。有一个明显的例证是，楚霸王项羽的一把大火不仅烧毁了“蜀山兀，阿房出”的旷世杰作，也泯灭了中国人掌控自然的心理萌芽，随着西方人逐渐加深对自我的认识与对大自然形式之美的体会，以及景观实践中对开阔空间的偏好都强化了自然的整体性和开放性。与西方民主开放的文化心理相呼应，建筑周围以较弱围合限定或仅仅通过某种暗示方式形成的半开放的自然空间成为家庭生活的户外延伸，诸如娱乐、体育、游戏等行为的介入使这种景观空间具有了社会化的功能。由此，可以将这种类型的景观空间认为是现代城市中大型的游乐园、体育运动中心、儿童公园等景观空间类型的萌芽。

建筑中的庭院空间具有空间的内聚性、顶部的开敞性特征。庭院是建筑朝向自然的一扇特殊的“窗户”，同时也是一面映现人们内心世界的“镜子”。庭院空间是以审美休闲为主的花园景观与建筑空间形态的有机结合，庭院景观空间大至私家园林，小至狭窄的“天井”，从“宛自天开”的“城市山林”到微观盆景，无不反映了人类对自然景观的某种偏好和难以释怀的体验，这是几乎深藏在每个人心中的景观“情结”。庭院空间这一景观类型随着建筑形态的发展衍生出千姿百态的景观空间，由于它与建筑密切相关，成为人们接近自然、赏心悦目、怡情养性、托物言志的一种切实可行的日常途径，因而随文化背景、个人修养的不同呈现出多元化的特征（图 2-13、图 2-14），诸如现代建筑中的无顶的庭院空间、有顶但透光的共享中庭以及与自然相渗透的过渡空间均可视为此类空间的衍生形式，屋顶花园、阳台墙体绿化、室内栽植等则是花园这一景观空间原型在现代生活中的微观渗透。

（五）办公与自然相结合

园林与建筑的结合从一开始就往两个方向发展，衍化为小规模、大众化的花园式别墅住宅和非专制制度不能胜任的规模庞大供统治者居住施政的宫苑建筑群。“公元 2 世纪，古罗马哈德良大帝（Hadran）在罗马东郊梯沃里（TivoLi）

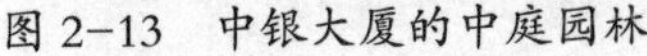

图 2-13 中银大厦的中庭园林

图 2-14 美国旧金山程序科学中心庭院

于 117 年始建的山庄，广袤 18 平方公里，由一系列馆阁庭院组成，用作施政中心。除御用起居建筑以外，还有层台柱廊、剧场、浴室和健身房，其中某些建筑是仿效皇帝巡幸帝国全疆所见异境名迹，归来后营造的。这山庄作为历史上首次出现的最大规模建筑群，俨然是小城市，堪称小罗马。”可以认为哈德良山庄是办公与自然相结合的景观空间类型的正式出现，到了法国巴黎西南凡尔赛宫，标志着这种办公与自然相结合的景观类型发展的巅峰状态，“凡尔赛宫由法王路易十四世（在位 1643 ~ 1715 年）于 1661 年开始经营，到路易十五世（在位 1715 ~ 1774 年）王朝才全部造成，历时百年。包括宫殿园林与凡尔赛城区，是几代法王行政与生活中心，面积达 $1.5\times10^7m^2$（$1500hm^2$），是当时巴黎市区的 1/4。全园以路易十四的卧室为中心，中轴长 3km，与在高坡上长 400m 宫殿主楼垂直联系，体现王权的至高无上（图 2-15）。”办公与自然相结合的景观综合体是西方人崇尚制高点、视控点，偏好开阔视野空间的文化心理的集中体现。建筑作为权力的象征通常置于中心地位，成为视线的底景；而其本身在体量、高度或风格上也具有典范作用，园林尺度巨大并与自然直接相接，是大自然中经过特别修剪的一部分，开敞的轴线空间保证视线的通畅，节点的处理采用规整几何式的图案效果，场面盛大，激动人心，凡尔赛宫作为办公与自然相结合的景观类型的主要原型,不仅令全世界专制统治者竞相效仿,如沙俄彼得夏宫、柏林波茨坦无愁宫、维也纳绚波轮宫苑、北京长春园“西洋楼”，还深刻地影响了全世界城市景观空间的发展，如18世纪初美国城市美化运动以及澳大利亚堪培拉的建设和巴黎公园、林荫大道的景观模式，直到今天，“白宫”式敞向大草地的行政楼的模式仍被视为经典而广泛使用。在中国，处于特有的“修身齐家治国平天下”的心理背景下，家国同构，因此，以居住和园林模式的翻版和扩大的“宫和园”的模式成为办公与自然相结合的特殊方式，其发展的高潮便是清末颐和园、圆明园等皇家园林。

图 2-15　法国凡尔赛宫

（六）乡村（自然）与城市相结合

乡村抑或是自然与城市相结合，是基于东西方不同文化心理的两种思路。西方传统的实用与愉悦感相结合的景观体验方式使得西方对乡村田园之美极富敏感性。而中国人则是充满了对自然山水原初之美的赞叹却无功利的羁绊。如果从寄情山水的角度来理解，中国人心中可能没有自然，因为自然就是人类本身。所谓“巍巍高山，可以比德”，又所谓“海纳百川，有容乃大”，这种天人合一的自然观使得自然与人处于和谐的状态之中，既然“仁者乐山，智者乐水”，山水已成为道德与智慧的完美象征，对它们的任何改造就已没有意义；又既然“信而好古”，那么“无为而治”便是最好的选择。在乡村，这种自然观表现为对风水山和风水林的珍视；而在城市，对自然山水的保护也是达成共识的事情。当然，对自然也不是没有改变，一方面，通过宝塔、凉亭之类的建筑物或构物来完善风水图式和人文内涵；另一方面，以少量的景观建筑表达隐于山林的栖居理想。这种“山水城市”的思想与漫长的封建农耕社会相适应，使得自然处于一种被消极保护的状态，并与墨守成规却极易更新换代的木构建筑体系相结合，形成了缓慢发展而稳定的城市景观空间形态。

在西方，乡村与城市相结合这一理念的产生根源在于工业革命后日益恶化的城市环境以及西方人对田园之美的发现与赞赏。为了实现这一梦想，一些社会学家及建筑规划工作者提出了许多设想并付诸实施，这些理论与实践对现代城市景观的发展产生了深远的影响。

18 世纪 80 年代，火力发电取代了水力发电，铁路运输取代了运河水路，使得大规模的工业生产具备了远离原材料基地进行生产的条件。大量新型的工业城市迅速涌现，到了 20 世纪初，资本主义和工业化的发展使城市拥挤不堪，环境恶化。另一方面，“田园牧歌”式的乡村生活成为了想象中的物质精神满足的象征，坐拥自然之美并享受城市之利是富裕阶层的必然选择，伴随着持久的“郊区化”过程，基于改良思想的各城市规划理论与实践不断涌现出来。

1882 年，西班牙工程师索里亚·伊·马塔提出“带型城市”理论，其出发点是采用绿地夹着城市建筑用地并不断延伸的方法，使城市居民“回到自然中去”。“他主张城市沿一条 40m 宽的交通干道发展，干道上设置有轨电车线、人行道、自行车道和地方道路，城市建筑用地总宽约 500m，每隔 300m 设一条 20m 宽的横向道路，联系干道两旁的用地，与主干道平行的次干道宽 10m，用地两侧为 100m 宽、布局不规则的公园和林地。”（图 2–16）。

1898 年，英国社会活动家霍华德提出“田园城市”理论，立足于城乡结合，“把积极的城市生活的一切优点同乡村的美丽和一切福利结合在一起。”田园城市被农业土地包围，城市人口控制在 3.2 万，城市直径不超过 2 km 以利步行，

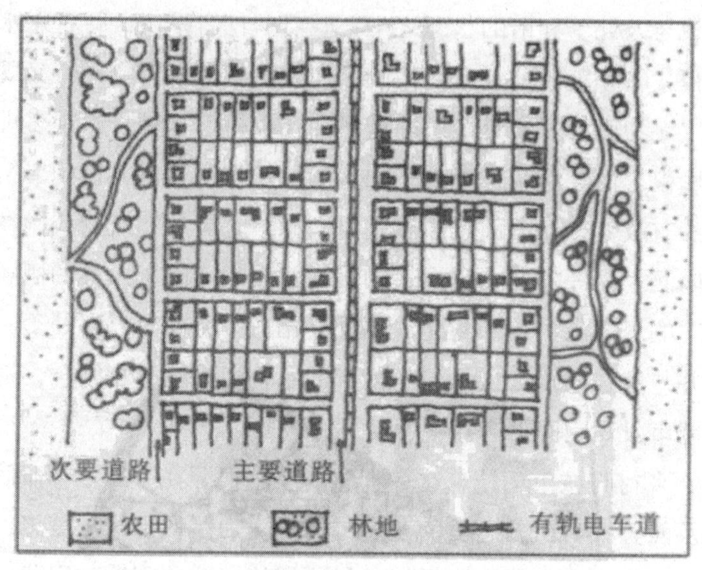

图 2-16 带型城市平面布局（局部）

城市中每一个居民的公共绿地面积超过 $35m^2$，平均每栋房屋要有 $20m^2$ 绿地。在霍华德的倡导下，1904 年在距伦敦 56.33km（35 英里）的莱奇华斯（Letchworth），1919 年在离伦敦很近的韦林（Weluyn）建设了两个田园城市。“田园城市”的理论与实践给 20 世纪全球城市规划与建设历史写下了影响深远的一页。受“田园城市”理论的影响，1922 年，雷蒙・恩温出版了《卫星城镇的建设》一书，提出卫星城镇理论，在随后的大伦敦区域规划中，他建议用一圈绿带把现有的城市地区圈住，不让其再向外发展，而把多余的人口和就业岗位疏散到一连串的“卫星城镇”中去。卫星城与“母城”之间保持一定的距离，一般以农田或绿带隔离，但有便捷的交通联系。这一做法在世界范围内产生了深远的影响，一度成为控制大城市规模的主要手段。另外，芬兰建筑师伊利尔・沙里宁在 1942 年于《城市：它的生长、衰退和将来》一书中系统阐述了“有机疏散”理论。认为应将重工业和轻工业从市中心疏散出去，腾出面积开辟绿地，追求“交往的效率与生活的安宁”。1918 年，沙里宁曾接此原则作了大赫尔辛基规划方案，对“二战”之后欧美各国建设新城、改造旧城以及大城市向城郊疏散扩展产生了一定的影响。

上述以“田园城市”为代表的乡村与城市相结合的思想其共同点是平衡城市与乡村（自然）的生态关系，建立城市乡村化的格局。城市形态以小规模、分散化、低密度、高绿化为特征。总的来说，田园城市仍旧追求相对完整的集约化的城市模式，并与纯乡村景观相区别。只是使绿色更多地进入人们的视野与生活，表明人们对田园之美的欣赏以及对乡村生活美好的想象。这种景观体验源于西方对自然美的发现。随着城市问题的日益尖锐，突破城市的藩篱去拥抱自然，呼吸新鲜空气，感受温暖阳光，成为城市人特别是富裕阶层的理想。“田园城市”这一汽车时代之前的理想面对汹涌而来的汽车浪潮束手无策。城市发展的根本问题虽然没有解决，但对自然之美的渴望却已深入人心，大范围的有组织或自发的城市郊区化运动席卷了欧美城市，对城市景观产生了深远的影响。

在汽车时代，“田园城市”理想被“花园郊区”的现实所取代，美国城市郊区化始于19世纪末，表现为沿铁路线的乡村别墅的发展。20世纪20 ~ 30年代，随着高架铁路、地铁、电车的出现，郊区化速度加快。“二战”后，由于汽车、高速公路的普及，出现了大众郊区化的现象，即制造业、中心商业的郊区化，使郊区功能由住宅向制造业、服务业发展。在美国社区运动影响下，由建筑师斯泰因和规划师莱特按照“邻里单位”理论模式，于1929年在美国新泽西州规划的雷特邦（Radburn）新城，1933年开始建设，其特点是：绿地、住宅与人行道有机地配置在一起，道路布置成曲线，人车分离，建筑密度低，住宅成组配置，构成口袋形。通往一组住宅的道路是尽端式的，相应配置公共建筑，把商业中心布置在住宅中间。这种规划布局模式被称为“雷特邦体系”（图2-17），斯泰因将它运用于20世纪30年代美国绿带城的建设中，人车分离、尽端式道路与步行化商业中心的规划思想也给第二次世界大战后欧洲城市新镇建设注入了新鲜的血液。第二次世界大战后，英国城市人口激增，住宅需求急剧扩大，为了容纳中心城市疏散出来的人口与工业，进行了新镇建设，即开发城市远郊地区的卫星城镇，其中心区由商业区、行政管理区和社会活动区组成。中心区一般由绿带环绕，绿带内环是主要的机动车交通环路，与通向市中心的主要城市道路相连接，中心人口处设有大型地面停车场或多层停车库（图2-18、图2-19）。

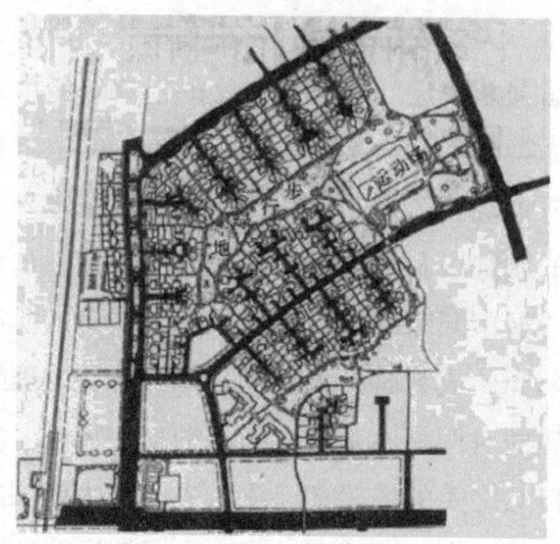

图 2-17　雷特邦体系

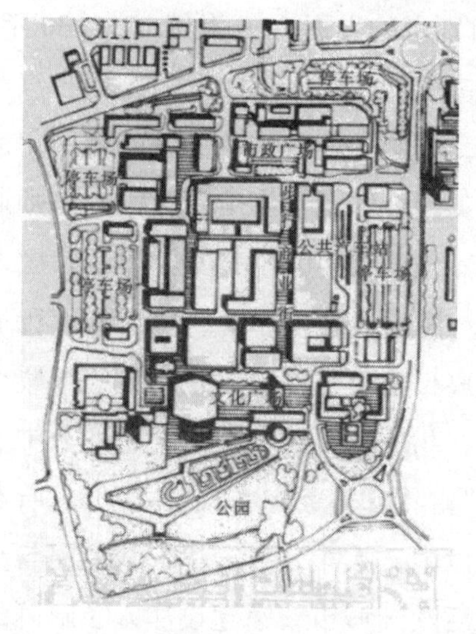

图 2-18　原规划图（20 世纪 50 年代）

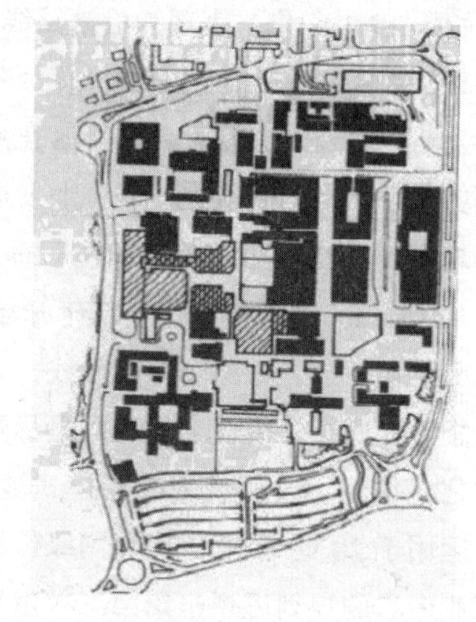

图 2-19　总平面图（1986 年修改方案）

“花园郊区”是汽车时代的产物，无论是有组织的大城市的有机疏散还是主动的郊区化进程，都没有从根本上实现乡村与自然的完美结合，特别是建立在经济自由主义和个人主义基础上的对自然环境的追求导致了田园景观之美的丧失，城市低密度无序蔓延造成了长距离交通问题以及环境污染和能源的极大浪费。同时，受汽车交通的驱使，高速道路、高架立交、大型岛式商业中心严重破坏了乡村的自然格局，形成了超尺度的人工景观，多少背离了田园牧歌式的初衷。即使是伦敦的“有机疏散”，为了克服“卧城”的弊端，提倡工作与居住的就地平衡，也未能解脱对小汽车的依赖。相反，无法避免的长距离交通却刺激了对汽车的需求。由于汽车代替了房子，电视与网络代替了城市，不仅难以享受真正的田园景观，连面对面交往的丰富的社会生活也丧失殆尽，在失去生活自由的同时，人们也丧失了自然。另外，郊区化由居住向制造业、中心商业转移的过程加剧了传统中心城市的衰落，内城更新已成为20世纪70年代以来欧美国家普遍面临的课题。为了平衡乡村与城市的生态关系，一方面，将自然、工作、生活进行重新整合的所谓后工业时代的“外泄城”模式被应用在新兴郊区高科技园区的建设中；另一方面，人们又将目光重新投入传统的城市范围，希望通过对自然的保护与利用来改善城市环境，以平衡都市人的心理感受。

除了以“花园城市”模式为代表，以低密度、分散化为特征的城市与自然的结合方式之外，还有以勒·柯布西耶提出来的“光明城”模式为代表的高密度集中化的主张，柯布西耶强调城市垂直的花园化，传统的街道广场被高速道路立体交叉和大面积的草坪所取代。底层透空，屋顶花园的高层建筑模式使每公顷土地的居住密度达到3000人，并使城市居民能够看到树木、天空和太阳，这种模式被认为是“极端的城市主义”。而赖特提出来的每公顷2.5人的“广亩城市”模式则可以认为是走向了另一个极端。柯布西耶的“光明城”模式对现代城市景观产生了深刻影响，特别是对城市中心区“三高”（高密度、高架路、高层建筑）的景观特征起到了推波助澜的作用，也为“绿色建筑”“生态城市”的观念提供了一定的理论依据。

（七）城市中的自然

在前工业时代的城市，由于人类改造自然的能力有限，城市与自然山水的关系相对调和。工业革命以后，在利用科学技术改造城市的可能性不断扩大的同时，对自然的改造也日益加深。面对不断恶化的城市环境，如何保护大自然并充分利用土地资源成为城市建设中必须面临的问题。19世纪中叶，在美国开展了一场关于建造城市公园的大讨论。马尔什（G.P.March）在认真观察和研究中看到了人与自然、动物与植物之间相互依存的关系，主张人与自然要正确地合作。

他的理论在美国得到了重视，许多城市中开展了保护自然、建设公园系统的运动。1851年，在美国近代第一个造园家唐宁（A.J.Downing）的积极倡导下，纽约市开始规划第一个公园，即后来的中央公园。

1858年，政府通过了由风景园林建筑师奥姆斯特（F.L.Olmsted）主持的公园设计方案，并根据法律在市中心划定了一块大约3.4 km^2的土地用于开辟公园。纽约中央公园的建设成就受到了高度赞扬。人们普遍认为，奥姆斯特设计的纽约中央公园改善了城市的经济、社会和美学价值，提高了城市土地利用的税金收入，十分成功，继而各城市纷纷仿效，在全美掀起了一场“城市公园运动”。1870年，奥姆斯特撰写了《公园与城市扩建》一书，提出城市要有足够的呼吸空间，要为全体居民服务。这些思想，对美国及欧洲近现代城市公共绿地的规划和建设活动产生了很大的影响。

公园作为19世纪工业革命和城市化的产物成为与城市商业用地、居住用地和工业用地相分离的一种土地利用类型。在西方，除了城市规划设计中有意识地利用自然山水开辟城市公园外，传统的城市公共绿地、社区中心、道路交叉点和商业中心都是滋生城市公园的源头。另外，贵族花园的平民化和民主化也成为产生城市公园的途径之一。在中国，许多城市公园也脱胎于原来仅供少数人享乐的场所，如上海把跑马厅改建成人民公园，高尔夫球场扩建为西郊公园；北京开放原来的寺庙园林；天津接收租界公园向群众开放。此外，对传统城市中的自然山水的保护利用也成为建设城市公园的手段之一。

通过城市公园，自然被引入居住与工作的城市，为市民提供休闲娱乐的活动场所并改善城市的生态和视觉环境。这一景观空间类型强调自然与城市的反差，对人工景观特别是建筑采取慎重的态度以强化景观空间的自然属性。这类景观空间尺度巨大，边界明确，而形式多样的单体尺度则尽量缩小。从景观空间形态上来看，早先的城市公园追求自然率真，一反西方对自然几何式加工的传统。这一方面是由于容易与严谨的建筑风格相区别，另一方面是受到了英国自然风景园浪漫主义风格的浸染，到了“城市美化运动”和稍后的“田园城市运动”以及“居住郊区化运动”后，原本属于平民生活范围的城市公园被赋予了象征意义，古典主义重新抬头。公园与公共建筑特别是市政办公建筑及社区生活相结合。“城市中的自然”和“自然与办公相结合”的两种景观空间原型在合流后衍生出了千姿百态的城市景观空间，演化为各种城市广场、公共绿地、公园及主题娱乐园。

二、融合与共生

在城市漫长的发展进程中，由于原始景观观念的分野与地理、文化特征的结合，使得东西方的景观空间类型呈现出不同的发展趋势。总的来说，以欧美为代表的西方文化和以中国为主要研究对象的东方文化在城市景观演化上的不同特征是明显的。西方以建筑风格的更替与景观类型的演进为特征，倾向于对自然的利用与控制；而中国以景观空间分形层次结构为特征，表现为对大地的依恋、与自然的共生。伴随着以欧洲为代表的西方建筑一次又一次的历史风格演变，城市景观空间类型也不断融合并衍生出了许多新的类型。欧洲历史既是充满了敌对与争夺、厮杀与流血的扩张史，同时也是互相交往、彼此影响、相互借鉴、共同进步的文化融合的过程。扩张性的民族特征往往产生猎奇与包容的文化心理，使得不同民族、不同地域文化的交流得以展开，现代西方城市景观不仅源于古希腊与古罗马的传统，也受益于古代西亚文化的熏陶，在发展过程中更是受到了欧洲大陆民族与文化多样性的深刻影响，从而表现为此起彼伏的更替交叠的演进特征。

纵观西方城市景观的演进过程，自下而上的有机生长与自上而下的社会干预始终是交叠在一起的两条主要的发展线索，可以认为城市景观空间系统是一种多维的体系。

（一）自然的维度

在早期，自然风貌、地理特征对城市景观的影响是十分明显的。一方面由于城市规模较小，自然便作为城市的背景成为城市景观空间的组成部分，或者说是一种图底关系；另一方面，人类改造自然的能力有限，对自然山水更多地保留了其原始率真的特性。

（二）经济技术的维度

通常，经济的发展是推动城市发展的原动力，而技术则提供了必要的工具与手段。经济技术虽然受一定社会条件下政治、宗教、文化的制约，但其本身具有独立的发展规律，对城市景观的影响是直接而深远的。古罗马超大尺度的广场建筑群是对战争胜利炫耀和财富集中的表白；漫长的中世纪，经济发展缓慢，代表封建主利益的城堡式布局的小城市也在岁月流通中臻于完善；文艺复兴以后，欧洲的高速发展迅速地改变了城市的面貌，古希腊、罗马的风格再一次成为经济复苏和人文觉醒的代言人；而工业革命的隆隆机器声终于彻底地将城市卷入了功能主义发展的洪流之中，大批工矿、商业、交通城市的兴起仿佛一夜之间改变了世界，传统城市也受到工商力量的冲击而变得面目全非。在美国，带着欧洲的血统和一份独立的自豪而较少文化传统的包袱，充分允许技术向所需要的不同方向发展，给经济技术提供了一个自由展现的舞台。在现代建筑运动的旗手们将古典外衣撕得粉碎的同时，摩天楼与汽车也“革”了传统城市景观的“命”。

（三）建筑学的维度

在现代城市规划运动产生之前，干预城市景观的主要手段是以建筑风格为主要内容的古典的城市设计的方法，以大自然为背景的别墅建筑和以城市为背景的广场建筑群成为城市设计的两种原型，建筑与园林的风格决定了城市景观空间的结构形态特征，这种城市建设的建筑学方法将城市看作大的建筑，追求完美的终极景观。对空间形象的关注与易于操作的特性使它成为统治阶层乐于接受的营造城市景观的方式并渐成为他们满足极权欲、追求理性秩序的工具。即使是在现代建筑运动以后，风格的外衣被褪去，但非人尺度的象征意义和“骇而美”的崇高体验是不言而喻的。从文艺复兴后巴洛克宫廷园如凡尔赛宫、美国19世纪末20世纪初城市美化运动以及现今在中国城市广为流行的城市“化妆”和表层的城市设计，都体现了对城市景观建筑学传统的偏好。然而，事实表明，一旦建筑学方法脱离了社会大众的需要而沦为表面文章，它对城市景观的负面作用是不容忽视的。

（四）规划控制的维度

现代城市规划运动的根源是资产阶级工业革命带给现代社会的矛盾，即工业化、工厂体制和迅速城市化对于工业和文化的破坏以及城市环境的严重恶化。无休止的城市规模扩大、人口增加，给城市的社会经济发展、生活居住条件的提高、城市市政公用事业的改善都带来了很大的障碍，社会和政府的需求都指向了城市规划的必要性，城市规划应立足资源的有效配置与一定程度的社会公平，关注经济建设与社会发展。同时，应重视空间布置规划，与建筑学方法的整体创造不同，城市规划是为了平衡理想与现实的矛盾，通过控制干预的手段引导城市良性发展，现代城市景观的形成在很大程度上受到城市规划的控制与建设法规的限定，政府的宏观调控在其中起到了至关重要的作用。然而规划控制的方法一方面容易形成单调乏味的城市景观，如笔直的道路、单调划一的建筑体型而失去城市自然有机的天性；另一方面，日新月异的经济技术发展及其对城市生活的影响是规划师所不能预见的，而面对政府与市场，“向权力和金钱讲述真理”的城市规划却往往陷入“失败”或“失灵”的境地。

（五）工艺与艺术的维度

城市作为生活的场所，寄托着人类理想的景观观念。传统的观点将建筑视为艺术门类，比作“凝固的音乐”，其艺术风格往往与空间环境组合，形成整体的城市景观空间。在上流阶层的住宅和花园中，园艺和水法成为至关重要的实用技艺，它们与建筑风格相结合左右了西方园林的发展，并影响了城市景观，艺术世界中的景观体验（表现为文学与绘画等）对城市也产生了深远的影响。早期英国自然风景园强调“园宜入画”，足见其与风景画的渊源关系。而抽象艺术对现代城市设计更是产生了深远的影响，不仅是从艺术中汲取营养用于城市景观空间设计中诸要素的加工与组织，而且一些纯艺术门类如雕塑、壁画也进入城市景观空间，公共艺术的概念进一步涵盖了城市景观中非功利性的部分，环境艺术则是公共艺术和实用装饰艺术（如广告、公共设施和市政设施的艺术化）的总称，以彰显城市景观的艺术性。现代社会中，工艺与艺术的途径已逐渐从城市景观空间微环境的设计向中观和宏观方向发展，并与生态学的方法相结合，扩大至“大地景观化”的广阔领域。在经济全球化背景下，基于乡土环境和传统文化的工艺与艺术的方法可能成为保护地方文化，强化城市景观空间特色的一种有效途径。

另外，一定时期的社会意识形态和政治经济体制对城市景观产生的深远影响是不可低估的。社会意识形态和政治经济体制作为上层建筑，由社会的经济基础所决定，同时对技术价值取向、建筑学思潮、规划与建设的方针政策、工艺与艺术的风格产生了直接影响。

以上虽然考察了城市景观空间维度的坐标体系，但以此为依据对城市进行景观类型的划分仍是十分困难的事情。尽管有些城市在形成之初处于单向维度的控制之中，如英国工业革命初期的“蘑菇”城市、美国西部开发时的“测量”城市，但城市的发展必然处于多向维度的综合作用之下，表现为城市景观的复合性特征。尤其是一些历史悠久的大城市，其景观空间成分是相当复杂的。在世界范围内，既存在具有连续景观的历史性城市如巴黎，她在每个时代都留下了代表性作品；也有体现某个历史时期风貌的历史城市，如威尼斯、维琴查、锡耶纳。有政治性都会如华盛顿、堪培拉以象征意义见长；也有新兴经济贸易中心如纽约、芝加哥等大都市。一般来说，历史悠久，规模庞大的城市的景观空间由于历史因素的不断叠加而呈现异质化倾向，而规模较小易于保护或成型期短的大城市的景观空间往往具有均质特征。这个特点在中国城市景观空间中也是十分明显的。

在近代史开始之前，中国处于漫长而稳定的封建时期。相对欧洲来讲，中国科学技术发展缓慢，但社会文化的“内核”是难以动摇的，传统的“天人合一”的哲学基础，“信而好古，述而不作”的学术技术传统使中国人与自然处于水乳交融的共生状态。一方面，农耕社会“靠山吃山，靠水吃水”，其理想状态是“风调雨顺”，因此对自然的敬畏依赖心理使人们将自然神化、拟人化而不敢越雷池一步，以免“天怒人怨”。另一方面，在传统哲学体系中，天、地、人本质上是同一的。这种主客不分的思维导致了中国人缺乏科学的态度去探究自然的本质，使得对自然的利用与控制停留在低层次的水平，中国传统建筑几千年一以贯之，发展缓慢，建筑群体以“院套院”或“盒子中的盒子”为模式，重水平铺展而缺乏向上发展的精神，这种建筑模式表现为一种分形结构的特征，局部与整体的相似性在城市景观空间也有所表现。中国传统城市与山水相融合，可以说是自然中有城市，城市中有山水，山水中有建筑，建筑中有园林，园林中有小筑，小筑中有自然或自然的代用品（盆景、山水画），这种景观空间的分形结构满足了中国人内心世界的平衡并使人工与自然处于一种微妙制衡的状态。可这样说，正是自然的存在制约了人工景观的进一步发展，也正是“物我不分”的寄情山水的观念使中国人安贫乐道，接受了一个被动生态化的现实。因此，工业革命的机器作为“舶来品”被“西学为用”的民族精英们所掌握时，对城市与自然的双重迫害就难以避免了。

三、现状与展望

近现代以来，受外来经济与文化的影响，中国城市的发展极不平衡，城市景观总体上处于新旧交替的过渡阶段。特别是近20年来，经济的高速发展使城市传统景观特色风雨飘摇，岌岌可危，而在经济和文化转型期，城市景观空间存在着一些共同的问题，表现为杂而不聚、同而不和、破而不立。

曾经有一段时期，用“假、大、空”来批判形式主义的建筑作品，而中国城市的景观实践现状竟也未能脱离这一致命泥潭。

一曰假。与建筑一样，景观设计中的“假古董”和“假洋鬼子”也不乏其例。装腔作势的风格拼凑尚且可以忍受，而砍树种草坪、移大树破坏生态则有劳民伤财的嫌疑。速成式的景观体现出“暴发户”的浮躁心态。而如今，这样的景观设计在中国城市中也屡见不鲜。景观的表层化和形象化使人们如雾里看花，真假莫辨，真实的景观体验无从谈起。景观的广告化和工具性价值是对城市景观的曲解和误用。

二曰大。表现为建筑物的高大，广场的宏大，道路的宽阔，否则不足以体现城市的气度和魄力，这是一种模仿攀比的心态。在县级城市的市政广场设计中，华盛顿式的绿地轴线不足为奇，中小城镇中道路采用双向6～8车道也是司空见惯，超大规模的面积、体量形成了超人尺度。古罗马帝制下形成的建立轴线秩序的手法经过文艺复兴和巴洛克时期的推波助澜，在21世纪的中国城市盛开了绚丽的花朵。从美学范畴上讲，无边而巨大的景象给人以崇高的美学感受，这是痛感通过自豪和胜利感转化而成的快感。这种超尺度的景观形式加上高层建筑、立交桥等“超级符号”，进一步加剧了城市景观空间的肢解与异化。

三曰空。空洞无物、不知所云是现今城市景观设计中的一大通病。首先，过大的空间使服务对象不明，人数太多而重复性太低，领域空间难以形成，产生“匿名性”的空泛空间。其次，景观空间未能与城市形成密切联系，难以集聚社会生活，如许多城市广场或滨河绿地被河流和呼啸的高速道路所包围，成为“只可远观不可近玩”的观赏性空间。最后，设计手法的单一，简单化的空间处理，注重形式而忽视功能要求，导致了景观空间缺乏吸引力。

城市景观规划建设中“假、大、空”形式主义的根源在于景观观念上存在的一些误区。

误区之一：景观即为化妆，装点门面。这种实用主义思想将景观理解为绿化、彩化、亮化、艺术化，直接导致了“城市化妆”的潮流，它仅仅关注形象而忽视景观在社会生活中的积极意义。整体的景观观念应是景观空间系统中诸要素的互相配合，在满足社会生活需要的同时产生愉快的审美体验，因此，建筑、道路、绿化、河流等自然与人工要素应视作整体来看待。

误区之二：景观是一种视觉艺术。这种观念将景观与绘画、影视等艺术门类相混淆，重视视觉享受，却忽略了真实的体验，由于现代科技的发展，人们增加了认识观赏城市的视角，比如高层建筑和飞行器提高了人们的视野，在高架桥上汽车内对城市的观赏也与地面道路上看到的景象有很大的区别，使得观赏性的城市景观显得尤为必要，但这并不等于景观仅仅是用来观赏的东西，视觉固然是欣赏景观的主要途径，而真实的审美体验才是根本目的。人的活动本身就是景观的组成部分，比如，同样是苏州园林，在“游人如织”的环境下，又有多少人能真切地体会“蝉噪林逾静，鸟鸣山更幽”的私家园林的意趣呢？把景观作为视觉艺术，站在欣赏者的角度走马观花地浏览导致景与社会生活的脱节，导致大量“拍照留念”式的参观型景观应运而生，为了让观众激动，参观者惊叹，往往采用超人尺度和强烈的图案效果，形象鲜明，视觉冲击力强，这种重表面轻实质、重形象轻内涵、重艺术性轻功能性的景观观念正是形式主义滋生的温床。

误区之三：景观是奢侈的。诚然，景观特别是人工景观是人类文明高度发达后的产物，需要大量的资金投入，必然受到社会经济发展水平的制约。但这并不意味着景观就是高档的地面铺装、名贵的树木花草、昂贵的艺术品和耗资巨大的声光电装置。由于这种错误的观念，城市景观建设往往成为各城市比拼经济实力的舞台。也正是由于景观建设给人的“挥金如土”的印象，使抵触城市景观者大有人在。在当今的住宅小区环境建设中，也存在着照搬城市广场形式，采用高档材料和名贵植物的倾向，客观上使住宅价格上扬，加重物业管理的负担，使“业主”叫苦不迭。从中国城市的现状出发，充分利用现有结构的“能工巧匠”的方法可以化腐朽为神奇，使城市景观平易近人，从而走向社会大众，渗透到人们的日常生活当中（图 2-20、图 2-21）。

图 2-20　某幼儿园场地——将化粪池盖美化成鱼的图案

图 2-21　居住区富有生活气息的交往空间

误区之四：景观是万能的。出于对标志性空间的喜好或是对商业利益的追逐，无论是政府还是房地产商，都把景观设计视作万能的“法宝”。“广场热”“步行街热”“景观楼盘热”应运而生。一部分人认为，景观设计可以创造整洁优美的环境，提高城市居民的素质，促进社会文明的发展。事实上，景观并不总是解决社会问题的良药，有时候，不当的景观设计可能会造成新的问题，对于房地产项目来说，花费昂贵的景观设计不见得能有理想的丰厚回报，甚至会成为一种经济上的巨大负担。之所以产生这种思想上的误区，还是因为对景观的本质缺乏认识。从根本上来说，景观源于生活，服务于生活，是城市生活的物化形式，是不能脱离城市生活与社会现实的一种物质与社会的综合体。

社会生活的进步和科学技术的发展使得当今的城市景观出现这样的形态特征：一是景观要素的多元化。虽然建筑仍旧寄托着城市的光荣与梦想，但交通构筑物、城市开放空间、公共市政设施、景观艺术品、商业广告设施等越来越多的要素都积极参与到城市景观空间的营建中来（图 2–22）。二是自然人工化，表现为对自然元素加工的深度与广度以及自然与人工元素的多种结合方式（图 2–23）。三是景观尺度等级化。城市功能日趋复杂和景观体验方式的多样化使城市景观具有不同的尺度等级（图 2–24）。在汽车时代超人尺度景观充斥城市空间的时候，通过景观设计的手段弥补断裂的城市景观空间和复活人性化的尺度应该成为景观设计的主要价值取向。

图 2–22 雕塑——东京的笔触

图 2–23 细腻生动的地面铺装

进一步从城市景观空间研究的角度出发，可以归纳出现代城市景观的发展趋势。首先，立足于功能分区和交通组织的现代城市规划理念强化了单一物质要素的规模与尺度，在整体上造成了物质空间的离散化。其次，社会生活日益复杂，网络世界日益强大，形成社会空间形式多样化、功能单一化、网络虚拟化的趋势。最后，反映到心理空间上，感应空间随着交通和网络迅速扩大，占有空间却蜷缩到一室四壁，领域空间无法形成。尽管“外面的世界很精彩”，但现代人却普遍陷入了隔离与孤独的痛苦之中。看看当今的城市，汽车占据了道路，自行车拥塞在人行道上，公园内、广场上充满了陌生的人群，公共空间沦为刺激商业的场所，城市山水不断消失或成为“私家花园”。心理空间的两极分化造成了现代人对物质空间的漠然和无动于衷，“局外人”的心态使城市景观异化为一种满足感官需求的刺激物，成为具有工具价值的一种“商品”，也使城市景观仅作为领导决策阶层“孤芳自赏”的对象而失去了社会现实的根基。

图 2-24　具有不同等级尺度的城市景观

近几年来，中国城市景观设计异常活跃，在斐然成就的背后不免有深深的遗憾。飞速发展的时代，城市景观意味着社会责任，如果仅仅将其作为“经营”城市的一种手段，结局将是可悲的。为了不用新的错误去弥补过去的错误，对城市景观进行系统的研究以树立正确的景观观念尤为必要。从根本上讲，景观源于生活，服务于生活，是作为个体的人的心理空间、社会空间和物质空间的同形契合。只有这样，真实的活生生的景观才会在人的内心深处闪现光芒。

第三章　城市环境景观设计

第一节　城市环境景观的构成

城市是一个开放的复杂系统，它包含有大量的物质构成因素和若干子系统，是人类活动的物质载体。城市景观与空间形态是人们的主观意愿的物化表现，凝聚着人类的智慧、情感、想象力和理想追求。

城市环境景观设计是在城市特定环境中从功能、美学，心理学的角度研究各种物质构成因素的存在方式。由于城市环境与人的生活密切相关，所以，两者之间存在着相互影响的关系；人的主观意愿引导着城市环境景观形态的建设，并对已存环境施加影响力；城市环境景观形态向人们传递着无限的信息，支持人们的活动，丰富人们的生活内容。这一关系表明城市环境景观形态始终处于不间断的变化之中。

景观还可理解为景与观的统一体。“景”是指一切客观存在的事物，在词典中的“景”有景物，景色、景象、风景等意思；“观”是指人对“景”的各种主观感受的结果，在词典中的“观”有观察、观测、观摩、观赏、观光等意思。

环境的概念和划分因学科而异。行为学的环境概念是指人类赖以生存的、从事生产和生活的外部客观世界。一般可划分为社会环境、自然环境和人工环境等。

社会环境由人群构成，文化是其核心要素。美国学者索尔 1925 年在其《景观的形态》一书中，将文化定义为由于人类活动添加在自然景观上的各种形式，人类按照其文化的标准，对其天然环境中的自然和生物现象施加影响，并把它们改变为文化景观。

自然环境是指山水、树木等自然物质形态以及风雨、地震等自然现象。

人工环境是指以建筑环境为主体，由人工构筑物和建筑物构成。它是环境景观设计构成的主体。

环境景观设计研究主要是通过对环境景观的特性和特色所构成的原因进行解析，以利于人们对环境景观的正确认识，以利于人们合理地利用和开发以及如何继承、保持和发展这些人文景观特色，并在此基础上创造出具有连续性、持续性的新的环境景观，使我们的生活空间形态、实体形态具有鲜明的个性和特色，使我们生活环境、景观空间形态保持多样性。

特色是环境景观设计研究的灵魂，没有特色的环境景观设计是失败的设计。环境景观特色，是一个民族在特定的历史和特定的地区的反映。环境景观特色主要反映在当地人民的社会生活、精神生活以及当地人民的习俗和生活情趣之中。环境景观特色一般仅分布于某一范围内，而不在其他地区，具有不可替代的形态、形象和形式。

城市景观构成因素大致可以分为三大类：自然因素、人工因素和社会因素。城市环境景观设计是根据人们主观意愿正确地组织有形物质因素、合理地协调无形因素的创造性过程，构成因素的多样性决定了城市环境景观的特色。

一、自然因素

城市赖以生存的地理环境和自然景观是创造城市景观的重要因素，城市环境景观设计就是要充分认识和了解各种因素的特征和潜在的美学价值，并在城市中充分地展现出来，构成城市景观的自然因素包括地形、水体、动植物及气候等。

任何城市都是建造在地面之上。自然地形——平川、丘陵、山峰、谷地不仅是城市的地表特征，而且还为城市提供了各具特色的景观因素，城市环境景观设计应该把它们有机地组合到城市中去，充分展示自然地形、地貌的神奇魅力。

山体引起人们强烈兴趣的主要原因是它在视觉方面存在着巨大的体量和超乎寻常的高度，延绵起伏的山峦宛如锦屏，作为城市的背景丰富了城市的空间层次，而形象优美的山峰具有很高的定位和审美价值，可以作为城市定位和构图的重要因素，给人以明确的方向感。桂林街道大多以山峰为对景，独秀峰、伏波山、叠彩山以其清秀的姿态、精巧的轮廓，呈现出柔和的风格和雅致的神韵，创造了良好的街道景观和城市特色。

城市中的水体可以分为自然水体和人工水体两大类，大至江河湖海，小至水池喷泉，是城市景观组织中最富有生气的自然因素。水的光、影、声、色是城市中充满变幻和富有想象力的景观素材。在城市中，以水面创造的景观效果要比一般的土地、草地更为生动，变幻无常和体态多姿的特点增加了水体的生动性和神秘感。它或辽阔或蜿蜒，或宁静或热闹，大小变化，气象万千。

自然水体气势宏伟，景观广阔，是构成城市景观特征的重要因素，水体岸线是城市最富有魅力的场所，是欣赏水景的最佳地带，也是城市公共活动最剧烈、城市景观最具有表现力的地带，充满了变化与对比，使城市空间具有更大的开放性。水体作为一种联系空间的介质，其意义超过了任何一种连接因素，水的柔顺与建筑物的刚硬，水的流动与建筑物的稳固形成了强烈的对比，使景观更为生动，流动的水体成为城市动态美的重要元素。

植物的景观功能主要反映在空间、时间和地方性三个方面。由于植物占据一定的空间体积，具有三维造型能力，所以，植物具有围合、划分空间、丰富景观层次的功能。通过对不同种类植物的组合种植、与其他物质因素配合，形成虚实对比、大小对比、质感对比，可以产生不同的空间尺度和空间效果；植物的生长要求有相应的地理及气候条件，在不同的地理地带都有独特的乡土品种植物，如北京的白皮松、重庆的黄葛树、福州的小叶榕等，地方性优秀树种适应地方性气候和土壤条件，对强化地方性景观具有积极意义；植物是有生命的，景观设计应该考虑它的时间因素，四季变化会直接影响到植物景象的形态、色彩、尺度的变化，而植物干茎的变化又是一种时间的记录仪，古树名木具有漫长的生长期，它们的景观价值就不仅表现在视觉上的优美形象和苍劲古拙，还在于它作为时间的见证，能使人们产生对过去的追忆和回味。

自然因素除了上述的地形、水体和植物之外，还存在着许多不确定的自然变化因素，比如阳光、云、风等，对这些变化因素的意义不能低估，它们对城市景观将产生重要影响。虽然这些自然变化因素稍纵即逝，不像有形的自然因素那样可以进行精心组织，但是，不能忽视它们的影响力，有意识地组织和利用有利于创造出丰富、变化、生动的城市景观效果。

二、人工因素

人工因素是人们根据主观意愿进行加工、建造的景观因素，主要包括了建筑物、构筑物和其他人工环境因素，其最大的特点是人为建造，带有强烈的主观色彩。因此，在城市中人工因素可以导致两种相反的结果：人工因素成为城市景观中的积极因素，使城市景观趋于完美与和谐；或者成为城市景观环境中的消极因素，产生丑陋、杂乱无章的大杂烩式的景观。

建筑物是城市中最基本的构成因素，也是一种活跃、最富有时间特点的变化因素，随着社会和科学技术的进步，建筑物的功能变化更为丰富与复杂，建筑材料和工程技术得到了突破性的发展，人们的审美标准也随着生活方式的改变而不断变化。因而，不同的使用功能、不同的建造技术、不同的审美要求鼓励和推动了建筑的创新与发展，建筑成为记载人类进步的石头史诗。

城市环境是一个高密度、多因素的综合环境，是一个不断积累的过程，任何一幢建筑物都涉及与已存景观环境的关系，具有创造和组织新的城市景观和改变原有环境景观的功能，“规划与建筑设计应努力创造一个整体的多功能的环境，把每座建筑当作一个连续统一体中的一个要素，能同其他要素对话，以完善自身的形象”。

构筑物是工程结构物的总称。主要指桥梁、电视塔、水塔及其他一些环境设施，它们常常因为具有特别的造型，或处于特别的地点，成为城市景观中不可忽视的重要因素。

三、社会因素

城市环境景观形态构成的社会因素是一种无形的影响因素。社会因素从两个方面施加影响力：一方面，人们在日常生活中的体会、经验、对环境生成、演化的主观方式直接影响，使城市环境与城市生活保持一致；另一方面，对环境的生成、演化通过法律、经济、技术因素施以间接的影响，使之符合社会的需要。

城市生活涉及每个城市居民，城市居民既是城市环境的规划者、建设者，又是使用者和评判者，其影响面极广，“公众参与”的决策与管理方法表明要动员一切社会积极因素，参与城市的建设与发展。

城市景观形态是由多种因素根据某些特定的规律和人们的主观意愿组合而成，

并不是简单地设计某一“风景”或研究某一“构图”，是社会、文化、经济、技术发展的综合表现。综上所述，城市环境景观形态的构成因素包括了自然因素、人工因素和社会因素，其中，社会因素是一种强烈的影响因素，而自然因素、人工因素是城市环境景观形态构成的物质因素。其中，地域的自然特征和历史文化遗产是创造富有特色的城市景观的最重要的资源，而人工因素的不懈创新是赋予城市景观时代特征的根本。城市是一个有形的物质环境，从形态构成的角度出发，任何物质构成因素都具有特定的形态与特征，城市环境景观设计就是要充分发挥物质构成因素的特点和优势，合理组织城市景观，创造和谐而富有城市特色的城市面貌。

第二节　环境景观设计的特点

一、环境景观设计的几个方面

（一）感官

景观设计作为一种艺术形式，是设计者通过时间、空间、形式等媒介体来表达其艺术内涵。而观赏者（或生活在环境景观中的人们），正是通过视觉、听觉、嗅觉、触觉、味觉等感官形式来体验、欣赏环境景观的艺术形式和文化内涵。因此，健全的生理感官是环境景观设计与欣赏的基本要素。

（二）需要

良好的优美的环境景观是生活在其间的人们的生存、安全、财产、身份的象征，是对生活的享受、艺术品位的追求、精神文化环境的需要。

（三）潜在的可能性

通过环境景观的设计，力求使人们相互交流，增强理解，了解他们的生活环境的过去，现在，并为将来更好地优化环境景观留有余地。

（四）意义

环境景观设计作为某种深刻的象征性思想、信仰、生活方式、习俗等文化因素的具体体现。需要设计人员掌握熟练的设计技巧，深刻把握社会文化、场所等赋予环境景观的意义。在此基础上创造出满足今天和将来人们社会生活需求的环境景观，并赋予环境景观以全新的绝大多数人可以理解的文化意义。

（五）包容

环境景观设计应为满足生态要求，满足人类功能和经济上的具体需要。作为艺术的展现形式、能从精神上给人以满足、并为不同社会层次的人、不同偏好的人提供一个共存的包容的场所。

（六）本质

从本质上看，环境景观设计追求人与自然之间的变化与控制，追求人造物质实体（如建筑、城市等）与自然环境的协调的、相得益彰的美感，追求理想环境与现实生活的动态的平衡。因此，环境景观设计者的作品，很大程度是表现为整体观念：人与自然、自然与社会、历史与现实，经济与文化等诸多方面的交织与整合，并不存在艺术与科学、感官满足与精神需要等明确而严格的界线，而是浑然一体的美的展现。

吴家骅指出：艺术对我们来说不仅仅是一幅画，我们显然不能将景观教育中的艺术研究局限在视觉方面。从形态学的观点看来，对景观设计艺术的研究需结合大量的文化、社会、哲学和技术性的主题来研究，特别是对设计思想的变迁和过去的实践经验等等能够缩短美学思想和设计实践之间距离的主题。

景观设计的形态学是一个涵养了公众美学范畴的关于设计语言运用的美学体系，它将艺术与自然条件、历史、社会和设计哲学紧密相连，以填补文化背景，人类对空间的愿望和整个环境之间的脱节问题。在这种教学体系中所有的景观知识是互相交织在一起的，以跨学科的方式进行教育是完全必要的。

二、环境景观设计的特点

环境景观设计主要运用艺术设计方法研究环境景观的艺术创作与设计，将自然景观与人文景观，尤其是城市环境景观、建筑环境景观的设计作为我们环境景观设计研究的主要对象。环境景观设计涉及建筑学、城市规划学、城市设计学、历史学、美学、心理学、宗教等内容，这样就形成了环境景观设计的四个特点，即综合性、区域性、动态性及方法的多样性。

（一）环境景观设计的综合性

作为研究对象的环境景观是一个多种要素相互作用的综合体，这个综合体主要包括自然景观系统和人文景观系统，这就决定了环境景观设计研究的综合性特点。环境景观设计不仅要研究其各个要素，更重要的把它作为统一的整体，综合地研究其组成要素及它们的组合关系。由于环境景观有其自身的复杂性，我们在对某一要素进行研究时，根据环境景观的不同时间的特点，可采用不同的研究方法和设计方法。

（二）环境景观设计的区域

由于自然景观和人文景观空间分布不均一的特点，决定了环境景观设计研究的区域性特点。所谓区域性特点就是地域分异规律在环境景观的具体表现。由于不同地区存在不同的自然景观和人文景观，一种要素在一个地区呈现出的变化规律在另一个地区不可能是一样的。

环境景观的区域性特点研究是获得自然景观和人文景观特色形成的重要手段和方法。

（三）环境景观设计的动态性

环境景观中的自然景观和人文景观特点是不断变化的，这就决定了环境景观设计须以动态的观点和方法去研究。所谓动态性方法就是将环境景观现象作为历史发展的结果和未来发展的起点，研究不同历史时期环境景观的发生、发展及其演变规律。

（四）环境景观设计方法的多样性

环境景观的复杂性决定了环境景观设计方法的多样性。环境景观设计研究主要采用实地考察的方法，包括实测、摄影、绘画等。环境景观设计特点应体现为“顺应自然、尊重历史、发展特色、整体设计、长期完善”。

第三节　自然景观的类型

一、山体等地貌景观类型

（一）山岳地貌景观

山岳是山地中高大的部分，一般具有雄、高、重、幽、秀等美学特点。山岳景观是自然景观的主要资源，它具有形象美、线条美、色彩美、险峻美。由于地质演变、地貌变化和地理变化，而形成空间综合体。就其美感的特征来看，可归纳为雄、奇、险、秀、幽、旷。

（二）沙漠、戈壁、雅丹等干旱地貌景观

沙漠、戈壁、雅丹等干旱地貌景观，是一种特殊的、有吸引力的自然景观类型。如高大的沙山、起伏的沙垄、雷鸣的响沙和戈壁滩上蜃楼的幻影等自然景观。这些地区人迹罕至，具有神秘色彩。

（三）峡谷地貌景观

峡谷是地貌景观中比较具有吸引力的主要类型。其景观特点是谷地峡深、两壁陡峭、雄伟险秀、寂静隐蔽，可获得深邃、幽秀的美感。峡谷有：嶂谷，它是V字形峡谷中最幽深的一种，其两侧谷壁直起直落，从山下仰视如同刀劈斧削一般。有的峡谷由于向中倾倒、聚拢，可形成“一线天”“不见天”奇观，如北京的龙庆峡等。

（四）岩溶地貌景观

岩溶景观是极具吸引力的自然地貌景观资源，我国南方岩溶山水，类型丰富，景观优美，都是世界罕见的。其中桂林、路南、永安、兴文是我国四个最大的岩溶景观荟萃的区域。

岩溶景观地貌主要类型有：孤峰、石林、峰林、天生桥、溶洞和岩溶瀑布等。

（五）洞穴地貌景观

洞穴是一种地下景观资源，它具有多种多样的类型和特色。

世界上最长的洞——奥地利萨尔茨堡洞，洞长42km，世称为“巨大的冰世界”。世界上最长的溶洞群——美国肯塔基州猛犸洞，洞总长255km。

我国洞穴分布以湘西最为集中，在1984年底统计为2035个，成为我国洞穴景观资源数量最多、最集中的地区。还有的如贵州织金县的打鸡洞、湖北的汉川洞等。

溶洞景观的吸引功能主要有两方面：一是自然景观，二是人文景观。溶洞自然景观包括：洞穴外地貌、植被等，洞穴内化学沉积形态，如石钟乳、石笋、石柱、石幔、石花、地下河、湖和地下瀑布等。溶洞人文景观包括：洞穴内古建筑、洞内石刻、题记、佛雕等。

（六）其他地貌景观

其他具有吸引功能的地貌有黄土高原、盆地、平原、绿洲等。

二、水体的景观类型

（一）河川景观

河川景观是水体景观的重要类型之一。陆地上纵横交织的河川，在流经不同地理环境及地貌部位时会形成各异的景观，从而形成不同的吸引功能。

（二）湖泊景观

湖泊景观是陆地表面天然洼地中蓄积的水体，是陆地水景观的主要类型。湖泊景观有几个基本要素：一是湖形，它是湖泊平面形状，由于湖泊所处地形部位和成因不同，湖泊形状也不相同；二是湖影，它是指湖泊的透明度。湖泊的透明度受多种因素影响，不同的透明度会影购湖水倒影的清晰度。越是水清如碧，湖泊倒影就越清丽。我国目前已测定的湖泊透明度最大、水体最清澈的湖泊是新疆准噶尔盆地的赛里木湖，其透明度达 12m 以上；三是湖色，是指湖泊的颜色，湖泊水景观所形成湖光水色是水景观特殊表现形式。

（三）瀑布景观

瀑布景观，是从河床横断面陡坡悬崖处倾泻下的水流。

瀑布是由三个部分组成：造瀑层、瀑下深潭及潭前峡谷。瀑布类型分为：

（1）岩溶型瀑布；

（2）断裂差别侵蚀型瀑布；

（3）熔岩型瀑布；

（4）山崩、泥石流和冰川型瀑布。

瀑布由于环境差异与不同可分为：江河干、支流上的瀑布，如壶口、尼亚加拉瀑布等；山岳涧溪瀑布，如庐山三叠泉、黄山人字瀑、雁荡山的大湫龙瀑布，后者高 190m，是我国最高山岳瀑布；地下瀑布，主要在溶洞内，如广西南丹的拉友地下瀑布。

瀑布是极富吸引力的自然景观资源，主要特点是山与水有机结合，主要具有形、声、色要素，这三个因素的不同组合变化，形成千姿百态的瀑布美。

（四）泉水景观

泉水是地下水的露头。当潜水面被地面切断时，地下水即可露出地面，这种渗出的水沿着固定的出口源源不断地流出，就是泉水景观。泉水与蓄水层的岩性和地形部位密切相关。在自然界中，形成泉的主要因素是地质构造、地貌和水文地质条件等。

（五）海洋景观

海洋景观资源成因是多方面的，它由水、陆、气候、生物及人文等多种因案作用而形成，其中水陆的交互影响尤为重要。如水的因素有洋流、潮汐、波浪、水温、盐度、颜色等。陆地因素有岩性、构造、地貌、火山、地震、泥沙流、河流等。

海洋景观有海岸地貌景观：一是基岩海岸，即岩岸；二是平原海岸，即沙岸。

海滨沙滩景观：海滨沙场、浴场。如意大利海岸建设了长达数公里的海滨浴场。

海洋岛屿景观：大陆岛、火山岛、珊瑚岛等。具有吸引力和趣味性的岛屿是大西洋的艾莱岛，以及我国大连的蛇岛等。

三、气象气候景观类型

气象与气候是两个不同的概念。气象是包围地球的大气层经常产生的各种物理现象和物理过程，表现为冷、热、干、湿、风、云、雨、霜、雾、雷、电、光等现象。气候是长年天气特征。人类活动与自然环境景观有直接联系。而气候和气象可直接影响或形成自然环境景观，如南方热带景观、北方冰雪景观、山地云雾景观等。

（一）雨水景观

降水不仅是气象的主要因素，也可成为环境景观设计与利用的重要因素，形成以雨水为特色的景观。著名的雨水景观有江南烟雨、巴山夜雨等。

（二）云雾景观

云雾是非常具有吸引力的自然景观。我国末代韩拙说“云之体聚散不一，轻而为烟，重而为雾，浮而为霭，聚而为气”。古代有“山无云不秀”的认识。

（三）冰雪景观

雪是中纬地区的冬季和高纬地区及雪线以上山顶地带出现的一种特殊天气降水现象，用雪与其他景观配合，即形成了千里冰封、万里雪飘、林海雪原等壮丽冰雪景观。

（四）晨夕与云霞景观

旭日、夕阳和云霞是最具魅力和最具吸引力的自然景观。观赏日出和日落景观是人们一种审美需求之一。

四、植物景观

植物景观可分为，野生植物景观、植物园景观和城市植物景观。

第四节　城市街道景观

城市街道空间是展现城市景观最集中、最重要的载体，是城市景观的核心要素之一。城市街道景观是通过每个有特色的大街小巷所构成。任何一座有特色的城市都会具有各自独特的街道景观。街道的历史景观是一个国家政治、经济和文化等集中的表现，世界各国均有不少著名的街道景观。

一、北京长安街

北京的长安街，应当被称为中国第一街，也是当今世界上最长、最直的大街之一。长安街从天安门广场划分，往东为东长安街，往西为西长安街，人们还亲切称它为“十里长街”。实际上，它长 54km，贯通北京市东西轴线，其主干道宽 60 ~ 80m，最宽处达 100m。

历史上的长安街，因它横贯皇城和紫禁城前，当时称“天街”，也只是一条土路。明成祖开始在北京重建城池，在新建的承天门前，元大都南城墙的旧址上，修筑了这条大街。从那时起，左门外至东单叫东长安街，右门外至西单叫西长安街。由于承天门前的广场是禁地，当年东西长安街是禁止通行的。1911 年辛亥革命推翻帝制，东西长安街才贯通，但从东单到西单全长只有 4km，宽 7m。1952 年 8 月，将东西长安门拆除，1954 年 12 月，又把东西长安街的牌坊移到了陶然亭。

二、上海外滩及南京路

上海是我国金融中心，上海的外滩被世人称为“东方的华尔街”。20 世纪 30 年代，上海外滩已有近百家金融机构，有众多的银行、钱庄、票号、证券交易所和信托投资公司，形成以外滩为中心连接海内外的巨大金融网络。90 年代，改革使“外滩”这条古老而美丽的滨江大道焕然一新。1993 年年底，外滩综合改造竣工，外滩增添了绿地、雕塑、喷泉等。入夜，各个大楼彩灯齐放、五颜六色的灯火与水中倒影交相辉映。

上海是中国最大的商业城市，南京路又是上海商业中心，它被誉为“中华商业第一街”。南京路总长有 15km，汇集了 600 多家中华名字号，每天人流量达 300 万人次。繁荣而狭窄的南京路两旁店铺、各种广告牌把楼房点缀得五颜六色。

三、天津古文化街

天津的古文化街位于旧城区的东北角。全长 580m，宽 7m。明清以来逐渐繁华，成为一条热闹非凡的集市大街和游乐中心。古文化街的两端各有一座彩绘牌坊，牌坊上端分别刻有“津门故里”“沽上艺宛”几个大字，其余多为二层楼房清式店铺，建筑上有砖刻、木雕、彩绘等装饰。砖刻以山水花鸟为主，木雕有兵、马、战车等。古文化街各家门前均有楹联，这些古雅的楹联展示了中国商业文化的特殊景观。每逢传统节日，有各种各样的民间文艺活动和戏剧表演。

四、苏州观前街

苏州是江南的一座历史文化名城，除了它那小桥、流水、人家的水乡和园林景观之外，观前街又是一道亮丽的人文景观。观前街店铺林立，多经营丝绸、湖笔、檀香扇和苏乡名产以及苏式饭菜和小吃等。

五、南京十里秦淮

自六朝起，南京十里秦淮就是江南繁华的标志性景观。十里秦淮的核心是夫子庙，庙的两侧有回廊环抱，由文庙、学宫及江南贡院三大古建筑群组成。夫子庙地区由庙、市、景、园、亭、台、殿、长廊、牌坊、翘檐、马头墙等要素构成独特的中国江南街道景观。

六、拉萨八角街

拉萨是一座神秘而美丽的城市，就在这座神秘的城市中有一条古老奇特的街道。它就是著名的八角街。八角街长1500m，宽10m，呈回形。八角街并非因街道形状呈八角形而定名，而是因八角在藏语中为“八古”的音译，即寺庙四周的意思。因为八角街环绕着大昭寺，并在其四周，故名八角街。大昭寺是拉萨的中心，也是八角街的中心。八角街宽敞平坦，两侧的老式藏房高低错落，显得非常古朴又有民族特色，街心间隔置有几座喇嘛教的巨型香炉，昼夜烟火弥漫。

七、巴黎香榭丽舍大街

香榭丽舍大街，它在法文中译为田园乐土大街。香榭丽舍大街是巴黎之魂，是巴黎的象征。它贯通市中心，全长1880m，宽约100m。巴黎的名胜古迹全由它连接起来，大街东端同4万平方米的协和广场相连，从东边步入大街，映入眼帘的是气势宏伟的波旁宫，与波旁宫相对的是世界最大的艺术博物馆罗浮宫。大街西连戴高乐广场。香榭丽舍大街建于1670年，目前在充满现代气氛的香榭丽舍大街上还保留大量的古朴老字号店铺。

八、莫斯科阿尔巴特大街

阿尔巴特大街是一条古老的街道，路面全用石砌铺成，街道中间有花坛，还有引人注目的圆形玻璃灯罩的古式街灯，古朴典雅以及旧时留下的各种店铺。走进大街就可看到街头艺术家，他们卖画、卖诗、搞街头表演等。它是莫斯科的历史文化的一个缩影。

九、东京银座

银座是东京最繁华、最著名的大街，是日本商界的胜地。银座是指从东京北面的京桥到南边的新桥之间的大街，长1100m，宽700m，它把从一丁目到八丁目之间的地区紧紧连接起来。银座大街的两旁多是百货公司，厅堂店号鳞次栉比，巨大的橱窗展示着代表日本乃至世界潮流的最新时装，高贵典雅的锦绣和服及丰富多彩的生活用品以及街边千奇百怪的商品令人目不暇接。银座大街还有许多规模不大但专门经营独特商品并保持传统制作方式的店铺，约有70多家。银座大街上不仅大商店林立，而且日本最大的报馆《读卖新闻》《朝日新闻》等都集中在此，还有无数的酒吧、歌舞厅、饭店、料亭和夜总会等。

平日银座车水马龙，络绎不绝，然而到了星期天等节假日，任何车辆都禁止通行，这样的规定从1970年就开始实行了，银座就成了一条名副其实的步行街，深受人们欢迎，人们可以随心所欲地漫步街心购物和谈天说地。

十、纽约百老汇及华尔街

纽约的百老汇大街是世界戏剧永久魅力的象征，是全世界表演艺术家和喜欢表演艺术的人士神往的地方。它以巴特里公园为起点，由南向北贯穿曼哈顿岛，全长25km，是纽约南北向的主要街道之一。百老汇，英文是“宽街”的意思，而实际它的街面有宽有窄。百老汇大街两侧高楼林立，直冲云霄，这里有纽约世界贸易中心、著名的华尔街证券交易所、麦迪逊广场和时报广场等代表美国金融巨头和商业大亨的许多划时代的建筑物。还有银行、事务所、大报社、大戏院、夜总会以及电光广告牌等，是纽约商业、文娱总汇。

纽约华尔街是世界上著名的大街之一。人们一提起股票，就会想起华尔街。它是国际金融的神经中枢，位于曼哈顿岛最南端，毗邻百老汇。

华尔街是英语的音译，是墙的意思，但华尔街并不是因为它有两排大墙似的大厦才取这个名字。据华尔街街口大厦墙上镶嵌着的铜牌记载，1653年，荷兰统治时期，这里是新阿姆斯特丹总督的住地，为了方便警卫，总督下令用木头在曼哈顿即哈德逊河和东河之间筑起一道围墙形成一条街。1669年，围墙被拆除，但街名却一直沿用至今。当年，这条小街是农产品和黑奴的交易中心。

华尔街从头至尾共有120个门牌，清一色的摩天大楼，高耸入云，遮住了阳光，使华尔街远远看上去犹如一条昏暗、狭窄的人造大峡谷。华尔街全长约500m，就这么短短的一条街，却聚集了世界级金融机构，它们是纽约股票交易所、信托大厦、三一教堂、联邦储备银行、市政厅等。

第五节　城市景观的组织原则和设计思路

一、城市景观组织原则

城市作为一个连续的发展过程，城市景观设计始终面临着一个重大课题：城市发展如何处理与自然生态环境的协调关系、如何处理与已存城市环境的协调关系，即如何恰当地把城市拥有的独特的自然景观因素和具有历史文化意义的人文景观因素组织到不断变化、发展的城市景观体系中去。

城市景观是城市物质环境的视觉形态，以此，人们可以获得最直观的城市环境印象。对一个城市而言，仅仅有一个、两个令人满意或令人兴奋的城市景点是远远不够的。城市景观与空间形态的组织设计应根据城市景观的价值、知名度、公共性水平，以恰当的方式建设不同等级、不同层次但相互联结的城市景观体系，为城市生活提供丰富多彩的背景环境。

富有个性和特色的城市，景观不是靠几幢“标志性建筑物”或“个人的聪明才智”创造出来的，城市个性与特色在于它自身的特点：独特的地理和地域环境，特有的历史、人文景观和生活方式的演变，是一种自然而然的发挥与表现。城市景观体系的建设必须研究城市有价值的景观资源，合理组织城市景观的结构体系。

城市景观体系的研究是从视觉分析的角度去理解城市空间的结构关系，是城市环境的视觉形态，它理所当然地应该反映城市的演变以及城市生活，特别是城市日常生活的密切关系；城市景观组织以最佳展示为目的，必须使人们在参与城市活动时产生愉悦的心理体验，从而使自己的行为与城市空间环境通过景观这一视觉因素建立起双向的心物对应关系。

（一）多样化统一的原则

多样化统一的原则要求城市景观的组织必须与城市活动的多样化相一致，并保持城市景观结构体系的完整性。城市中的任何一个要素，任何一个空间环境都不可能独立存在，人类活动的连续性表明，城市作为由若干个子系统单元组成的大系统，必须是一个整体，城市景观体系必须保持与之一致的特征：多样化统一。多样化表现为城市子系统不同功能、不同空间环境的个性与特征，统一是指城市景观必须是一个和谐的整体，要求构成城市大系统的单元建立起有序、协调的关系，真实的反映城市大系统的组织结构，真实地表现城市生活的丰富多彩。

（二）结构最优原则

结构最优原则强调的是完善城市景观基本单元，以合理的方式进行组织，使城市景观体系建立起稳定而明晰的内在结构关系。

城市景观体系的设计应该依照景观单元的价值，划分成若干层次和等级进行组织，建立起层次分明、衔接有序的整体结构，确立城市景观单元在体系中的主导地位，作为整个体系的定位标识，使城市具有明确的方位感。

城市景观体系所包含的时空间序列不同于单体建筑或建筑群体的空间序列，是一个多向展开的网络系统，即人们可以从城市的任意一点开始感知城市景观的过程，或在某一结节点向多方向进行，从而组成不同的城市景观序列，这种多方向展开的特点要求城市景观体系必须是一个开放性的体系，能够形成多方向序列的组合，并且具有可逆性，符合人们“行为序列”的要求。

城市景观结构最优原则要求城市景观体系是一个具有多方向展开、可逆转的开放性网络、这一网络必须有明确的定位标识和方位感，适合于不同运动速度和多向度活动的需要，具有简洁明了的结构，能够使人们以少而准确的视觉信息建立起城市的整体印象。

（三）有机生长的原则

有机生长的原则是从城市动态发展的角度提出的景观体系建设的原则，城市景观体系应该以城市结构的扩展为依据，随着城市的发展有序而合理地生长。有机生长的原则要求城市更新应在城市景观体系及重要标志物的控制下谨慎进行，表现出城市发展连续性的特征，保留城市在各个发展阶段有价值的景观作为城市发展的标识和真实记录。对于有价值的人文景观，城市更新应表现出应有的尊重，更新项目尺度、体量、色彩、材料都应与之相适应，保持应有的一致性，始终把有价值的人文景观作为主角。有机生长的原则，其核心是，城市景观体系是一个整体，作为城市物质环境的视觉形态，必须真实地记载城市的发展过程并随着城市发展而发展。当然，在城市这个大系统中，城市景观体系建设必须与城市区域规划、总体规划以及各单项规划保持一致性和协调性，真实地表现城市环境与自然、历史与日常生活的和谐关系。

城市发展是一个连续的过程，城市景观作为城市的视觉形态必然反映出这一动态发展的特征，在其中，局部利益与城市总体利益的冲突是不可避免的。当我们把城市作为一个整体、一个系统来理解，城市景观就必须保持应有的一致性，城市一旦失去了对局部更新和小范围开发的控制与主导，便意味着城市景观体系整体性和协调性的丧失。因此，对于城市的更新与发展，必须从城市景观整体性出发，进行控制与引导，保持城市视觉形象的连续性和合理性，真正体现城市应有的价值景观。

二、城市环境景观设计的思路

（一）环境景观布局

环境景观的总体布局应有全局观点，综合考虑，协调环境景观实质形态和空间形态的各个因素，做出总体设计，使环境景观的功能和艺术处理与城市规划等各个因素彼此相协调，使之形成一个有机的整体。在设计中使环境景观在空间尺度感、形体结构、色彩与周围关系都应取得协调。

在环境景观总体设计构思中、既要考虑使用的功能性、经济性、艺术性以及坚固性等因素，同时还要考虑当地的历史、文化背景、城市规划要求、周围环境条件等因素。

（二）环境景观构思

环境景观构思核心是要有新意，即所谓的创新和特色。创新和特色是环境景观设计的灵魂。

环境景观的空间尺度和形象、材料、色彩等因素应与周围环境相协调。环境景观设计构思要把客观存在的“境”与主观构思的“意”相结合。一方面要分析环境对景观可能产生的影响，另一方面要分析设想景观在城市人文环境或自然环境中的特点与效果。应因地制宜，结合地形的高低起伏，利用水面环境以及实际环境中的特色、有利的因素。

（三）环境景观艺术处理

环境景观具有实用和美观、艺术的双重作用，根据不同环境景观性质和特征，它们的双重作用表现的是不平衡的。实用性比较强的环境景观首要的是体现使用效果。艺术处理处于次要地位。作为地处政治文化、纪念性的环境景观，它们的艺术处理就居于较重要的地位，尤其是政治文化、纪念性环境景观设计要求更加突出其艺术性。

环境景观的艺术设计不仅仅是一个艺术性问题，而有着更深刻的内涵。通过环境景观可以反映出它所处的时代精神面貌，反映体现特定的城市一定历史时期的文化传统积淀。

（1）环境景观的造型。比较完美的环境景观设计，首先要有良好的比例和适合的尺度。要有良好的造型以及平面布置、空间组合以及细部设计相配合，充分考虑到材料、色彩和建造技术之间相互关系，形成较为统一的具有艺术特色和艺术个性的环境景观。

（2）环境景观的性格。环境景观的性格主要取决于环境景观的性质和内容，很大程度上取决于环境景观形象的基本特征，环境景观形式要有意识地表现出其性质和内容所决定的形象特征。政治、纪念性环境景观设计要求布局严整、庄重，商业、休闲性环境景观设计形式可以自由、轻松、优雅。

（3）环境景观的时代性、民族性和地方性。

（四）城市环境景观设计时协调性和统一性

（1）环境景观设计应与适用、经济相统一。城市环境景观设计必须在适用、经济的前提下考虑，以实现城市环境景观艺术设计目标。

（2）近期的环境景观设计与远期环境景观设计应统一。

（3）整体与局部、重点与非重点的统一。城市环境景观设计是一个完整的有机整体，局部要服从整体，整体应统帅局部。

（4）城市环境景观设计应考虑城市历史条件、时代精神、不同风格、不同设计手法的统一。在继承城市建筑传统基础上，创造新兴的城市环境景观形态。

三、城市规划设计中视觉环境的控制

（一）城市视觉环境

城市视觉环境是城市实体环境通过人的视觉所反映出来的城市形象。城市视觉环境由人（主体）与环境（客体）共同组成，在城市视觉环境研究中，对主体的研究主要从人的行为入手：观赏点、观赏路线、观赏距离、观赏心理、静态观赏、动态观赏等。对客体的研究主要有：从城市物质环境入手。可分为以下三个层次：

（1）城市总体视觉环境的研究

（2）城市区域性视觉环境的研究

（3）城市局部空间视觉环境的研究

（二）城市视觉环境的构成

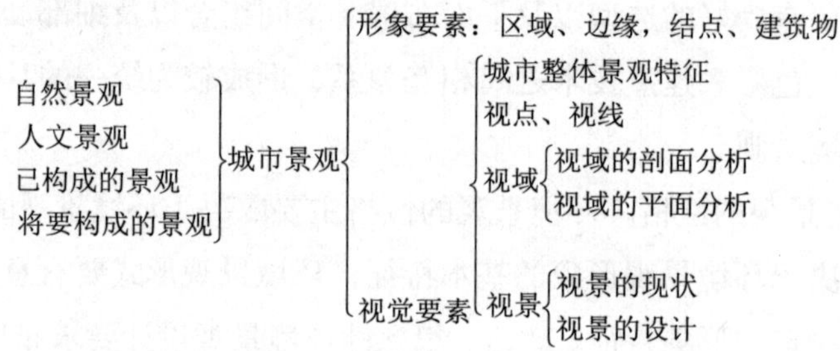

（三）城市视觉环境的控制

1. 控制依据

（1）城市总体的规划；

（2）历史文化名城保护规划（或城市风貌保护区规划）；

（3）城市景观及绿化系统规划；

（4）其他相关的政策、法规等。

2. 相关研究

（1）城市自然地理的研究；

（2）城市历史文化、文脉的研究；

（3）城市形态（宏观、中观、微观）的研究；

（4）城市土地利用研究。

3．控制要素

（1）建筑物的高度、体量、色彩、质感（微观）；

（2）城市开放空间的大小、宽窄、通达度；

（3）城市中观形态（如街区、结点、出入口）的协调与变化，对比与微差，在高度、体量、色彩、质感等方面的统一（或基调）；

（4）城市绿化；

（5）其他（人的行为、社会生活规范等）；

（6）城市宏观形态（如城市轮廓线、城市的格局与肌理）。

（四）城市视觉环境控制中的重点

1．对景点（区）、视景点、观赏路线的确认和分级

（1）景点（区）{景观的价值；历史文化价值；形态特征；与城市的关系}在城市总体形象中的地位

（2）越能代表城市的自然风貌和文化特征的景点、其等级越高。

（3）观景点的分级{可观赏到的城市景观的价值；公众达到该景点的频率}

（4）观赏路线——道路、河、湖沿岸、制高点等。同一景区，不同的观赏路线有不同的分级。

2．对城市整体景观、特征景观的确认

（1）方法：可通过问卷调查的方式请市民和游客进行确认。

（2）内容：

①能够代表城市的自然景观、人文景观。

②体现城市特征的节点空间——城市出入口、广场、商业街、空港、码头、车站等。

③标志性建筑群。

④城市轮廓线。

（五）设计成果

（1）城市景点（区）、观景点（线）分布图。

（2）各景点（区）的视点（线）、视域平面和剖面（竖向）分析图，一个景区往往有几个观景点（线），每个观景点和观景线均应有平面和剖面（竖向）分析图。

（3）现状视景图（照片、录像等）。

（4）设计景观及视景图（多方案比较）。

（5）景区（点）新景观的设计意向图。

（6）城市整体景观和特征景观的确认。

（7）各景点的内涵、形态特征、社会功能、与城市环境的关系。

（8）景点、观景点的分级表。

（9）景域内建筑高度（色彩）控制图。

（10）保护区内（视觉影响区）的建筑形式、体量、色彩、绿化等要求。

第六节　山体、水体与城市景观的设计

在城镇选址中，山、水、自然环境与城市有着密不可分的联系，当然，这种联系是宏观上的自然格局和景观特点。在中观、微观上，在城市规划和设计中，山体、水体也同样是构成城市环境景观的重要的，不可取代的物质实体，应当予以重视。

一、山体是城市格局形成的主要因素之一

英国 E.N. 培根在旧金山的城市设计中指出："山丘和地脊——它们使城市得以展示，使区域得以限定，它比其他特征更能产生变化，这也正是旧金山的特征。在城市的地形中，谷地和平原与山丘同样重要，因为它们限定所在地区，赋予山丘以视觉上的含义"。

杭州古城遗址在吴山脚下，远离西湖。历经唐宋以至明清，文化的影响日益突出，古城逐步向北的临湖地区发展，最后确立了城市与西湖的自然景观和历史

文化的价值与地位，城景融合，协调发展。环绕西湖北、西、南三面的山体，形成三个不同高度的景观层次；第一圈为孤山（海拔高度，34.0m）、丁家山（41.2m）、夕照山（48.2m）、吴山（57.0m）；第二圈为葛岭山（125.3m）、挂牌山（121.3m）、鸡笼山（79.8m）、青龙山（106.3m）、凤凰山（178.0m）；第三圈为灵峰山（161.0m）、锅子顶（209.0m）、北高峰（365.5m）、美人峰（354.6m）、天望山（413.0m）、大慈山（134.8m）、玉皇山（239.3m），并形成西南方向沿天柱山—鸡笼山—丁家山的主导脉向。在自然环境和城市历史长期演变过程中，形成了西湖有山不高，层次分明，有水不广，洁莹清秀，城廓不显，绿树掩映，“三面云山一面城”的格局。

南京位于长江下游，三面环山，一面临江，宁镇山脉分北、中、南三支楔入城市边缘和市内，形成依山傍水的城市格局。

山脉北支，从城市东边40km的宝华山开始，向西依次是栖霞山、乌龙山，幕府山，然后连上老虎山、狮子山、象山，向南转到四望山、清凉山、濒临长江、屏障于西北，形似虎踞，其中栖霞山自古被称为“金陵第一明秀山”，主峰三茅海拔284m，栖霞寺是著名佛教圣地，为中国佛教“四大丛林”之一。幕府主山峰海拔205m，山势沿江屏列约6km，北坡紧逼长江，其东北端有一山矶，三面环水，悬绝险峻，如飞燕凌江，称“燕子矶”，号称“万里长江第一矶”。清凉山原名石头山，后因清凉寺得名，南唐时李后主曾建避暑行宫，山西有一段古城墙，就是著名的石头城。

山脉南支，有汤山、青龙山、黄龙山和方山，向西转到云台山、祖堂山、中首山、韩府山，形成东南向低山带。

山脉中支，向西，有龙王山、灵山、钟山，直抵南京城东边城墙，城墙内的富贵山，复舟山、鸡笼山、鼓楼岗，是钟山余脉，整个山势像一条绿色玉带，飘落市内，成为横断市区的天然分水线，其中钟山雄居于诸山之中，主峰海拔448m，面积约20平方千米，立群峰而拱卫于东南，势如龙蟠。钟山是国家级风景名胜区，山前山后文物古迹很多，著名的中山陵，紫金山天文台更是蜚声海内外。

古代南京也称石头城，被誉为有虎踞龙盘之势。

二、山体与城市景观

（一）山体的景观特征

（1）围合感。山体限定了人的视线范围，城市周围及城市市内的山体使人感到空间的限定与围合。

（2）层次感。山体及地形的变化，可以使城市空间景色层次丰富，富于变化。

（3）依附感。人具有“背靠实体，面向空阔”的心理特征。山体是高大坚实的物质实体，使人感到“背山面水”的依附感觉。

（4）方向感。山体及地形决定了城市的格局和城市的主导方向，增强了人对空间方向的识别，

（二）山体作为城市的远景和背景

与城市相连的延绵的山峦，宛如屏障，可作为城市景观设计中的远景和背景，尤其是秀美的奇峰，更应将它们组织到城市空间的景观中来。在城市布局中，留出景观走廊，应避免高大建筑物等遮住视线。

在山体与城市的结合处及城市内山体的适当部位，巧妙地布置和点缀一些人工建筑物或构筑物、可作为进入城市的预示和标志，丰富城市景观内容，加强对城市空间的限定。

市郊及市内的山体（特别是秀美的山峰），可作为城市定位控制和景观设计中构图的主要因素，使它们成为人们视线的焦点和欣赏对象。因此，具有很高的审美价值和导向作用，在设计中应特别予以注意。

（三）依附山坡的自然形态，构成城市佳景

按照山城的自然地形来布置城市空间组合和建筑及道路，形成建筑物，构筑物高低错落，鳞次栉比的景象，创造优美的城市景观。

山体和陡坡往往可形成城市的天际轮廓线，在景观设计中应充分注意建筑与自然地形的关系。

培根认为：一座建筑的规模与外形及其在城市景观的可见性，与重要的自然特征，与现有建筑之间的关系，这一切决定着它将对城市的景象和特征所起的作用究竟是使人心旷神怡呢，还是煞风景，并认为：山顶上挺拔的建筑可以加强山的形态并保护景观，极其粗壮厚实的建筑放在山上或靠近山丘显得喧宾夺主，阻

断景观，因而通常会破坏城市的特征；低矮的、小尺度的建筑放在山坡上、山脚下或空间谷地补充地形并使景观保持连续性。

（四）利用山体和地形高差，突出城市景观的人工美

由于山体地形起伏，可以为人们提供各种仰视、平视、俯视条件，可多角度领略城市风光和获得多层次的全景。这时，视点的选择变的极为重要，视点应选在可以反映城市群体空间构图性，有韵律感、天际轮廓线优美清晰的位置。

对山峰和建筑群体的仰视，可结合视点与视角的情况，考虑多种角度观赏，半遮掩式观赏的情况，充分研究观赏条件和观赏效果，以求获得最佳景观。

充分利用山体，地形的高差、远近、上下相互迭错，空透而不严实，开敞而不封闭，漏而不阻，精巧而不肥大，雄秀兼备等等诸多特征，做到靠山与山体绿化兼顾，重点与一般兼顾、显示城市景观的人工美。

三、城市水系与城市的形态

城市水系是指流经城市的河流、运河、人工渠系，城市内部和周围的湖泊、水库、水塘，城市地下水资源如泉、地下含水层、坎儿井，城市所濒临的湖泊和海洋等综合形成的水网系统等。城市水系是构成城市环境的自然地理条件之一，是城市中动态的，循环变化的，重要的物质、能量系统，对城市的生成、发展等诸多方面均有重大的影响。

在世界中几乎所有的历史名城都和山、川、江、湖紧相毗邻，它们给予城市的形态、功能布局、景观以很大影响。如莫斯科的莫斯科河，圣彼得堡的涅瓦河，伦敦的泰晤士河，巴黎的塞纳河，维也纳的多瑙河，布拉格的伏尔塔瓦河。而旧金山、纽约、伦敦、上海等除河流穿过城市外还是有出海口的特大城市。以我国的许多省会城市为例，不少是背山面水，如福州有鼓山和闽江，杭州有南北高峰和西湖，济南有千佛山和大明湖，南京有紫金山和玄武湖等。

如画的城市离不开江河湖山。城市的发展、开发也离不开自然，自然与城市相依共生，自然与社会的城市相得益彰。城市的选址利用自然、大多是由于水源、运输以及发展起来的经济文化。在古代也有不少城市利用山、水作为防御的屏障，水是城市城防的组成部分。

以西安为例：周营沣、镐，是夹沣河而治；汉建长安，是沿渭水而筑城；隋建大兴，是寻求八水环绕的格局。

以北京为例：金中部引高梁河水系而护城，在太液池建离宫（今中南海），护城河与湖泊相通，形成具有排水、蓄洪等多种功能的水环境。元代选择金离宫北苑为皇城，随着京杭大运河的开通，在元大都西北郊兴建水源工程，开山凿渠，引泉水循高梁河输入元大都，利用大都城内的湖泊调节水量，以供运河通航用水的需要，使太液池水量大增，与北部积水潭连成一片。形成辽阔的水域，壮观的城市湖泊。明代建都北京后，太液池向南扩展，清代将这片城中湖泊分为“六海”，即南海、中海、北海、什刹海、后海、西湖，并在西郊利用水源地湖泊，兴建圆明园和颐和园，形成今天北京城市河湖水系的基本格局。

在城市生成和发展中，北方与南方自然环境差异甚大，但城市对水系的依赖方面，南方更甚于北方。

扬州地处江淮平原，河港交叉、水网密布、南濒长江、东临运河，人们称运河为“扬州之母”，扬州为“运河之城”。扬州城内的小秦淮河、北城河、玉带河、二道河等，市区西北的瘦西湖是扬州的著名风景标志。扬州园林以天然形胜，借水成景，与亭、台、楼、榭、舫、廊等巧妙组合，形成“东南园林甲天下，二分明月在扬州”的美丽景色，留下“青山隐隐水迢迢，秋尽江南草未凋。二十四桥明月夜，玉人何处教吹箫”的著名诗章。

位于长江，洞庭交汇处的荆州，城市内外有不少湖泊，与护城河、河渠相贯，使城市内外水体连续而有变化，构成贯穿整个城区的城市水空间，城墙随水而宜，沿河而砌、跨湖而筑，形成平野江天、湖月荷风、鸥鸟芳洲、绿柳依楼的城市水景观。

宁波城市（旧城）依江而筑，千年不变，是历史上有名的港城，宁波城市经不断发展后，现已形成以三江（即甬江、余姚江、奉化江）口为城市中心的空间形态。

四、水体与城市景观

城市水系，除提供交通运输，改善城市气候，提供人们生产用水，构成城市水环境外，也是城市景观中最有特色、最富有生气的因素之一。水的光、影、声、色、味均是构成城市景观的素材。

城市水体景观主要表现在：

水体景观比一般的山体、土地、植被更为生动，更具有变化、流动和色彩变幻。

大的水体景观，如江河湖泊宏伟的气势，宽阔的场景，是构成城市风貌的重要组成部分，也是城市最具特色的部分。

水面所造成的倒影，能起增加景深，扩大景面，形成刚柔对比、扩展空间等多种功能。

湖泊、海滨、江边河岸，是人们观赏、游览、休憩、交往的场所，是城市社会活动景观中最为动人的地段。

由水的作用而形成的滩、洲、矶、岛等特殊形式的场地，具有许多特殊的景观内涵，常可作为重要的景区和景点加以利用。

用水将城市空间联系起来，形成城市特有的空间环境，比道路联系更为生动，水的柔与动，周围建筑物和构筑物的刚与静，形成鲜明的对比，成为生动的城市景观。

有水必有桥，桥的功能不仅在于解决交通运输问题，同时也可成为城市的标志和重要的景观。

五、水体景观的设计

（一）水景设计的原则

城市中的水景是与街道、建筑、园林、桥梁、绿化、驳岸和小品等综合构成的，在水景设计中应掌握以下原则：

（1）近水原则：在设计中应掌握好街道、建筑、绿化、小品等与水的关系，重点处理好人与水的关系，人对水的观赏性。

（2）亲水原则：在近水原则的基础上，宜充分体现嬉戏性和亲近感，要求水质清纯。

（3）搞好驳岸，水边绿化、小品等设计，使陆、岸、水、树融合在一起。

（4）宜采用不同的处理手法，造成水体的不同性格。

（二）设计中应注意的问题

（1）自然水体一般可以直接利用或进行观赏。直接利用是建立水上公园、水上娱乐场、天然浴场、开辟水上游览线等。观赏利用主要是结合水边缘地带、小品等，建立滨水街道，设计中应把重点放在街路的行人视线组织上，并注意保护原有河岸特殊的自然景观，充分利用地形种植绿化，并与各种建筑、小品有机结合在一起。

（2）人工水体的设计中，应注意：有明确的目的性，不同目的的水体，设计中应采取不同的表现方式。确定位置对应与周围环境相配合。易于管理和节约能量。在考虑水景艺术观赏的同时，应考虑其实际使用价值和不同功能，如消防水他，建筑空调系统冷却水等。

（3）设计中应注意水的表情与感受。水有种种表情：静态水面、平和如镜，映象如画；动态水面，波兴浪涌，激石成雪，惊涛拍岸；人工水体的形式更是多姿多彩，水的表情与流速有关，高速水流翻滚，击石声伴着浪花，使人情感受到激荡。

静态的水面给人以安静、稳定感。适于独处思考和亲密交往的场所，常用于图书馆、办公楼、会议厅、美术馆等周围。

大的湖面和较长的水系，是城市重要的空间组成，应考虑人们的观赏、游览和社会文化活动，而不应用建筑物填满周边。

浅而清的水流加上游动的小鱼，可以造成“明月松间照，清泉石上流”的境界。

达拉斯喷泉广场，1987 年丹·基利（Dan kiley）设计，占地约 6 公顷，位于达拉斯市中央，环绕着义利德银行塔楼。塔楼 60 层高，全部为玻璃幕墙饰面。广场总面积的 70%被水面覆盖，广阔的水面上是数以百计的树木和喷泉。广场的中央是一组由电脑控制的 160 个喷嘴的音乐喷泉，可以自动调节喷泉高度。喷水停止时，行人便可以自由穿越。440 棵柏树像列队的士兵整齐地排列在路旁或水中。柏树之间有序地排列着 263 个泡状喷泉。水池随地形呈阶梯式布置，水池间形成了层层叠落的瀑布。步行道由豆绿色石板铺成，部分与水面平齐，步入其间，如同浮在水面。夜晚来临，喷泉和树木都有各自的灯光照明、景象壮观。

喷泉广场给人们提供了一个极好的休憩、散步的环境，它可以增强人们对自然的感知与想象。《伦敦建筑回顾》一书中称该广场为“文艺复兴以来，20 世纪 80 年代最优秀的城市环境设计，是拥有最为广阔水域的大花园。”

旧金山莱维广场，1982 年美国 HOK 事务所设计。莱维广场占有 4 个街区，靠近旧金山著名的 Embarcadero 中心，设计者特别注重保持与周围原有的建筑物的和谐关系。莱维广场安排 3 幢办公楼，分别是 4 层、5 层和 7 层。总建筑面积 69677m^2（75 万平方英尺）。

3 幢大厦围绕一个花园广场，不远处就是风光旖旎的旧金山湾。建筑体量采用台阶式与逐渐向旧金山湾倾斜下去的地形相适应。为了与周围原有建筑物相协调，大厦的外墙面一律采用红砖。

在城市中，水体是与周围环境如动植物、禽类、人、历史遗迹、天空、地形地貌、建筑等一起，构成一个整体，向人们传递季节、生命运动、静与动、刚与柔、远与近等信息，形成千变万化的景象。

（三）水体与建筑

水体与城市的生成、发展密切相关，建筑作为城市的细胞，犹如肌肤与血管紧密相连，尤其是我国江南城乡，水系如网，纵横如织，沿河道一侧修建的房屋，多傍水而建，马头墙、青瓦顶、白粉墙，或退或挑，高低错落，近水处的台阶、平台、码头、小桥，上拱下伸，将建筑与水融合为一体，加之树木花草的点缀，形成“杏花、春雨、江南；小桥、流水、人家”的胜景。

江南水乡城市滨水建筑是我国传统建筑文化的珍贵遗产，怎样保护、研究、开发和借鉴是城市设计者的重要课题。从建筑与水体的关系上主要有以下几种：

（1）傍水。建筑在水系的一侧或两侧，以沿水系的道路或绿化为联系空间，在城市设计中，应尽量采用半边街的布置方式，使建筑面向水体，使城市不同空间，人的活动与水面空间相互沟通，如图 3–1 所示。

图 3–1　傍水建筑

（2）近水。建筑与水体直接毗连，这时应根据建筑物的性质，考虑水面的宽度，地形与驳岸形状和环境关系，采用错叠、附嵌、吊脚、悬挑、架空等多种方式，建筑造型应与整个环境相协调，并与水景能相映成趣。

对于河、湖、海边的生产、储运、建筑和码头等设施，应预留一定的使人可以靠近水面的绿地，小型广场，并注意绿化。近水建筑的设计特点：应有从水面和倒影上看最动人的轮廓线，有不同标高的临水平台、有方便的亲水通道，便捷水陆交通。与水面最协调的色彩。日本大阪天宝山 SUNTORY 博物馆，2696 平方米的广场、阶梯式的护坡，使人得以在近水活动空间中进行游赏和观看海景，感受自然气息，波涛的响声、朝霞落日。两个出挑的矩形体部向海上延伸，这不仅超越物理时空，也超越社会领域，使人充分拥抱自然，使城市生活充满新的活力，如图 3–2 所示。

（3）入水。建筑物直接伸入水体，形成半陆半水的布局，如悉尼歌剧院。

（4）引水。将水系引入室内或院内，或建筑群内。

（5）水中建岛。建筑物在岛中，用长堤或渡船与陆地相连，如青岛栈桥。

（6）包孕。建筑包围水体，形成天井式水庭。多用于庭院，大型建筑物（群）的空间组合之中。

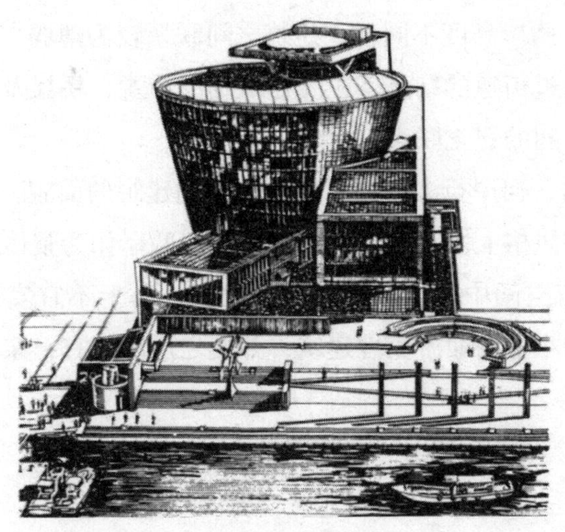

图 3-2　近水建筑

在滨水地段的规划设计中，应注意以下几个方面：

凹岸线空间由于视线联系很强，应注意建筑物之间的相互关联性和整体性，从整体环境考虑构图，沿凹线中点向水中延伸，以形成天然的构图轴线，并注意两侧的相互均衡，同时建筑高度、宽度、层次等应予重视。

凸岸线的视线是扩散的，内部空间视线联系薄弱，但可成为周围区域的视觉中心，尤其是伸入水中凸岸的尖端部分，非常具有表现力，是创造优美城市景观的重要地段，如图 3-3 所示。

图 3-3　凸岸线空间设计

当河道较宽，两岸高度不同时，建筑之间联系较为薄弱。应注意空间轴线或风景线的联系，通过街道的结点，主要建筑物的布置，桥梁及绿地互相交错，彼此呼应，来加强空间的视觉联系。

当河面较窄时，河岸行人易同时感受到两侧建筑的面貌。这时，两侧建筑联系紧密，不仅要在风格上协调一致，而且要将河两岸作为整体来考虑。

河心岛是城市空间中引人注目的联系地段，岛上不宜安排大体量的高层建筑。宜安排公园和小型商业游览性建筑，并使之尺度合宜，亲切自然。

第四章　城市整体景观空间的整合

第一节　整合的理论与实践

一、城市景观空间整合的理论基础

城市景观空间的整合建立在城市形态理论、城市建筑学理论、城市景观规划设计理论的基础之上。

（一）城市形态学

“城市形态是构成城市所表现的发展变化着的空间形态特征，这种变化是城市这个‘有机体’内外矛盾的结果。在历史的长河中由于生产水平的不同，不同的经济结构、社会结构、自然环境、科技文化以及人们生活、民族心理的总构成，构成了城市某一时期特定的形态特征，它是一种动态性形态的表征。”

城市形态的动态性特征告诉我们，城市在不断发展过程中，其景观空间的格局也在不断地演化。城市景观空间的整合并不是墨守成规，抱残守缺，而是在保护中发展，在发展中创新的过程。城市形态包括城市的肌理、城市的结构、城市的形态 3 个层次。

1．城市的肌理

城市的肌理组织反映了城市地面和立体空间的状态，并反映城市新旧更替和发展开拓的过程。在城市景观空间特色中，肌理组织是一个显著的特征。总的来说，随着人工景观尺度的不断扩大，城市从均质肌理向非均质肌理的转化是必然的。城市中的建筑作为景观空间系统的要素之一，在形成城市肌理组织方面起着主要作用。因此，处理好建筑的尺度关系是形成统一而有变化的城市肌理组织结构的重要手段。城市肌理组织的形成和发展反映了城市新旧更替的过程，是不同时期社会文化的反映。正如段进教授在《城市空间发展论》中所指出的那样，城市空间的发展存在着深层结构，包括社会文化、经济技术、建设环境、政治政策多方面的因素。总的来说，城市的肌理组织存在以下几种类型。

（1）传统的城市肌理。中国传统的城市是在水平方向伸展的城市，以景观空间分形层次结构为特征，表现为对大地的依恋，与自然的共生。在传统城市中，细密而均质的肌理组织随处可见。封建时代，一方面受限于技术，另一方面建筑的型制与政治等级相联系，单体建筑之间在尺度上相差并不大。体现等级差异的往往是群体数量与单体质量两个方面，传统的中国城市，纵横交错、密如蛛网的街道河流与大量的城市住宅有机组合，形成细密而均质的城市肌理。在“家国同构”的文化背景下，无论是皇家的宫殿，还是官僚的衙门，除了渲染神秘肃杀的敬畏感之外，还带有一定的居住性特征，再加上高墙大院封闭的空间特点，使得城市景观空间具有统一协调感，但缺乏像西方古典城市广场那样开放宏大的激动人心的城市外部公共空间。缺乏对比的城市景观空间虽然获得了景观体验的协调统一感，但由于其过于直白，缺乏变化，难以形成丰富的景观空间层次，往往造成单调平淡的感受。现代城市中，这种传统的细密均质的城市肌理或多或少作为历史的遗存保留了下来，如今，这种城市肌理不仅作为集体的“城市记忆”的一部分，体现出城市的历史与人文内涵，还作为一种对比因素，与现代城市景观一起构成了丰富的空间层次，形成统一多样的城市景观空间特色。从这个意义上讲，对城市历史街区或历史风貌区的保护是创造新型城市景观的一种途径，是在保护中发展，在发展中创新。

（2）近现代的城市肌理。近现代的城市肌理有两种类型：一种是“道路”型，以道路因素为主导；另一种是“围墙”型，以边界因素为主导。

鸦片战争以后，中国进入半封建半殖民地社会，城市空间形态作为社会文化、经济技术等深层结构的表现，发生了变化。一方面，城市进入了“马路”时代，汽车出现了，笔直宽阔的马路开始分割瓦解传统城市肌理；另一方面，城市建筑由以传统木构架为主体的建筑体系直接转化为具备近代建筑类型、近代建筑功能、近代建筑技术、近代建筑形式的新建筑体系，“公共建筑”（银行、海关、办公楼、饭店、教堂等）采用的大体量、大尺度，开始与传统建筑形成强烈的对比。

由于战争频仍，经济凋敝，除了一些重要的港口城市或内陆大城市外，城市的传统肌理结构并没有受到剧烈的冲击。

新中国成立后，城市肌理组织的发展变化表现在三个方面：一是受西方邻里单位理论和苏联周边式街坊模式的影响，多层公寓式住宅的兴建开始改变传统居住区的肌理结构。二是“道路”型的肌理组织继续发展，城市通常由几条纵横相交的主干道建立起交通网络，公共建筑依托主干道兴建，在道路交叉口形成城市或区域的中心，“四大金刚”式的十字路口模式在各个城市都能看到。三是“围墙”型的城市肌理组织大量出现，这是一种与“单位制度”和计划经济体制下政治经济“树状”等级结构相适应的城市空间形态，城市中有形形色色“大而全”“小而全”的单位，每个单位都具备与自己的规模等级相匹配的社会服务功能。“单位办社会”导致了城市景观空间小范围内的异质化倾向，使完整统一的视阈难以形成，小范围的杂乱形成了大面积的单调乏味，城市肌理在大范围内缺乏节奏与变化，区域性的景观特色不易形成。

（3）当代城市肌理。当代城市肌理的发展趋势主要表现在区域性肌理组织的同质化和城市整体肌理组织的多样化。考察一个具有一定历史的城市必定存在着各个历史时期的肌理组织，既有历史街区或传统风貌区，又有开发区、高新技术区、产业园区等新型的城市肌理；而商业区、居住区、办公服务区、工业区等功能分区的城市规划理念进一步强化了区域性肌理组织的特点。从“破墙开店”到“退二进三”及“服务社会化”，“围墙”型的肌理在城市中逐步瓦解，城市外部公共空间可受到重视，开放性景观空间特征得到强化。同时，“道路型”的“沿街两层皮”的城市肌理逐渐向纵深发展，成为区域性的肌理组织结构。

凯文·林奇曾将城市肌理结构形态归纳为5种方式：①由街道、广场（公共活动）联系起来的古典欧洲城市模式。“它们看起来安全、合理，与人类的规模相符合”。②开放而离散的现代肌理模式。现代交通使建筑孤立，街道空间“溢散”，形成“神奇但整体上不和谐”的城市空间。③绿荫覆盖的郊区景象。建筑物看起来如同单独的物体，被自然包围，“自然特点令人兴奋”。④三维立体的肌理模式。迷宫式的空间“有特定的欣喜之处”，也会导致“幽闭恐惧症”。⑤开放与封闭相结合的肌理模式，这种公共与私密、热闹与平静的对比模式“常见于中东国家”，在今天也适合我们，因为我们在“安全和自由之间徘徊”。总的来说，带着创造城市整体景观空间的勃然雄心，中国城市正在告别那种开放与封闭有机结合的城市空间，走向开放而离散或三维立体的空间模式，由于人口与土地的制约，绿荫覆盖的郊区景象对社会大众来说，实际上只是一种美好的想象，在这种情况下，有必要重新认识传统城市肌理空间模式的有机性以及用“单位大院”的混合模式来组织城市空间结构的合理性（图 4-1）。

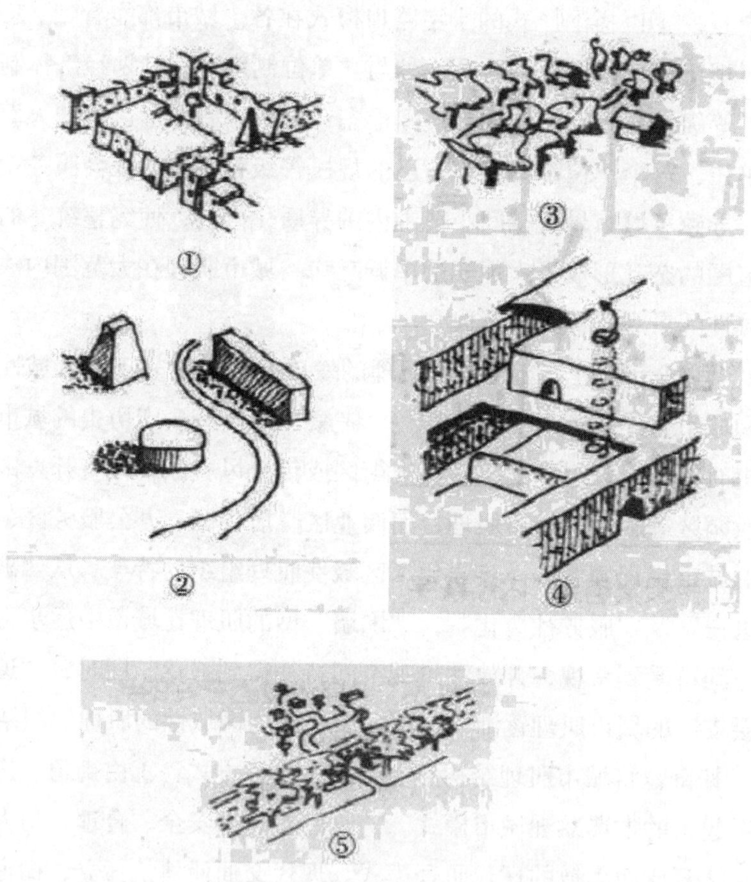

图 4-1 凯文·林奇总结的城市肌理模式

2. 城市的结构

城市的结构指的是“城市各功能区，城市内外交通的干线‘轴’所组织的形态特征，它组成城市的骨架，城市的结构实际上是一种肌体的有机组织及城市内外的组织、城市系统之间的组织、城市功能之间的组织”。通常，城市的路网形成的骨架反映出城市的结构特征。在一些城市，河流也成为城市空间的一种结构形态，起到了城市骨架的作用，对比传统城市与当代城市可以发现，当代城市的结构呈现出层次性与立体化特征。

（1）层次性。由于城市交通的多样化和复杂性，城市具有各层次的道路系统，比如快速路系统、主次干路网、支路系统等。传统城市路网密布、河汊纵横，道路之间等级并不分明，这是与步行马车及水路运输的方式相联系的。当汽车出现以后，对出行速度的自由选择使单一的路网无法满足城市的交通需求。当代城市为了满足汽车交通，重视快速路和干路网的建设，却忽视了支路系统以及街巷步行网络，同时，单位体制影响下的“圈地”运动也在很大程度上制约了城市分层次的路网系统的发展与完善。

（2）立体化。由于交通工具出行方式的多样化，高架路、轻轨、地面交通、地铁等形成了城市立体化的结构形态特征。同时，与传统城市结构和肌理有机结合的状态不同，当代城市的结构往往与城市肌理相剥离，并具有相对独立的物质形态。

3. 城市的形态

“城市的形态是统称，也是具体的形象特征，它包含着肌理和结构状态，又以其形态显示城市特色。它是一种综合的城市现状状态，是我们分析城市必要的特殊手段。”在城市景观空间系统中，空间的形象特征是产生景观体验的主要因素。

10 世纪到 20 世纪，西方城市经历了封闭型、构成型、功用型、开放型 4 种形态。10 世纪到 15 世纪是西方历史上的中世纪时期，城市空间表现出典型的封闭形态，特征是不规则的街道和广场体系，其中蕴含的最珍贵的品质是“场所精神”。从 15 世纪到 18 世纪，受文艺复兴古典概念的影响，城市空间逐步向巴洛克、洛可可和新古典主义风格演变，其特征是宏伟的林荫大道及广场、轴线和严选的几何构图。18 世纪到 19 世纪，工业革命在一个世纪内彻底改变了城市的面貌。功用型形态是工业生产价值体系的直接产物和表现形式，以功用为标准，城市规划缺乏整体性，建筑艺术衰退。20 世纪，城市从集中转为疏散和开放，以汽车交通和先进的信息手段为基础，开放型形态包含着新的自由和新的生活方式，高度的机动性、个体的独立性和公共脉络的离散性是其主要特征，虽然开放型的城市形态相对于封闭型的幽闭、构成型的僵硬和功能型的平庸来说，提供了灵活和自由，标志着人类发展趋势的进步，却使城市丧失了“场所”精神，人失去了对空间的拥有权。因此，新的城市形态应该是开放与封闭形态，“外部秩序”与“内部秩序”的积极结合（图 4–2）。

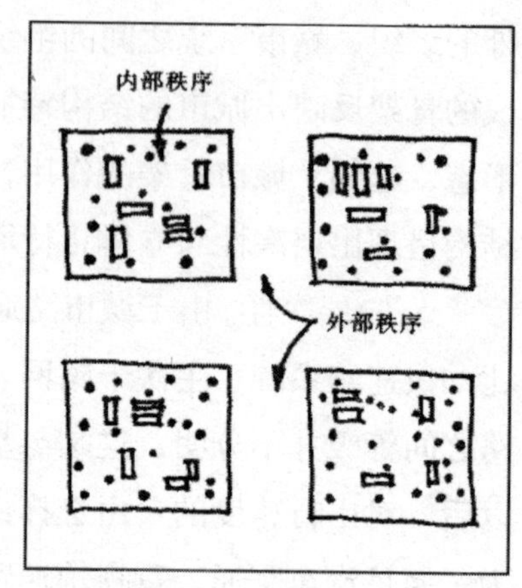

图 4-2 芦原义信用“内部秩序”和“外部秩序”来描述城市空间的封闭及开放特征

从城市景观空间研究的角度出发，城市整体景观空间对应的是人工与自然、内与外相统一的秩序，线性区域景观空间则是外部秩序的体现，而单元景观空间对应的正是内部秩序。因此，整合的目的在于将支离破碎的城市修缮成为一个整体，求得城市的秩序，并恢复城市的“场所”精神。

（二）城市建筑学

“城市上建筑学是对城市各相关要素进行研究的整体设计，是设计城市的学问。”

“我们要树立一种整合思想，就是要对局部各要素进行交叉综合设计，而不只是简单功能的组合，更重要的是一种高屋建瓴的使物质要素及其环境达到尽善尽美的建筑及其环境设计。所以说优美、舒适，既是具体的，又是纵观全局的处理‘艺术’，它是一种空间的时间因素，一种前瞻性的创造性思维。有了这种观念，我们就有了一种科学的意识，即整体、区位、层次、空间、时序、活动的超前而可持续的逻辑。我们认为，有这种思维与没有这种思维反映在具体行动上、手段上、手法上是不一样的，设计是一个大学问，从某种意义上讲那是学科之间的交叉，内涵上的互通，达到一种融会贯通的境界，从而实现设计的目标。”

城市建筑学研究的是以建筑与环境为主体的物质空间设计，即对空间诸要素关系的组织，也就是对空间环境关系的合理安排。作为城市范围内的建筑问题，城市建筑学是一种以空间和形象为出发点，自下而上的设计城市的学问，对于自上而下的城市规划行为来讲，是一种必要的补充。城市建筑学理论为我们看待城市提供了一个新的视角，即从生活的、运动的、综合的、整体的、直观的角度来认识城市，从建筑生态环境出发，城市建筑学将城市比做人的肌体，从5个方面即轴、核、群、架、皮对城市进行研究，这是一种直观的、具形的、有机的观察与研究方法，对于城市景观空间的研究具有重要的指导意义。由于这5个概念层次性的特征，以此为出发点，提出城市景观空间分层次整合的内容框架（表4–1）。

（三）现代景观规划设计理论

现代景观规划设计属于景观建筑学的学科范畴，包括视觉景观形象、环境生态绿化、大众行为心理三大方面内容。与之相对应，景观美学理论、景观生态学理论、景观社会行为学理论是现代景观规划设计的三大理论。由于风景或景观约定俗成的含义（偏重于土地的直接利用形态，即建筑物以外的对象），景观建筑学专业的重点是多种环境的规划与设计，其范围从园林设计直到国土区域的自然资源管理。作为三位一体（建筑学、城市规划、景观建筑学）之一的景观建筑学的发展无疑使城市景观研究的领域得到了拓展（表4–2）。

表4–1　城市景观空间分层次整合的内容框架

	整体景观空间	线性区域景观空间	单元景观空间
轴	景观轴的控制；生态廊道的建立；发展轴的景观控制	视线的引导控制	道路与景观轴的融合；步行化的"绿轴"
核	主要标志性中心景观特色的整合(CBD、商业中心、中心广场、中央绿地公园)	景观焦点的组织	中心建筑(群)或核心空间的景观特征
群	分析发掘城市主要区域及建筑群的景观特质	景观意向群的组合；各景观要素的协调	建筑群动与静的观赏；景观意向群的组合
架	完善城市道路系统、绿地系统及水系统	主、次轴的组合	内向型道路网络、步行系统的复归；人车共存的道路模式
皮	对城市边缘地域景观如城郊结合部、滨江、滨河、滨海、环城干道、铁路的景观控制、天际线的控制	软、硬质界面的研究	交流共生的界面景观

表4-2 建筑学科的三位一体及其比重的演变

学科/专业	农耕文明的观念方法	工业文明的观念方法	后工业文明的观念方法
建筑学	提供人类生存的庇护所	以建设一次性完成的各类建筑为基本目标，基于物质实体形态和空间，用种类不太多的建筑材料，以单个建筑空间的构筑为中心	以建设、管理多次性完成的各类建筑为基本目标，基于人类行为感受，开发利用多种材料，以群体建筑空间构筑为核心 ——生态建筑
建筑/城市规划	聚落的选址、范围的划定	以土地为核心的资源使用划分、道路空间布局，对都市人口、生产、资源分布进行空间布局与发展政策指导	以人类资源与环境资源合理配置为核心的资源使用、开发、保护，对都市人口、生产、资源、环境进行空间布局与时间上的调配 ——生态都市
风景园林（产生于农耕文明）/景观建筑学（产生于工业文明）	① 作为人类精神生活的寄托和载体，各种纪念性构筑物、场所的选取与建造；② 以个体生存为第一目标，宅前屋后的各类植物种植、动物饲养；③ 进而，以个体的花园建筑欣赏为主，核心是提供宜人的生活外部环境	以群体欣赏为主，各类公园、公共场所环境的建设，都市绿化，自然与人文景观区域的开发保护。核心是提供适合大众的户外活动空间	群体、个体欣赏兼顾，各类公园、公共场所环境的建设，都市环境的绿化—蓝化—棕化，自然与人文景观区域的开发保护。核心工作是提供、维护适合各类人群的户外活动场所 ——生态景观

在城市景观空间系统中，除了建筑之外，街道、广场、自然都以一种户外活动场出现，这是景观建筑学研究的核心内容。对于城市中的建筑来说，由于人工物与自然的复合程度不断提高，也需要借鉴景观建筑学的学科内容。因此，广义的景观规划设计是城市规划、建筑学、景观建筑学的紧密结合。树立整体设计的思想是景观空间研究的基本出发点。

二、城市景观空间整合的内涵

“作为规划师、建筑师，在城市设计中整合的作用是创造一种优良的环境，一种物质环境的设计，以达到使用功能的效益和效能，达到精神文化、艺术的表现和物质的、美学的、生态的三方面的要求。”

“城市的整合趋向于把分化的结构和功能在新的基础上合为一体，自下而上的整合是一种微观层次的整合过程，自上而下的整合过程则是一种宏观层次的整合过程，两者交织在一起，同时进行。”

从城市景观空间研究的角度来看，整合主要是指物质空间的整合，即通过景观空间系统内部要素数量、质量及其结构关系的调整与组织，来达到景观空间完整的目的，这是一种自下而上的在限定中创造的过程，既不同于勒·柯布西耶式的推倒重来的“城市革命”，也不同于将城市视作“文物”的“原汁原味”的保护，这种被列维·施特劳斯称为“能工巧匠”的方法，强调使用现成的及已经存在的形式和结构，用现在的材料来工作，将其转化为新的、有用的东西（图 4–3）。狭义地讲，城市景观作为城市审美的环境，它的存在和发展必然是一个历史的渐进的过程，并积淀了社会生活与历史文化的内容，对城市景观空间的整合就是进一步发掘它的潜力，以满足不断发展的城市生活的要求（图 4–4）。从这个意义上讲，整合不能提出和实现建筑学思维与静态规划那样蓝图式的终极目标，而只是一个不断发展着的过程，这种改良主义的思路虽然并不适合于城市发展的所有阶段，却明显地具备了生态主义观点与可持续发展的环境主义思想，有利于达到生态延续的目标，形成多元共生的城市景观特色。在城市快速发展时期，“推倒重来”带来的“建设性破坏”以及由此产生的社会生活的割裂和城市文化特色的消失是有目共睹的，提倡整合的观点，有助于树立自然生态与社会生态的思想，使城市景观在社会发展中始终具有鲜活的时代精神与旺盛的生命力。

图 4–3　城市更新过程中空间肌理的延续

图 4-4 “石库门”里的现代生活

城市景观空间的整合可以以自上而下的方式（规划控制的角度）与自下而上的方式（建筑学的方法）进行，本书主要关注自下而上的方式，即在现状中思考，在限定中创造，在保护中发展，在发展中创新。由于城市景观空间系统作为一个开放系统，其景观空间形态总是以其原有形态为基础，呈现出由简单到复杂、由封闭到开放、由无序到有序的特征，其本身具有内在的自组织能力。因此，城市景观空间整合的内涵在于通过物质与技术手段，探寻空间发展的自组织规律，以建立城市空间环境的秩序，提升城市空间的美学品质，使城市的自然生态与社会生态可持续发展，整合必须坚持整体与生态的观点，它具有动态性与层次性的特征。其动态性表明，景观空间的整合是一个历史的渐进的过程，并不存在终极目标；其层次性一方面由整合区域的层次所决定，另一方面体现在整合的过程与步骤当中。总体来说，从无序到有序，从简单格式塔到复杂格式塔是分层次整合的基本特征。

综上所述，城市景观空间的整合概括为以下几个方面：

（1）物质性。整合是“一种物质环境的设计”。关注城市景观空间的物质形态，通过物质空间的整合达到与社会空间、心理空间的“同构”，创造美好的城市景观。

（2）自下而上性。从空间而不是规划的角度来研究城市，总的来说，城市景观空间的整合属于城市范围内的建筑问题，对于自上而下的整合来说，它是一种必要的补充。

（3）层次性。城市景观空间是分层次的系统，对它的整合也是有层次的。城市景观设计是宏观的城市设计概念的一个组成内容，与城市设计一样贯穿到城市规划设计的各个环节之中。

（4）历时性。城市景观空间的整合是一个渐进的过程，并不存在终极目标，它通过物质与技术的手段，充分挖掘城市景观空间系统的发展潜力，从而达到景观完整、生态连续、多元共生的目标。

（5）直观性。与城市规划技术化的倾向不同，城市景观空间的整合是通过景观体验这一直观认知的方式来进行的，并通过景观实践（景观设计、景观建筑、整体设计）的研究来建立空间整合的方法论意义。虽然，这种直观的研究可能形成一定的主观性，但从人本主义出发的观察研究方法可能更加接近生活世界本身，从而修正规划技术本身的理性化倾向所造成的失误。

三、城市景观空间整合的个案分析

下面通过苏州市的两条街道——观前街（玄妙观）与干将路两个个案分析来探讨城市景观空间整合的过程与实质。

（一）观前街（玄妙观）

苏州是历史文化名城和重要的风景旅游城市，其“半酣凭栏起四顾，七堰八门六十坊”、“水道脉分棹鳞次，里间棋布城册方”的城市景观空间格局与风貌特色享誉海内外。

玄妙观是江南最大的道观，其前身真庆观始建于西晋。明正统年间，本着“郡城中央宜镇杰阁，以壮形势”的规划思想，三层重檐的弥罗宝阁在玄妙观的北部落成，成为观中最高大的建筑。至清道光年间，玄妙观用地已扩至 55000m^2（5.5hm^2），共三十多座楼阁，巍峨壮丽的宫观殿宇成为古城的空间重心。从明清至近现代，以玄妙观为中心的玄妙观——观前街（因地处玄妙观前而得名）地区已成为苏州市的商业、文化、饮食和旅游中心。

考察苏州历史，观前街（玄妙观）的兴盛主要有两个原因。一是古城解体导致的古城中心的迁移。从宋平江图上可以看到，由子城及其南部的官署群组成的行政区位于城中央偏东南处。子城北部是居民聚居区，大量寺观庙宇插布其中。子城西北部的平权坊、西市坊地带是商业中心区。由于元末张士诚割据苏州，遭到朱元璋10个月之久的围城战后，城池攻破，作为张士诚王宫的子城建筑被焚毁，子城失去了其政治核心和空间重心的地位，原子城西北部的商业中心区亦随着子城的荒废日渐衰败。二是城市商业文化与宗教文化的结合导致了特有的城市市民生活中心的出现。明中叶以后，苏州已成为发达的手工业和商业大城市，城市生活丰富多样，市民文化逐渐发达。玄妙观作为江南第一观，其传统的宗教文化与城市日益发展的商业文化互相吸引，使得观前广场和观前街成为商业集中的地区以及市民生活的中心。据《清嘉录》记载，玄妙观已成为“晨集暮散”的商市和“杂要诸戏”的游乐场所。清咸丰十年，阊门外苏州最繁华商市毁于兵灾，使观前街地区备受商人青睐，遂成为店铺林立的商业中心。

由于商业与旅游业的持续发展，至20世纪80年代，观前街地区繁华的商业与混杂的交通状况之间的矛盾已显露出来，由于商业的过度蔓延，致使玄妙观内充斥了简易的商棚，将原有的树林广场围得水泄不通，不仅影响了“江南第一道观”的形象展示，还破坏了观前广场文化休闲的市民生活的功能。而玄妙观正山门与东、西门之间，“肯德基”与土特产商店夹峙其中，使玄妙观整体的宗教文化气氛受到了侵蚀。因此，继1980年将观前街辟为步行街后，对观前街地区整体风貌整合已势在必行（图4–5）。

观前街地区的整合步骤可以概括为，从无序到有序，再到有序中的变化。即通过建筑的整治与更新以形成整体的地方风格；对玄妙观的保护与利用，复兴宗教功能，完善周边商业布局，以观兴市；在整体的道路与环境设计基础上通过广场空间和环境小品的点缀形成丰富的景观空间，这是一个留出空间、组织空间、创造空间的过程。

（a）整合前的观前街

（b）整合后的观前街

图 4-5　观前街

首先是留出空间和组织空间。拆除正山门两旁的商业建筑及玄妙观周围的部分居住建筑，形成了正山门的入口广场以及玄妙观两侧步行化的街巷空间，在街道交叉口拆除少量建筑，形成小广场，打破了以往观前街单调的线形空间，使 5 个大小不一的广场与线形街道有机组合。

同时，玄妙观及其周边地区作为一个整体，在保证广场空间独立性的前提下，把商业引向东西两侧的步行区域，使中心广场与周边步移景异的街巷空间相得益彰。玄妙观广场、三清殿及弥罗宝阁东西两侧的商业用房通过连廊串接起来，既满足了的购物者物者“荡街”的要求，又使广场界面完整，突出了空间的宗教与文化意味。可以说，这是与现代市民生活相适应的购物休闲空间的再创造过程，是在原有物质形态及历史文化积淀基础上的突破与创新。从这个意义上讲，整合既不是复古，也不是无中生有，而是对历史文化的感应，是在限定中的创造，从景观空间研究的角度来看，整合既是一个物质过程，也是一个社会过程，其目的就是要达到景观完整、生态连续、多元共生的空间格局。

应该看到，物质空间、社会空间、心理空间的建构是一个复杂的过程，物质空间的整合对社会空间产生的规范作用以及对心理空间的形成具有重要的作用，而社会空间、心理空间对物质空间的反作用也是相当明显的。通过对观前街（玄妙观）的考察，笔者感受到现代化的购物休闲环境并未形成期待的社会空间。观前街整合的根本目的在于完善旅游、休闲功能，使苏州人“荡观前，白相玄妙观”之说有更充实的内涵。事实上，观前街（玄妙观）作为市民生活中心的社会功能并未通过环境的治理与美化而被激发出来，相反，原先那种人声鼎沸、摩肩接踵的嘈杂却让苏州本地人增添了更多的回味与留恋。而对于旅游者来说，观前街的环境是令人满意的，首先是它的宏大的宗教建筑空间与精致的广场满足了外地人的期待，而丰富的商品又形成了更多的吸引。同时，表象的“苏州的地方文化气息”也得到了某种诠释与表达。

这表明，物质空间与社会空间的建构并不是同步的。物质空间一旦形成，便逐渐积淀了社会生活的内容。在漫长的岁月中，物质空间形态在规范社会空间的同时，也受到社会生活方式潜移默化的影响，这便是空间形态的自组织现象。当物质空间形态发生剧变时，社会空间便体现出了一定的滞后性。虽然观前街地区商铺林立，也不乏现代化的购物环境，但源于“晨集暮散”交易传统的商事却并未绝迹。在玄妙观东西两侧的街巷与庭院内部，新建的商店还未启用，商亭却已蜂拥而至，使原先预想的庭院深深、步移景异的幽雅的空间效果大打折扣（图 4–6）。值得注意的是，中心广场及三清殿、弥罗宝阁东西两侧的连廊可以说是规划设计时的“神来之笔”，这两条简单的走廊将各种小商店串接起来，形成了传统的玄妙观集市的某种缩影与心理暗示（图 4–7）。这也说明，积淀了社会生活意义的物质空间形态作为“有意味的形式”具有其独立的发展道路，说明了心理空间对于保持与维护物质空间形态，激发社会生活的重大意义。

（二）干将路

苏州干将路具有悠久的历史，据“越经书”记载，春申君开设的东市设在这里，东门外有干将墓，又称干将坊、干将巷。干将路从最初的弹石路变为沥青路直至 1989 年开始拓宽，这一过程折射出苏州古城城市形态的变迁。

图 4-6　街巷空间内充斥着商亭

图 4-7　连廊将商业空间整合起来

20 世纪 80 年代以来，由于古城东边苏州工业园与古城西边苏州新区的快速发展，苏州已形成了“东园西区、古城居中、一体两翼、四角山水”的格局，城市东西交通的联系问题日益突出，受到当时城市经济条件、基础设施现状的制约，干将路形成于城市环境尚未完善、道路系统尚不完备、沿护城河环路的形成尚有难度的特殊时段，经过多年建设，拓宽后的干将路基本成形，已成为城市东西向的交通干道和城市新的轴线。

干将路古城段采用“两路夹一河、左右隔河分驶”的道路断面形式。各单行道宽 20m，内河道宽 8 ~ 10m，保持了苏州古城路河平行格局的特色（图 4-8）。为了保护古城风貌，干将路沿街建筑檐口高度控制在 24m 以下，高低错落。其设计在于探索一种传统风貌的继承与地方风格的创造，对于古建筑群、古桥都予以保留或采取修旧如旧的做法，或原样迁移，或原地新建，使现代化的城市道路与古桥、古韵和谐融合（图 4-9）。

图 4–8 干将路“两路夹一河”的道路格局

图 4–9 古桥流水的道路景观

在齐康教授的主持下，干将路两侧建筑设计与实施的过程当中，对单体建筑的设计从体量、色彩到细部造型都进行了有效的整合，即采用了化整为零、单双坡结合、前后界面的进退、高低错落、黑白灰的运用等手法将街道的建筑造型风格统一起来，形成了较为完整的街道界面，体现了对传统风格的继承与现时的地方风格的创造（图 4–10）。从现状情况来看，虽然街道整体性的空间风貌已基本形成，但仍存在一些不容忽视的问题。从景观空间研究的角度，可以归纳为下列 3 个方面。

图 4-10　干将路现状街景

（1）物质空间结构失衡。干将路的景观空间结构表现为路与河、路与建筑、河与建筑以及两侧建筑的相互关系，由于拓宽道路尺度较大，50m 宽的道路空间使两侧 24m 高的建筑难以形成有效的呼应关系。同时，“两路夹一河”的格局，使河道淹没在喧嚣的交通当中，难以形成亲水性的景观格局。另外，道路与建筑生硬交接，缺乏过渡空间及特色环境的铺垫。

（2）社会空间单一。主要有两个原因：一是两侧建筑多为住宅、办公楼、学校等，商业服务功能不足；二是复杂的交通限制了城市生活的发展。干将路是连接城市东西的主干道，车流量大，南北出入口交汇量过多，人流、车流混杂，交通堵塞严重，同时，受观前街地区的吸引，商业服务功能难以开展，使道路空间进一步成为单一的交通性空间。

（3）心理空间弱化。道路巨大的尺度割裂了古城细密均质的肌理，喧嚣的机动车交通加剧了城市空间的异化。复杂的社会网络关系无法形成，使人丧失了空间的权利。

针对干将路的现状，东南大学建筑研究所在经过深入的分析研究后，提出了苏州市干将路古城区段城市整合设计的基本思路，即在交通有序化、功能综合化的基础上形成尺度等级化、空间人性化的景观空间格局。

①交通有序化。通过替代性交通（由城市内环、中环、外环及区域性轻轨交通形成分流）和交通导向（发展公共交通，限制私人交通）两种方式，缓解交通

拥挤的状况。

②功能综合化。进一步完善沿街各地块的功能。利用现有的历史建筑的保护性开发及沿街学校多、文化性强的特点，充分发展文化及休闲娱乐功能，体现街道的文化内涵，对观前街商业性地区形成功能互补的优势。结合旧街坊的改造，使街道功能从“一层皮”延伸的状态往纵深渗透，带动区域性的城市发展。

③尺度等级化。进一步整合街道两侧的建筑，强化新地方主义风格。坚持建筑高度与体量关系及色彩的控制。同时，通过立面广告标识的整治、街道家具与绿化的点缀以及连续而细致的人行空间设计，形成分别适合于车行与步行的景观空间体系。

④空间人性化。临水建筑与临水空间是苏州古城风貌的精华所在。沿河民居、沿河骑楼、桥头小广场充满了人性化的魅力。在降低机动车交通流量的基础上，可以考虑适当缩小机动车道的宽度，加大沿河绿地，通过亲水性的建筑与环境小品营造宜人的空间。沿街建筑采用檐廊将步行空间统一起来，通过过街景观天桥将两侧建筑与沿河空间联系起来，使街道景观空间系统在满足人性化空间要求的同时，更加体现出新时代多元共生的空间特征。

贝聿铭先生认为：“如果你在一个原有的城市，特别是老城区建造，仍旧应当尊重城市原来的组织结构，就如同织补一块衣料或毯子一样。”干将路的发展表面上有一定的局限性，实则具有历史的必然性，它表明了城市景观空间系统的开放性特征，对城市景观空间的整合正是基于这种开放性基础上在限定中创造的过程，是在保护中的发展，发展中的创新。

第二节　景观廊道

城市整体景观空间反映了城市与其自然地理环境的关系以及城市中各景观要素的基本布局结构和数量关系，形成城市整体的景观特色。虽然，我们可以从较高、较远的视点去感受城市的整体景观面貌，但实际上，这样的机会是不多的。城市整体景观的获得往往通过景观体验的叠加综合而成，属于“城市意向”的范畴。对于城市人群来说，对某些景观要素和景观空间的深刻印象，或由于强烈对比而造成的景观体验所形成的集体的“城市记忆”，将根植于每个人的“心理空间”。通常，人工物或自然空间的特征愈鲜明，城市的整体意向也愈突出。比如北京的故宫、中国香港的高层建筑群、大连的广场、上海的外滩、桂林的山水。对于每个城市来说，积极的整体景观空间特色的维护与发扬是保持城市文化特色，提升城市竞争力的手段。对于市民来说，景观空间的特征赋予城市“家”的感觉，这种无形的凝聚力形成的正是城市的人文精神。

考察现代城市景观空间，景观廊道与高层建筑是形成城市整体景观空间特色的两个重要的要素。

景观生态学认为，景观是由斑块、基质和廊道组成。廊道是指不同于两侧基质的狭长地带。几乎所有的景观都为廊道所分割，同时，又被廊道所连接，这种双重而相反的特性证明了廊道在景观中具有重要的作用。城市景观廊道分为人工廊道和自然廊道两大类。人工廊道以交通干线为主，自然廊道以河流、植被带（包括人造自然景观）为主，城市中自然廊道具有生态、游憩、文化、教育、经济功能，从景观空间角度讲，它能平衡日益扩张的大都市与自然的关系，形成城市整体景观空间的特色（图 4-11）。

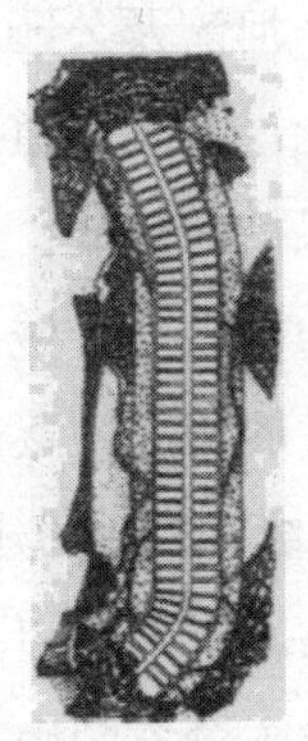

图 4-11　自然廊道

从形态上讲，自然廊道有环形、线形两种，自然廊道的相互连接可以形成城市的绿色网络。在景观体验中，线形或环形作为一种“格式塔”给人连续完整的审美感受。因此，自然廊道对于构建城市整体景观空间特色具有重要意义，环形的自然廊道起到城市发展的绿色边界或区域景观特色的限定和提示作用（图4–12）。线形的自然廊道使自然贯穿于城市当中并构筑起生态的绿色网络。自然廊道协调了城市自然保护和经济发展的关系，不仅保护了自然及景观特色，而且是合理利用资源、实现城市可持续发展的基础。自然廊道在城市中具有 3 种表现形式。

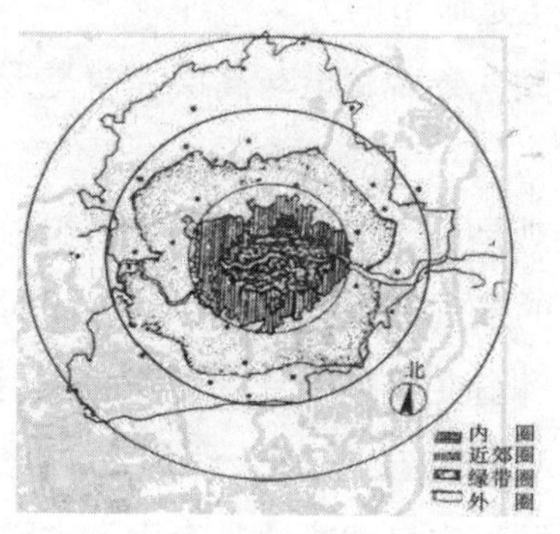

图 4–12　环形自然廊道

一、以自然山水及城市园林为基础而形成

将城市中的自然山脉、湖泊、河流及公园绿地串接起来而形成的自然廊道通常兼具生态环境及游憩观光的功能。此类廊道成为城市与自然的纽带，既可满足动植迁移和传播以及生物多样性保护的功能，创造自然的、丰富的景观结构，又是城市人群体验自然、游憩观光的好去处。城市中这类自然廊道往往与自然地貌的特征相关联，并在城市漫长的发展历史中逐步形成。到了近现代，单位体制的“围墙大院”的封闭空间形态，“见缝插针”的建设以及城市快速干道的穿越分割，严重破坏了这种自然廊道的连续性。以南京市为例，六朝时代，“钟山龙蟠，石城虎踞”的地理特征十分明显，钟山（今紫金山）向西的余脉从富贵山、覆舟山（九华山）一直延伸到鸡笼山，与紧邻长江的卢龙山（狮子山）、马鞍山（今古林公园、八字山一带）、石头山（清凉山）相交在五台山、鼓岗一带，这一系列低山丘陵形成横断市区的天然分水线（向南属秦淮河水系，向北属金川河水系），并形成了一条自然的绿色走廊，将钟山、石城与长江串联起来。虽然这条自然廊道如今

被各单位、城市道路以及无节制的城市建设严重破坏，但从沿线的绿化生态环境质量来看，在南京市仍属上乘地段。目前，该绿色廊道从东向西依次为富贵山、白马公园、太平花园、九华山、公教一村、市政府、和平公园、东南大学、鸡鸣寺、古生物研究所、北极阁（省气象台）、鼓楼市民广场、鼓楼公园、南京大学、五台山、乌龙潭公园、清凉山公园、南京国防园（石头城），其中包括市政府及科研单位、高校、公园、住宅区。除了一些新建的项目外，这条绿色廊道的自然生态环境基本受到了保护，尊重了原有的绿化生态格局。近几年来，城市建设飞速发展，无序开发及违章建设导致了自然廊道的严重破坏。一是河西开发无视自然廊道的存在，阻断了自然廊道与长江的联系。二是五台山被“包饺子”，受到彻底破坏。三是太平花园、和平大厦等建筑切断了绿色的视线走廊（图 4–13）。尽管市政府花了很大力气建设了鼓楼市民广场和五台山北入口绿地，但对整个廊道的破坏还是无济于事（图 4–14 ~图 4–16）。目前，从鼓楼到太平门的“历史风貌区”整治已经开始，但愿这能成为恢复南京市的“绿脉”，保护南京市整体景观特色的机遇。

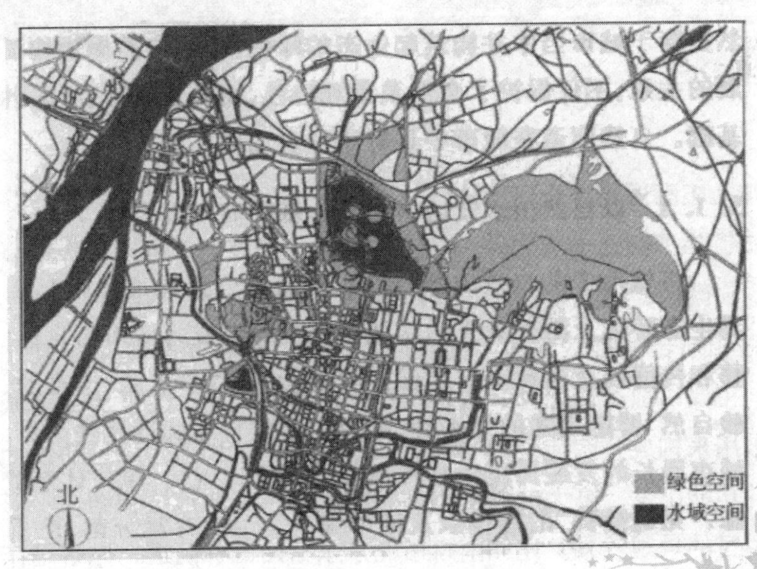

图 4–13　南京“绿脉”现状

图 4-14　突兀的和平大楼

图 4-15　五台花园——对五台山的回忆

图 4-16　饱受非议的电信局多媒体大楼

二、与人工廊道相结合而形成

人工廊道除了交通干线之外，城濠（城墙、护城河）可以视作城市特殊的人工廊道形式，因此，这类自然廊道又可分为干道型和城壕型两类。

与道路相结合的自然廊道主要有两种形式。一种是与机动车道分离的林荫休闲道路，主要供散步、运动、自行车等休闲游憩之用。在世界许多城市，这种道路廊道被用来构成公园与公园之间的联系通道，这种道路廊道的设计形式往往是从游憩的功能出发，高大的乔木和低矮的灌木、草花地被相结合，形成视线通透、赏心悦目的景观效果。比如南京市北京东路两侧林荫道，原本是作为步行的人行道，现在改为自行车交通道路，降低了休闲游憩的价值（图 4-17）。第二种是道路两旁的道路绿化。在一些水系不发达的城市，道路绿化带成为城市绿色廊道的主要组成部分。目前，城市建设中注重“景观大道”的建设，往往强调其视觉观赏的景观意义，却忽视了自然要素的生态环保和休闲游憩的根本功能。而且，单一的以车内视众为参照的景观设计对于步行者来说是单调乏味和缺乏吸引力的。

城濠型的自然廊道往往是护城河、城墙、绿地的复合形式，即“水、城、林”有机结合的空间形态。由于城濠的封闭性特征，此类自然廊道通常是环形的（图4-18），梁思成先生曾提出的北京城墙的改造就是建立自然廊道的一种思路。他曾设想，在宽为 10m 的城墙上栽种灌木，培植草坪，设置长椅，夏季可供 10 万人乘凉，人们四季都可以登临城头，眺望周围的景色，城墙将成为独特的空中公园。城墙是城市历史的见证，构成了集体的“城市记忆”的一部分，受到城市人的珍爱，从南京市民热情搜救旧城砖的行动中可以看出，这种失去了原本价值的“废境”型的景观要素在人们心理空间中占据着多么重要的地位。

图 4-17　南京市北京东路两侧林荫道

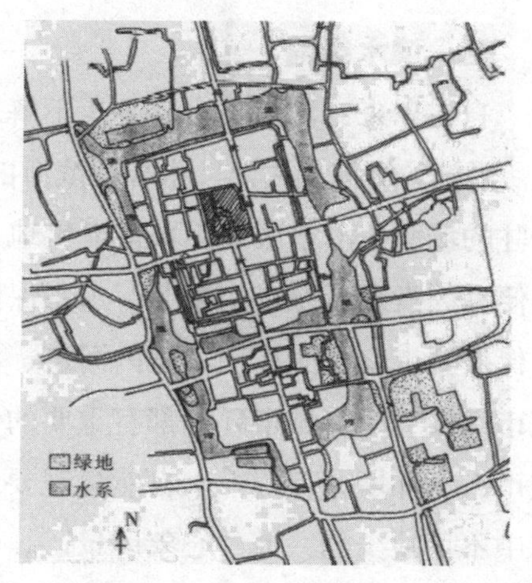

图 4-18　城壕型的自然廊道

明初朱元璋定都南京，开始营建应天府城，建造了当时世界上最长的古城墙。它以南唐的金陵城为基础，使秦淮河流贯于城的内外，它的南面城濠仍用南唐的“外秦淮”加以拓宽，东南面从朝阳门（今中山门）到通济门另开宽阔的城濠，东北以前湖、琵琶湖、玄武湖作为天然的护城河，北面把金川河引入城内，成为一条连接长江与南京城内河网的重要河道。西南面仍利用原有“外秦淮”，并在下关另开惠民河，引秦淮水由三汊河入江。整个应天府城不但将六朝的建康城、石头城和南唐的金陵城统统包在城内，并向东扩充，使山、水、城、林融为一体，这样的城市景观确实是十分独特的。随着城市规模的不断扩大，城墙已不再是城市边缘的象征，作为城市的“绿色项链”，城墙已构成了城市独特的景观空间，它的闭合性特征强化了城市的整体景观格局。目前，在修复城墙的工作中，应创造条件，使水、城、林相结合，而不应仅仅关注城墙的空间形态。从南京市现状来看，沟通挹江门外护城河与外秦淮河，设立狮子山—汉中门历史风貌区是很有必要的，城濠作为珍贵的历史遗存是城市的公共遗产，维护它的公共性空间品质是创造完整而连续的自然廊道的前提。将城墙作为“私家花园”的做法是不合适的。在城墙两侧设置公共绿地并与护城河的治理相结合是城市整体景观空间整合的基本对策之一。

三、滨水绿地

自古以来，城市与水结下了不解之缘。城市依水系而发展，商业随水系而繁荣。沿江、沿河的古渡、水埠、滨海的港口自然地构成了人们聚集、交往、贸易、停驻的场所，滨水区成为城市诞生地、文明起源点。同时，人们也利用水系的各种便利因素发展城市的繁荣。水系保证了生活、运输、排污功能，护城河还起到了保护城市安全的作用。城内河道、湖泊、沟渠对于防洪、排涝、防水以及调节城市气候、改善城市环境都有重要的作用。正如黑川纪章所说，城市水系作为与城市人工环境共存的一个自然景观要素，已深化为城市文脉的其中之一，成为城市中不可缺少的一道“心象风景”。

工业革命后，陆路运输的发达使水运地位急剧下降，滨水地区的中心地位也不复存在。严重的工业及生活污染使水系逐渐丧失了生活及水利的功能，沦为城市的排水沟、蓄污池，大量河道湖泊因此被填埋。城市水系远离了城市人群，背离了人类向往自然、与水亲和的愿望。随着城市生态问题的提出，将城市中的水体与滨水地带解救出来，充分发挥其生态及景观方面的潜在价值，满足人们亲和自然、留恋传统水文化的心理，提供新的休憩场所，迎合审美的愿望已成为共识。

滨水绿地的建设为改善城市景观空间结构，促进城市商业、旅游业的发展提供了机会。

滨水绿地作为城市的景观廊道，在整合城市整体景观空间格局的过程中占有重要的地位。

（一）与城市中心区相结合的滨水绿地

把重建的城市中心设在滨水地带——河流、运河、溪流、海湾、湖泊甚至海洋的边上，这种方式已成为世界各地常见的做法。出现这种变化，主要是因为城市港口的衰退，同时，由于各种资源的供应可以不再依赖水运和工业生产，使得制造业迁离出城市中心，从而形成可资利用的港口及工业废弃用地。

汕头是全国唯一拥有内海的城市，旧城区海滨长1900多米，是一条难得的观赏海景的游憩绿带。该海滨路将位于城市西郊的旧城中心（城市次中心）和东郊的城市中心区联系起来，并与海湾对面的南滨中心（城市次中心）遥相呼应，通过两座大桥沟通使海岸线成为环通的景观廊道，形成了以内海为中心的整体景观空间格局。

南京市作为滨江城市，至今还没有一条像样的生活岸线，没有能展示都市风貌和文化的“滨江景观区”。“在长江上看不到南京，在南京看不见长江”，这是许多生活在南京和到过南京的人们的感叹。南京是个虎踞龙盘、山水秀丽的古城，但是如果乘坐长江客轮来观赏滨江风景，除了横跨长江的大桥给人较为壮观的景象外，两岸景色并不佳。长江两岸既没有高大林立、鳞次栉比的建筑作背景，也没有宽阔通畅的临江大街，城市天际轮廓线简陋，杂乱无章。滨江地区由于规划布局不合理以及长期的“建设性破坏”，工厂、码头、仓库等设施占据了大量的滨江岸线，而生活区却布置在较好的深水岸线，两岸景观较杂乱，部分企业占用岸线过长，甚至沿江铺摊子，岸线残缺崩塌，临江工程设施简陋低劣，破旧建筑大多无规则地排列，缺乏都市气氛。面江背城的下关区生活岸线面目陈旧，长江大桥周边景观不佳，而隔江相望的浦口岸线被码头、仓库和江滩荒芜所充斥，这都反映了南京的滨江城市特色尚未形成。在城市景观规划中，应充分利用南京滨江城区的自然与人文景观资源，通过绿色走廊将沿江两岸的山、水、洲、矶串成一线，使已开发的景点景区（燕子矶、小桃园、龙江宝船厂遗址、幕府山）连成一片。以城市次中心建设为契机，塑造极具现代气息的滨江建筑群，形成完整的天际轮廓线，使人工与自然复合成一条滨江景观廊道。潜洲、江心洲以及浦口岸线的建设应受到严格控制，应以大片自然景观作为滨江观光休闲区的对景，使自然向城市敞开胸怀。

（二）激发城市生活的滨水绿地

许多城市的发展都依赖于城市水系，那些孕育了城市文明的河流湖泊被称为“母亲河”，受到人们的珍爱。环绕或贯穿城市中心地带的河流曾经像“街道”一样形成城市的结构形态，在交通运输、社会生活等方面起到了举足轻重的作用。今天，河流与湖泊以及滨水绿地作为娱乐游憩活动的场所，重新焕发出了生命的活力，她的生态与景观价值在得到认可的同时，其满足休闲游憩、激发社会生活的作用也逐渐显示出来。利用城市河道、湖滨绿化带、滨河防护林带来开发建设公共小游园的优点在于它能给居民和旅游者提供一个“可以去的地方”。滨水区也可以为餐饮业者和企业家带来经营商业的机会，在满足人们近水、玩水的亲水天性的同时，也构筑起社会生活的网络，使城市景观成为日常生活的一部分，同时也成为人们心理空间里的一个亲切的符号。

对于一个城市来讲，“母亲河”存在于人们的“城市记忆”当中，是一条生态廊道，既衔接了人工与自然，又沟通了历史与现在。对于城市整体景观空间格局来说，“母亲河”占有着重要的地位。

成都府南河，又称锦江，属都江堰灌溉系统，长江水系。自古水量丰沛，功能齐全，孕育了成都2500年经济与文化的繁荣，是城市的母亲河。两河环绕城市中心区，形成成都独特的城市景观，历代文人墨客不断吟诵，成都人民为之骄傲。府南河的滨水景观，由河流、绿带、道路和建筑有机结合而成，绿带上13个风格各异的开放性景园，串联起文殊院、王建墓、杜南草堂、武侯祠、望江楼等城市重要名胜古迹，实现了历史与现实的有机结合（图4–19）。

图 4-19 府南河的滨水景观

南京城拥有长达千里的河（湖）岸线，秦淮河、玄武湖、莫愁湖自古以来就是南京人的骄傲。目前使用效率较高、受广大市民喜爱的滨水绿地公园或小游园主要有：珍珠河的珍珠花苑、月牙湖公园、秦淮河、建邺路滨河、绿化公园、和平公园等。相对于整个南京市来说，这几处滨水绿地远远不能满足市民的需要，由于大部分城市河道较为狭窄，缺乏大面积、开放的滨水空间，尚未注意到河岸的亲水性设计，成网络的滨水绿地的形成尚需时日。

城市整体景观空间整合的根本目的在于平衡日益扩张的大都市中人工与自然的关系，将自然连成线，串成网，成为城市人的“呼吸系统”。景观走廊的整合思路在于将人工与绿色在生态的层面上进行整合，概括地说，就是城市的路网、蓝网（城市水系）、绿网（绿地公园系统）、古迹文化网“四网”有机结合。

第三节 高层建筑

一、高层建筑——20 世纪的“图腾”

高层建筑与汽车交通是 20 世纪城市景观的两大标志。它们不仅改变了城市的形象，还深刻地影响到城市社会生活的方方面面，正因为如此，高层建筑理所当然地被称为“20 世纪的图腾”。

在现代社会中，很多国家对高层建筑都有具体的规定。本书所指的高层建筑强调具体环境中高度的相对性，即美国著名的高层建筑设计专家法·阿·坎恩（F. R. Khan）给高层建筑下的定义：“其高度强烈地影响到布局、设计和使用的建筑，或者其高度创造了一定地区和时期存在的、在施工和使用方面有着不同条件的建筑。”如果说，汽车交通的普及使城市半径由马车时代的3.2 ~ 4km（2 ~ 2.5英里）、电车时代的约8km（5英里）跃升到约24km（15英里），深刻地改变了城市的格局。那么，高层建筑的大量涌现，则使城市景观的尺度超越了传统的街巷风貌，赋予城市景观新的内涵。

二、高层建筑——城市景观的“双刃剑”

高层建筑对传统的城市景观形成了冲击。

首先，城市空间的立体特征明显突出。高层建筑改变了传统城市在水平面上伸展的空间使用方式，增加了城市拓展的维度，并成为空间组织和视线的核心，使人们能够在更远、更广的视阈范围内认知城市。高层建筑导致城市景观尺度的升级，主要表现在日益显著的城市外缘轮廓（即通过河流、铁路、公路所见到的城市环境景观）和鲜明的立体化的城市鸟瞰的全貌。

其次，高层建筑本身尺度较大，且由于日照、防灾等要求使城市整体空间尺度加大，改变了城市的肌理。与多层、低层建筑的结合使城市从传统的“均质性”向“非均质性”转化，拓展了城市景观的层次。

再次，高层建筑的出现使城市向空中生长，功能的集中使用导致多功能综合体的大量出现，使建筑与城市外部空间的分界渐趋模糊，产生了多元化的空间，并形成城市景观的多样性。

最后，高层建筑大量使用后，由于其本身的高度使人们观察城市的视点不断上升，“第五立面”的景观价值被充分认识，增加了城市景观的视角。

高层建筑作为城市景观空间中的“标志物”比人造环境中的其他要素更具有特殊的魅力，它的布局方式对城市整体景观空间结构具有显著的影响，高层建筑的布局法通常有以下5种：①全市同等高度，给人的感觉是平稳但单调；②高层放在城市边缘，强调城乡分界，在视觉上起“城墙”的作用；③高层放在市中心，强调城市的核心，建筑高度向市中心逐渐提升，创造视觉上的高潮；④以高层来为城市各大小中心缔造“视觉识别性”，强调市内某些重点或打破单调；⑤对于一些古城来说，市中心的古建筑是精华所在，要强调核心，可以控制四周建筑的高度，逐渐往外增加。

在城市更新过程中，高层建筑的建设通常有两种动力。一是经济驱动力，在寸土寸金的“中心”地段，城市的高层建筑往往比较密集。在单位土地面积上生产更多的使用面积，其实质是寻求城市级差地租的表现。二是源于精神性的理念，由于高层建筑极易产生“标志性”空间，理所当然地成为城市决策者、部门单位领导或者是市民意识追逐的目标。此外，试图摆脱重力，向高空发展，并获得“阳光、空气”，是现代建筑运动的口号之一，对现代城市景观的形成也产生了深远的影响。从理论上讲，满足日照、消防等因素的高层建筑布局可以将建筑覆盖率控制在一个较低的水平，从而使人工物与自然在更高的层次上得到整合，但现实的情况是，裙楼铺满用地，高层塔楼“一枝独秀”的景象比比皆是；即使是留出了大片的绿色空间，通常也是“可望而不可及”。再加上道路交通、基础设施长期欠账，使得高层建筑对城市景观的积极作用无法发挥出来，相反，高层建筑对城市景观产生了不可低估的负面作用，高层建筑造成了城市景观的异化，使城市空间分化破碎；高层建筑尺度巨大，难以维护传统街区小尺度、人性化的空间；高层建筑有可能使城市空间拥挤压抑，并造成阴影、噪声、涡流等环境污染，不利于城市防灾；另外，建筑设计上的各自为政使高层建筑彼此难以相容，势如水火，加剧了城市景观的混乱程度。

三、高层建筑——从分散走向集中

在技术和经济可行的条件下，高层建筑发展的根本动力是城市发展过程中土地价值规律。因此，高层建筑导致集约化城市的出现是城市土地集约使用的必然结果。集约化城市的景观特征表现在基于土地经济意识基础上的城市、建筑一体化即城市的立体开发。基于人本意识的地面空间的解放和步行街区的设立，基于生态意识基础上的绿色中空化、立体化，基于环境意识基础上的对轨道交通和公共交通的支持，基于高情感文化意识基础上的高技术的发展。

集约化城市将通过合理的规划，使交通系统、土地开发和开敞空间的保护三者得到协调，而高层建筑将在这个过程中扮演重要的角色。对西方国家城市交通系统与土地利用关系的研究表明，一方面，城市人口密度与公共交通的可适用程度有直接的联系。当人口密度为 4046.84m^2（1 英亩）7 栋住宅时，公交适用性极低；而4046.86m²（1英亩）60栋以上时，一半的出行将以公交的方式实现。另一方面，芒福德（Mumford，1963）认为汽车交通在用于通勤及其他城市内部流通时，对城市构成威胁。表现为步行系统的退化与丧失所造成的街区的分制，并认为成功的交通系统使不必要的交通量达到最小，显然，高层建筑是解决地面空间的解放和城市的高密度这一对矛盾的有效途径。

同时，高层建筑本身也有集约化的趋势，这个趋势首先表现为高层建筑在城市空间重组、城市景观整合中扮演着重要的角色。在城市新区建设中，高层建筑往往作为统领空间的核心，使建筑空间集约化、室外空间整体化、城市环境生态化；在旧城更新中，高层建筑的建设往往表现为一个新陈代谢的过程，使城市整体环境得到整合和提高。高层建筑集约化趋势还表现为相应的道路交通、基础设施的集约化高效模式，诸如轻轨、地铁、换乘中心等的出现都是与城市建筑高度集约化分不开的。高层建筑集约化的另一个特征是高、中、多、低层建筑的结合产生了建筑形态的多元化，从而导致城市景观的集约综合。

随着计划经济体制下形成的单位制度及土地政策的逐步转型，那种类似于"大三线""小三线"分散化建设的高层建筑布局方式将会得到有效的遏制。同时，城市规划立法的进一步完善可以从根本上将城市高层建筑的布局纳入到统一的城市景观规划框架之内。对于那些拥有悠久历史的古城来说，应另辟新区或是通过高度分区以保护城市肌理的多样化，而对于那些已形成"建设性破坏"的地区来说，将高层建筑拔高、加密形成围合界面以突出中心空间的历史性特征的做法是形成多层次景观空间、维护城市景观特色的有效手段。总的来说，随着土地市场化的进程以及历史文化名城保护的要求，高层建筑从分散走向集中的趋势已愈来愈明显，这种趋势主要体现在两个方面：一是高层建筑的密集化，即许多"点"的空间形态的排列叠加形成"面"或"群"的空间形态，对形成城市区域性景观特色以及立体化多层次的天际轮廓线具有重要意义。二是建筑空间与城市空间的一体化，主要表现为高层建筑底部空间的变化。20世纪70年代以后，高层建筑的设计开始重视底部空间与城市环境的关系，伴随着多种商业服务性功能的介入，许多高层建筑都采用了扩大底部公共活动空间，形成入口广场和将底部架空把城市空间引入建筑内部的设计方法，来处理建筑空间与城市空间的过渡关系，从而使城市空间和建筑空间有机地交织在一起（图 4–20），公共活动空间与高层建筑有机结合，对城市环境的整合起到了积极的作用。

图 4–20　高层建筑的设计

四、高层建筑——一种整合的设计思路

（一）城市设计的观念

高层建筑设计中首先应该重视城市设计，对传统景观特色予以保护，并树立集约化、整体化的规划设计观念，集约化簇团式高层建筑群以及在此基础上的轻轨、地铁和公共交通并与绿色相融合是较为理想的规划模式。正如齐康教授所指出的那样，城的原型为“通径 + 住所”，两者互相融合，不可或缺。通径使住所互相联系成为一个整体。伊利尔·沙里宁也曾指出：“防止城市衰败不仅要依靠单体房屋的健全，还要在很大程度上依靠这些房屋能够恰当、协调地组成有机整体。”事实上，这些城市设计的观念在中国古代城市建设中就有所反映，中国古代建筑最大限度地利用了木结构的可能和特点，一开始就不是以单一的独立个别建筑物为目标，而是以空间规模巨大、平面铺开、相互连接和配合的群体建筑为特征的，它重视的是各个建筑物之间整体有机的安排。在高层建筑设计中，也应充分遵循城市设计的原则。另外，地下空间的集约化城市设计至关重要，如果把高层建筑比作茂盛的大树，那么，根深才能叶茂，地下空间正是高层建筑的根。

（二）整体的观念

建筑设计上应有整体观念，要分清主次，甘当配角，不能喧宾夺主，从而使高层建筑领域空间相融合，达到空间的共生和优化，避免由于建筑设计因缺乏联系而使城市景观模棱两可。应注意高层建筑中心造型多角度视景的设计原则，注意远与近、动与静的视觉效果。

（三）尺度分级的原则

高层建筑的尺度分级尤为重要，它会使建筑的尺度表达趋向明朗，增加建筑量度的可感性，丰富城市景观的层次，这种景观层次与远、中、近距离的视觉感受相关联，具体地表现为基座（裙楼）、楼身、屋顶的处理，按照人的视觉感受，5～8层的高度是近距离观察的大致高度。因此，应采用宜人的尺度，立面材质划分细腻，质感丰富。楼身与屋顶在中、远距离观察时较为突出，体现了高层建筑的整体形象，应采用有节奏尺度的跳跃变化，形成级差，以表现高层建筑的美学品质。

（四）网络绿色的原则

高层建筑的网络化和绿色空间的立体化是高层建筑发展的趋势，是设计的目标和原则，也是集约化城市重要的景观特征。引入绿色自然，创造高品质的城市公共开放空间和建筑内部空间，使高层建筑通过绿色系统的联系形成生态网络。从而使城市与高层建筑功能日趋复合化，形成真正意义上的集约化的城市空间，并创造出前所未有的立体生态的城市景观，是高层建筑对城市的最大贡献。

第四节　城市整体景观空间整合的方法

城市整体景观空间特色的形成是一个漫长、复杂的过程。一个城市空间形态的发展往往受到自然地理环境、社会意识形态、政治与经济体制、经济技术水平、规划控制的政策导向、建筑学的思维、工艺与艺术风格的定位等多种维度的综合影响。同时又有着自身的发展规律和深层结构。随着人类改造自然能力的提高以及经济技术水平的快速发展，城市空间形态的演化更多地受到了现代城市规划与管理的制约。因此，城市整体景观空间的整合也更多地表现为从规划控制角度出发的自上而下的宏观过程。由于规划技术本身理性化的倾向，使这种宏观的控制往往停留在基本概念及构筑大的操作框架上，很难涉及具体多样的城市空间本身。这种机械化和一般化的方法忽视了城市空间背后的文化及传统因素，将城市空间看作是抽象的符号，剥离了其多姿多彩的生活内容，因此具有一定的局限性。自下而上的整合作为微观过程，以一种直观的方式探究城市空间发展演化的自身规律，通过城市设计的手段有针对性地设计和组织具体多样的城市空间。这种方法建立在景观空间的体验与认知基础之上，依靠设计和研究人员的主观感受，从局部介入到整体建构，遵循城市空间可持续发展的规律。从本质上说，它更多地倾向于城市建筑学的方法（从建筑、建筑群向城市建筑的渗透）而非城市规划学的方法（从总体到局部）。

总的来说，城市整体景观空间微观整合的方法就是留出空间、组织空间、创造空间的过程。对于整体景观空间层次来说，这个过程可以归纳为碎片缝合，空间提炼和有机更新 3 个步骤。

一、“碎片”缝合

城市发展与建设过程中不可避免地会出现许多“碎片”型的空间。从大的方面来看，比如由于战乱、灾害等因素而引起的城市局部或整体的衰败，或者由于经济水平、交通条件等因素的变化而产生的城市中心变迁引起的空间的衰落；从小的方面来看，计划经济体制下土地无偿调拨、无权转让导致的土地的过度消费而形成的荒芜空间，“见缝插针”对城市开敞空间的破坏所导致的恶劣的空间环境、城市产业结构调整带来的城市空间的“蜕变”，改革开放后城市快速发展过程中土地的“开而不发”以及“城中村”、城市“三高”开发中产生的非人空间等，均可以视作城市空间发展过程中产生的“碎片”。

从耗散结构理论来看，城市作为开放系统，“碎片”的出现即是系统“熵”值增加，从而导致系统的效率和活力下降的过程。那么，伴随着“碎片”的出现，清理碎片、缝合城市空间始终是空间发展中的一种带有自组织规律的空间发展现象。

早期的城市，通过街道形成景观走廊，城市界面沿街道发展，由于路网密度大，线形的发展容易向纵深渗透，从而形成以街道界面及开敞空间为特征的细密而均质的城市肌理。城市空间处于一种自组织性的“新陈代谢”之中。同时，线形街道空间有效地城市生活连接起来，通过街道与开敞空间，城市发展过程中产生的“碎片”被有效地清理，使城市形态趋于稳定并保持缓慢发展的状态。由于早期城市规模小，受制于经济术水平，对自然特征破坏较少，人与自然紧密联系，城市生态连续。随着城市的不断发展，仅仅通过街道作为景观走廊来维持城市整体景观格局的做法已远远不够了。这是因为，首先，街道逐渐成为承载交通工具的空间，它从早期的连接城市空间的纽带变成了割裂城市空间的“通道”；其次，城市的高层化、立体化特征形成了城市景观的多样性以及体验城市景观视角的多元化；最后，由于对自然及文化传统的双重背离，使现代城市人开始审视并反思“两旁高楼大厦，中间车水马龙”的城市典型街道景观。在现代城市景观空间整合过程中，留出空间已不仅仅是清除碎片、开辟街道和广场，而应该是通过路网、蓝网（城市水系）、绿网（绿地公园系统）、古迹文化网“四网”的有机结合，形成综合性的景观廊道，穿针引线，将城市空间缝合起来，以显示城市整体景观空间的特色与人文内涵。在留出空间的过程中应该注重开敞空间特别是绿色开敞空间的保护与拓展，并且充分利用城市空间的历史文化内容（图 4–21）。提倡滨水绿色步行空间，完善城市水系，发挥其景观与生态的功能；建立有层次和尺度等级的道路系统，不仅关注车行景观，还要满足人行的景观要求；尽可能保护城市的自然生态格局，使城市的自然特色与人文气息紧密结合。

（a）

（b）

图 4–21　开敞空间的设计

二、空间提炼

城市景观作为城市审美的环境，它的存在和发展必然是一个历史的渐进的过程，并积淀了社会生活与历史文化的内容。在留出空间的基础上积极地组织空间，塑造空间的品质，挖掘蕴含在其中的“场所”精神是城市整体景观空间整合的重要步骤。然而，考察现代城市的发展建设过程，那种注重拆除空间旧有物质结构而忽视对“场所”精神保护的现象不胜枚举。首先表现在物质空间的解体，大规模成片地拆除旧建筑的做法经常导致原本有机结合的物质空间整体性的丧失，其结果往往是新旧空间形式反差巨大，空间特色消失殆尽。又如在道路拓宽过程中，只拓宽机动车道而忽视甚至降低人行道的宽度，甚至牺牲街道绿化，不仅丧失了原本富有生活气息的街道空间，还割裂了城市空间的有机性。再如，对于滨水地带的改建，往往是宽阔的“景观大道”将城市与滨水空间分割开来，或将一些小尺度的游园改成了气派非凡的广场与绿地；更有甚者，为了追求时尚潮流，砍了成材的大树改种草坪。其次，在物质空间解体的同时，社会生活瓦解了，由于空间变化过于剧烈，原本赖以生存的社会空间结构已无法维持，而新的社会空间结构的形成尚需时日，这使得城市越来越“工地化”，并缺乏安全感。最后，物质空间与社会生活的双重解体必然导致城市景观空间特色与历史文化内涵的湮没，城市空间“场所”精神的匮乏使空间不具吸引力，不能产生认同感与归属感。在越来越商业的城市中，城市景观空间已成为苍白无力的形式主义的化妆品或是光怪陆离的刺激商业的“通用空间”。

城市空间品质的塑造是组织空间的过程，表现在城市景观空间结构的重组及要素本身的变化两个方面。随着社会的发展，景观要素的变化可谓日新月异，新的景观空间形式层出不穷。有效地组织空间并不是拘泥于要素本身，而是在深入分析景观空间要素之间的关系及其结构的基础上，合理地继承与发扬。在一些滨河绿地的改建中，在保持原有结构如步行道路的连续性、绿化与建筑小品的关系和休憩娱乐设施的基本功能的基础上，适当改变景观要素的种类与数量，如增加旱地音乐喷泉和灯光设备，适当加大硬质铺地的面积，增加建筑小品的种类，以形成多样化的休憩空间。注重花草的栽培和植物种类的搭配，不仅可以增加游憩者的情趣，还能进一步完善滨水空间的功能，激发其凝聚社会生活的潜力。当然，当景观空间原有的结构关系已不能适应社会发展的需要时，结构的调整是必需的，这时，通过对一些要素的保留、改造或重建及暗示，赋予景观空间历史文化内涵与人文气息是积极塑造城市空间品质的有效手段。如何在留出空间的基础上组织空间并进一步创造空间，是城市景观空间整合的根本目的与重要途径。在这方面，上海新天地与中山岐江公园这两个实例给我们提供了一些有益的借鉴。

上海新天地以中共一大会址的黄坡路地段为中心，通过对建筑外观形象的"整旧如旧"和内部空间及基础设施的改造，成功地将具有百年历史却已逐渐衰败的石库门住宅区改建为设施一流的餐饮娱乐区，为上海的城市空间增添了一份独特的韵味，成为市民争相追逐的潮流热点。新天地的改造通过对景观空间要素——石库门建筑艺术的精心保护与再现以及现代元素的介入与融合，形成了中与西、新与旧、快与慢的多元共生的景观格局，赋予城市空间崭新的功能，成功实践了"昨天是今天的历史，明天是今天的创造"的理念。

中山岐江公园则是通过对粤东造船厂旧址的再利用，成功地完成了从工业废弃用地向市民公园的转化。公园在设计与建造过程中，对原有景观空间要素进行了保留，即"保留场地中的自然与人文要素，使之成为整体景观的有机组成部分，最直接地唤起造访者对场地精神的体验"；改变，包括"加法设计，充分表达'东西'的意义与减法设计，揭示'东西'的本质"；再现，即"用全新的设计表达设计师的理解和感悟"。通过保留、改变和再现这 3 种手段对场地的自然与人文要素进行了充分的艺术加工，赋予城市景观空间强烈的场所体验，其清晰的历史脉络成功地将过去、现在与未来联系起来。

三、有机更新

相对于"推倒重来"的城市改造方式而言，有机更新代表了一种可持续发展与环境主义的思想。事实上，城市从产生的第一天起，就处于不断变化的状态之中。从景观间研究的角度来看，这种变化在其物质空间、社会空间、心理空间等层面均有所反映，并且互相渗透。城市空间的发展演化既是一个传承历史的过程，又是一个不断创新的过程。从物质空间角度来看，城市空间形态的发展演化有连续式生长与跳跃式生长两种模式。所谓连续式的生长通常在那些具有悠久历史与中心地位的大城市中体现得较为明显，这些城市景观空间成分相当复杂，在每个时代都留下了代表性的作品，总体上呈现出局部的突变与整体的渐变趋势。跳跃式生长的情况更多地出现在那些规模较小、成型期短、集中体现某个历史时期风貌的历史性城市，这些城市往往采取了整体保护旧城而另辟新区的做法，以回避新旧冲突的矛盾。而事实上，城市的发展模式是多种多样的，如果我们把目光从城市整体的景观空间结构转向局部的空间地段，那种景观空间的历史性演进所呈现出来的丰富多样而变幻莫测的感觉就更加强烈了，这种变化或许正是赋予城市空间永恒魅力的源泉。

城市在发展过程中，生产方式的变革以及新技术、新材料和新的交通方式不可避免地对城市原有的景观空间结构形成冲击，产生了一些新的景观空间形式。其中最具代表性的无疑是摩天大楼和城市汽车道路。这些新的景观形式改变了城市的物质空间，更加深刻地影响了社会空间和人们的心理空间。高楼林立、车水马龙的现代城市景象体现出“人的本质力量的对象化”，赋予城市现代化的魅力，而当人们对“国际主义”司空见惯并且面临着愈来愈大的生态与环境压力时，对物质性、技术性与功利性的批判又使当代的人文精神落实到了回归历史与自然的两种基本方式之中。于是，后现代主义通过对历史式样的拼贴与把玩，满足了人们的历史“情结”，同时，创造了具有新奇感的空间形式；而回归自然的潮流又使人们进一步去发现自然美的本身，这种螺旋式的递进正是城市空间形态不断发展变化的基本方式，也是人类通过对物质空间不断的实践与创造从而完善自身的基本途径。

由此可见，城市的有机更新是基于历史文脉的城市空间的不断创造和变化的创新行为，是留出空间，进而组织空间，并进一步创造空间的过程，这是一种辨证的思维。齐康教授在总结苏州古城保护与发展以及干将路建筑设计控制工作时提出的“滚动的逐步更新”即体现了创作的哲理性思维。他提出了“传统的风貌，现代的生活，探求历史的价值、艺术的价值和使用价值，使城市的更新有机地进行下去”。对于古城发展，他提出了“保护肌理结构，控制高度，探求一种现代的地方建筑的建筑风格”，在干将路建筑设计中，通过化整为零、单双坡结合、前后界面的进退、高低错落、黑白灰的运用等手法，将传统风貌的继承与地方风格的创造结合起来，充分满足了城市社会生活的发展需要，赋予了城市空间独特的韵味。

在城市整体景观空间的整合过程中，那种提出战略思想制定总体发展原则与目标，并系统实施的自上而下的规划学的方法固然十分重要，然而值得注意的是，当涉及城市具体空间地段的更新改造时，抽象的理念往往显得苍白无力，实际的改造效果经常与理想的目标相去甚远。因此，从空间本身出发，从使用空间的人的需求出发，自下而上进行空间建构的建筑学方法是整合城市整体景观空间的必由之路。

第五节　城市景观空间的系统建构

一、景观空间系统的研究价值

景观空间的研究强调 5 种属性：一是空间的构成要素，景观空间由多种自然要素和人为要素构成，任何一种空间要素的空间分布及要素之间的关系即构成一种空间结构；二是空间尺度，包括空间距离尺度和时间距离尺度；三是空间主体，强调空间中的人，以人为本，为人服务；四是空间过程，即各种空间现象的形成与发展；五是空间类型或空间结构。上文探讨了城市景观空间的类型及形成演化过程，并指出了城市景观研究及实践领域中存在的一些思想上的误区和操作中的偏差，本节将从系统论的观点出发，对城市景观空间的主体要素（人）及客体要素（自然及人为要素）进行分析，并以城市景观空间系统中的一些要素在系统中的地位及结构关系的变化为线索，对景观空间系统进行总体上的结构分析，以期对城市景观空间系统有一个整体和全面的认识。

现代一般系统理论的奠基人贝特朗菲认为，应当把世界作为“一个巨大组织”来进行观察，这便是系统的观点。城市景观空间是一个巨大的动态开放系统，系统中诸要素之间相互制约、相互作用，使城市景观空间系统具有了各个单独要素和部分要素都无法独立表达的综合意义，构成了城市景观空间系统复杂的整体性。这种被亚里士多德称为“整体大于部分之和”的系统论观点对城市景观空间系统的研究具有十分重要的意义，在这个复杂的整体性的基础之上，景观空间系统研究的美学取向、生态价值及现实意义才能显示出来。

（一）景观空间系统研究的美学取向

格式塔美学的研究揭示了个体对客观事物（主要集中在“形”的领域）的知觉反映。这种学说描述了一种较为纯粹的景观体验过程，揭示了诸如图形与背景、接近与闭合等一般的知觉规律。在城市景观空间的体验中，这种“完形”倾向也是存在的。但是，这种“客观”的研究方法把人抽象为一个“符号”，却无法还原不同主体景观体验的复杂多样性特征。在城市景观空间体验过程中，仅仅通过研究抽象的“人”对景观的心理感受从而建立起景观“客观”之美的标准以及总结出若干构图原则的方法显然过于简单化了，这正是传统景观论的局限。这种“一厢情愿”的梦想被飞速发展的城市风暴及汹涌的商品经济浪潮冲击得体无完肤，于是，西方美学界“美是难的”这一论断同样也开始困扰着物质刚刚开始富足的中国人。现今流行的城市景观建设的热潮告诉我们，无论是政府、开发商、学者还是老百姓，对城市环境的关注程度都是前所未有的，他们对城市空间形象寄予了厚望，而相形之下，国内的学术界还未开始对城市景观的美学取向做出深入的讨论，往往只是传抄国外景观资料以飨读者，这使得理论滞后于实践，在很大程度上形成误导，造成了操作上的混乱。当然，城市景观的美学取向是一个大的学术命题，在本书中只能表达笔者个人的只言片语，但城市景观空间系统的研究方法有助于将这一讨论引向深入。首先是如何看待传统的景观论及形式美的原则，从中国城市的实际情况来看，杂而不聚的景观形态特征是比较明显的，因此，假多元化之名行特殊化之实的城市建设行为应该得到有效的遏制。追求有机统一的整体景观空间形象应是相当长时期内的一个主要目标。整洁有序的空间形象，有节奏和韵律的变化方式，适度的对比，蓝、绿色景观的保护，应成为城市景观空间的审美标准，其次是景观要素的功能与艺术性问题。上文中曾经探讨过城市景观生成的美学途径，并对真与美、善与美的关系做了深入的讨论。尽管功能与艺术不能截然分开，审美意义和实用价值是相辅相成的整体，但是从中国城市的实际情况出发，还是应该对景观要素的功能性做出必要的强调。这一方面是由于中国城市的市政建设和公用设施有待完善；另一方面也是克服景观建设中形式主义倾向的途径之一。最后是审美立场的问题。景观是为谁服务的，这是一个乍看简单实则艰难的命题。本书将景观空间视为物质空间、社会空间、心理空间的综合体，认为只有当三者产生同构耦合时，真实的景观体验才能产生。景观应尽可能为多数人服务，并使之最终成为普通大众日常生活的一部分。而作为景观规划设计人员，应更多地把自己设想为景观空间系统中的一个主体要素，去深入地体验生活，了解场所的意愿，聆听城市的呼声。

（二）景观空间系统研究的生态价值

景观是一个宽泛的概念，除了视觉美学意义之外，还有地学意义（地质、地理和地貌属性）和文化意义（人类文化、精神的载体）。此外，景观作为生态系统能源和物质循环的载体，其生态意义是不言自明的。从实践角度来看，景观规划设计是“通过对土地及其土地上物质和空间的安排来协调和完善景观的各种功能，使人、建筑物、社区、城市以及人类的生活同生命的地球和谐相处”。城市景观空间系统的研究有助于加深对城市生态系统的理解。

首先，从物质空间角度看，景观空间系统是城市生态系统的组成部分。人工物与自然关系的协调是城市景观实践的重要内容，也是维持城市生态平衡的必要条件。

其次，从社会空间角度看，景观空间的意义在于提供人性化的场所与环境来满足社会生活，激发审美体验，使人与城市、人与人和谐相处，共存共荣。

最后，从心理空间角度看，景观空间的作用在于维持人类精神的物质基础，使人们“诗意地栖居”。对物质与精神的双向调节有助于安抚人类的内心世界，创造美好的人生。这也正是城市这个以人为中心的自然、经济与社会复合的人工生态系统可持续发展的前提。

（三）景观空间系统研究的现实意义

城市发展的思路与模式主要有两类。一是以工业项目及产品来获取投资与收入的产品经济模式；二是以经营城市为突破口，以投资环境、居住环境、城市知名度及品牌、旅游环境等来促进经济与社会全面发展的环境经济模式。景观实践是环境经济模式中的一个重要的方面，是保护和创造城市优美环境的重要手段，由于缺乏对城市景观空间系统的研究，当今的景观规划设计过多地关注城市的局部地段，往往试图通过一个标志性建筑或明星广场而独领风骚，其结果是割裂了城市的场所联系，使城市不断地用新的错误去弥补过去的错误，陷入困境，就像恩格斯所说的那样，我们抓不住整体的联系，就会纠缠于一个接一个的矛盾之中。

二、景观空间系统的要素分析

（一）景观空间系统的客体要素分析

城市景观空间系统的要素种类繁多，千姿百态，并且随着城市文明的不断发展，呈现出多元化、复合化的趋势，如果从要素的属性角度，可以简略地将其划分为灰色、绿色、蓝色三种。

所谓灰色要素，指的是城市中的人造物，包括城市建筑（建筑形态、建筑装饰、建筑广告）、城市道路广场、公共环境设施（包括游憩设施、户外广告、灯光照明、公共艺术等）、生产设施、市政设施、历史遗存（城墙、古迹、废墟）等多种类型。

绿色要素指的是城市中具有自然形态或由自然元素经人工组织而形成的具有生命力的景观要素。城市中的山脉峰峦、绿地、动植物等可以归入此类。随着人类改造自然的能力不断加强，城市中几乎没有什么景观要素可以不受人为的影响，城市越来越成为有别于乡村聚落的完全的人工景观。

蓝色要素指的是城市中的水体河流，如河道、湖泊、水景等。

灰色、绿色、蓝色要素在城市中表现出各种形态，三者的融合又衍化为许多新的景观形式，如绿色建筑（灰色与绿色的共生）、人工水景（灰色与蓝色的复合形态）等。

（二）景观空间系统的主体要素分析

早先的景观观念寄托了人类理想的栖居环境模式，通过风水图式、山水诗意和风景画抽象出一种静态的“场景”式的景观。随着人工景观的发展，人也逐渐成为景观必不可少的组成部分并赋予了景观生命力特征，形成动态的“场所”式的景观。而现代信息社会瞬息万变的社会生活形态，更是使城市景观走向现实与虚拟交错的境界，演化出“布景”式的虚幻的城市景观。在这个过程当中，作为主体的人从“孤舟蓑笠翁、独钓寒江雪”的隐喻中走了出来，在“人面桃花相映红”

的氛围中成为一个独立的角色，直到变成高楼大厦城市布景前激情“街舞”的男孩女孩。从幕后到台前，人成为城市景观空间系统的主体要素，随着社会生活的不断发展，被动地欣赏变为参与直至主动的创造。从主客体要素关系来看，现代城市景观空间系统的主体要素可以分为两类，一是设计实施者，二是欣赏参与者。

设计实施者包括设计人员（专家）、领导阶层、业主、社会公众（老百姓），这是基于人的社会属性的一种划分方式，而欣赏参与者则可能是具有不同的职业身份与文化背景的任何一个普通个体。由于城市景观的设计实施者因其专业背景、工作性质和认知程度不同，对景观往往采用不同的评判标准，追求不同期望值。一般来说，专家和社会公众对于城市景观更多一些理想和浪漫的想象，而领导者和业主更多一些务实和功利。由于 4 个主体不同的评价标准和追求目标的碰撞，必然导致冲突和矛盾的发生。对于专家来说，管理者认识上的欠缺、权力过大束缚了他们的手脚，而业主的喜好与经济投入限制了他们创造能力的发挥，专家、领导和业主则对社会公众的意见不屑一顾，也造成了社会公众无法参与的普遍不满，形成对立情结。在这种情况下，决策成为领导的事情，设计与实施成为专家与业主磨合的过程，而社会公众除了家庭装修之外，在景观的创造上，似乎没有什么作为了，在现代住宅小区，原本可以摆放花草的阳台被统一的玻璃窗所封闭，底层的庭院消失了，取而代之的是车库，绿地花草的维护管理是物业公司的事，与百姓无关，更何况城市广场与街道呢？公众的冷漠使城市景观成为少部分人的“自娱自乐”，成为领导权力欲和开发商金钱欲的奴隶，其结果必然是使城市景观在夸张的混乱无序的表象中失去社会根基。解决这种矛盾的根本出路一方面在于提高公众的参与度，强调社区的自我管理；另一方面，树立在共同的景观认识基础之上的城市景观的整合设计是有效改善城市景观的途径，这是一种人本主义的方法，强调真实体验，专家与领导不能高高在上，自说自话；而业主也不能完全从赢利的角度出发来考虑问题，从而忽视地方文化与生态原则；社会公众的认识应纳入景观观念之中，并始终坚持自然景观与人造景观的融合之美。

实际上，设计实施者有可能成为欣赏参与者，两者的截然分开正是导致城市景观“曲高和寡”的根源之一。欣赏参与是真实的景观体验产生的途径，尽管由于文化背景的不同，审美趣味的差异以及环境氛围的不同，有可能形成不同的景观体验，但相对于那些走马观花式的“参观”型“体验”或者干脆就是权力金钱的攀比以及炫耀身份的文化“杂烩”来说，欣赏和参与是实实在在的接近景观本质的唯一道路，正是由于主体的异质化特征，城市景观并不存在一个绝对的标准，它的相对标准建立在社会公平的基础之上，其最终目的是优化城市环境，满足社会生活。

（三）景观空间系统的层次分析

1. 景观尺度的角度

从景观尺度的角度来看，现代城市中充满了各种不同尺度的景观要素，可以笼统地将其分为大、中、小 3 个层次，大型尺度的景观包括对人工与自然的关系产生重大影响的大型建筑物，如拦河大坝、桥梁、航空港、码头以及地标性质的标志性建、构筑物，如电视塔、超高层建筑等；中型尺度的景观对应于城市重要的有标志意义的自然或人工的可敞空间，如城市的山水湖泊、中心广场、标志性建筑群体等；小型尺度的景观则是人生活与工作的微观环境，诸如城市公园、城市街巷、生活性广场、建筑群等。

2. 空间属性的角度

城市的发展是功能不断分化和空间逐步整合的过程。现代城市的景观空间从空间属性角度可以分为工业空间、居住空间、商业空间、服务与办公空间、活动空间等类型，不同类型的空间相应承载着各种社会活动，包括特定的人群，形成各自的景观空间特色，如工业空间的整齐、居住空间的细腻、商业空间的繁华、服务与办公空间的严谨、活动空间的自由。城市空间功能往往具有复合性的特征，上述各种景观空间是经过抽象后分离出来的社会空间类型，对于创造景观空间特色具有一定的参考价值。

3. 空间层次的角度

从景观空间层次的角度可以将城市景观空间划分为下列层次，由大至小依次为地理景观、布局景观、全景景观、中心景观、街道景观、建筑群景观，微景观。任何一座城市必然要依托于特定的自然环境，这种地理因素是形成城市景观特色资源的主要因素之一，它构成城市的地理景观。城市总体的布局构成城市景观的主要构架，称之为布局景观，这两种层次的景观是城市概括性的总体景观，虽然无法从视场中获得完整的印象，但作为主体的感应空间成为心理空间的一部分并积淀为城市的历史记忆和城市文化的组成部分。

城市全景景观特色根据不同视场可分为两种：一种是城市的外缘轮廓，是通过河流、铁路、公路所见到的城市外貌景观；另一种是通过城市鸟瞰所获得的城市全貌，城市中心景观主要是指标志性的开放空间以及标志性建筑群体景观，如上海外滩——陆家嘴中心区域。

这种开敞空间与建筑相结合的节点景观集中体现了城市的历史文化和精神面貌，构成城市景观特色的标志，如被拿破仑誉为“欧洲最美的客厅”的圣马可广场就成为意大利威尼斯的标志性空间（图 4–22）。城市街道景观是展现城市景观最集中、最重要的载体，是城市景观的核心要素之一。任何一座有特色的城市都会有自己独特的街道景观的核心要素，从性质上讲，表现为公共建筑群、住宅建筑群、商业建筑群、宗教建筑群、学校建筑群等。另外，传统计划经济体制影响下的单位大院也构成了城市建筑群体的景观特色。城市的微景观属于环境艺术的范畴，泛指与人们生活息息相关的景观空间层次。微景观尺度宜人，容纳了丰富的生活内涵，由于通常与步行模式相联系，微景观能够充分调动人的感受，从而产生真实的个性化的景观体验，微景观往往具有内向空间的特征，虽然易被“局外人”忽视，但它作为城市大众文化的“触媒”，具有回归生活世界、提升人文精神的作用（图 4–22）。

图 4–22　圣马可广场

三、景观空间系统的结构分析

城市从其产生到现在，景观空间系统的演进过程主要表现为自然物与人工物此消彼长的漫长过程。在远古时期，人类受大自然掌控，处于被动的自然生态平衡状态。到了开始小规模改变地球外表的“农业革命”时代，耕作的需要产生了田地，集居的结果造就了城市。于是，有别于自然景观的农业景观和聚落景观出现了，“工业革命”时代的来临加速了“城市化”的进程，科技的发展及人口的剧增导致了城市与建筑形态的急速演进，形形色色的人工物充斥城市的每一个角落，而自然逐渐远离了城市，生态环境受到了摧残。人类终于认识到，城市作为一个复合的人工生态系统，保持其平衡状态是促进城市文明持续发展的重要前提，景观空间系统是城市生态系统的组成部分，从物质空间的角度来看，人工物与自然物的相互关系是景观空间系统的表层结构；从社会空间的角度来分析，景观空间系统以人为中心，满足城市生活，使人在真与善的生活世界中去发现美、认识美，人与城市、人与人的关系构成了景观空间系统的中间结构；而心理空间的意义则在于让人在回归生活世界的同时，返回到人的本原状态。这种物质与精神的平衡是缓解灵与肉的冲突，创造美好人生的必要条件，因此，自我的身心和谐正是景观空间系统的深层结构。在城市景观建设中，如果仅仅关注表层结构而忽视中间与深层结构，美好的景观就难以实现，物质空间、社会空间、心理空间三者的统一可以使景观空间系统的表层、中间与深层结构产生“同构”现象，这正是理想景观产生的基础。同样，表层结构的改变对中间与深层结构的影响是潜在但深远的。城市与自然的疏离滋生了“四体不勤、五谷不分”的人群；“超级市场”在孩童的心目中成为万能的生产部门；以功能分区和交通组织为核心内容的城市规划在自以为掌控了城市的沾沾自喜中落入了自身的陷阱——长距离的通勤以及由此引发的环境问题、单一乏味的社会空间、人际关系的疏远。或许是出于对物质空间的失望，基于网络技术的虚拟空间已弥漫在城市当中，然而，脱离了物质空间这一表层结构的支撑，社会空间和心理空间也只能是“虚拟”的。由此可见，景观空间系统的表层结构是中间与深层结构的物质基础，而中间与深层结构一旦形成，对表层结构的反馈作用也是明显的。在景观设计和建设当中，表现为思维的定势、手法的单调，比如“四菜一汤”

的小区规划、宽阔笔直的马路、带不锈钢雕塑的大转盘、千篇一律的“欧式脸孔”。本节以景观系统的表层结构为切入点，对城市中主要的景观空间要素即城市中的建筑、城市中的街道、城市中的广场、城市中的自然四类要素在景观空间系统中的地位及结构关系的演变做出分析，以获得对城市景观空间系统的初步印象。

（一）城市中的建筑

1．建筑对于景观的意义

建筑对于景观的意义是不言而喻的。英国规划学家戈登·卡里恩（Gorden Cullen）认为：“一幢建筑物是建筑，而两幢建筑则是城市景观。”在城市的视场中，建筑物往往担任主角，赋予城市景观特色。建筑“architecture”一词，源于古代希腊，这个词本义并不是一般意义上的“房子”，而是包含了“高尚、首要”的意义。从建筑发展的历史可以看出，建筑不仅仅具有形而下的器物性的功用方面，而更多的是在形而上的精神性的理念方面。建筑作为景观空间系统的主体要素之一，在提供遮风避雨的功能的同时，还包容了人的活动，并对人的行为与思想产生影响，其景观体验的内涵是十分丰富的。在古代，老百姓的住屋通常是简陋的，而为“神”以及“神”的化身——君主官僚的建筑则是富丽崇高的，因此，这些少量的“神”性建筑成为了“地标”性质的景观要素，往往成为一个城市甚至区域、民族以至国家的标志，大量的居住性建筑也因其独特的地方文化浸染而形成了文化意义上的景观，上述两者的融合组成了罗西所谓的集体的“城市记忆”，形成了城市景观发展的历史脉络。罗西认为从建筑的角度看，城市的整体结构包括两个基本要素，即“标志物”和基体，前者主要指纪念性建筑，后者主要指住宅。随着城市功能的不断分化，新的建筑类型不断涌现，已不能用纪念性建筑和住宅加以分类，因此有学者根据人的基本行为和生存模式，将城市建筑类型分为“人聚建筑”和“人居建筑”两类，事实上与“标志物”和“基体”的分法一脉相承。上述城市理论的共同点在于将城市建筑分为两个方面，即居住建筑和非居住建筑（公共建筑、纪念性建筑），并强调居住建筑在组织城市肌理和凸现城市整体特征方面的作用。

综上所述，建筑对于景观的意义在于两个方面。首先，公共建筑作为纪念物或标志物在组成城市景观中发挥着重要作用，而这一作用能够实现的前提在于处理好纪念物与城市肌理的关系。因此，居住建筑对城市景观的意义在于组织城市肌理，形成“基体”，这与景观生态学中的基质概念相类似（图 4–23）。在中世纪欧洲城市中，教堂及广场居于中心位置，大量密集的住宅有机围绕，景观特色生动鲜明。中国古代皇城中，金黄色的宫殿楼宇赫然凸现在连绵的合院形成的灰色基质当中，形成戏剧般的视觉效果，景观特征令人难忘。

图 4–23　里昂·克里尔的公共性建筑与个人性建筑解读

“居住”代表了人类衣食住行需求的一个最基本的方面，由于人类本身生理结构的原因，基本的居住要求存在着相当的共性，同时居住建筑又是城市中最大量建造的一种建筑类型，更加受制于地区性的自然、人文与经济要素，使得地方的文化性以及城市的整体景观特征在居住建筑上能够真实地反映出来。片面地强调公共建筑的标志性，有可能会损害基体的稳定性，使地方性的景观特质受到破坏。

整体的具有地方风格的城市景观有赖于纪念物与基体的适度对比，相得益彰。在工业革命以前的城市，受制于经济技术水平，这一点容易做到，而随着科技的不断进步以及经济一体化的进程，资本与信息的流动加速了城市的发展。建设资金大量注入，建造技术突飞猛进，施工周期大大缩短，新材料层出不穷，使得大规模的纪念性建筑的建设成为可能。于是，不论是公共建筑还是住宅，都想成为纪念物并突出自身的地位，而基体与纪念物的分离和基体的不断消解正是造成城市混乱和缺乏特色的一个主要原因（图 4–24）。比如“欧陆风”和“住宅沿街立面公建化”，这种追求“脸谱化”的公共性的后果使城市丧失了自身的文化特质。随着受地区性自然、人文和经济因素制约较少的公共建筑的大量出现，纪念性成为一种对强势文化的肤浅理解与盲从，同时公共建筑日渐物质化、世俗化，脱离了其神性的光环而成为商业广告与行政主导的附庸，城市在追求“纪念性”的浪潮中失去的恰恰是纪念性本身。

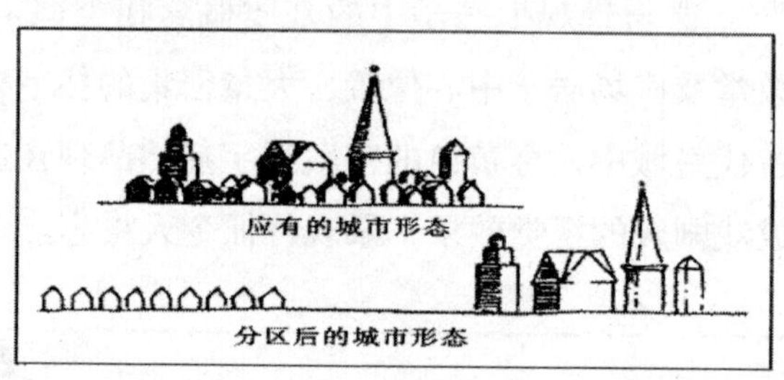

图 4-24　城市形态

对于“纪念性”或“公共性”的理解是多种多样的。现代建筑革命以前，建筑的形象、风格、文化特征被视为主要因素，建筑设计往往落入经验主义的窠臼，现代主义的建筑师们则以一种乌托邦式的理想主义，试图为城市披上一件简洁而统一的外衣。“纪念性”被否认，建筑等同于“机器”，精神性的东西已变成某种理性概念，像机器美学一样严谨和富于逻辑性，现代建筑对“纪念性”的否定被列昂·克里尔称之为“不可命名性”，他认为现代建筑在尺度、比例、形式、特征、类型和风格上的错误都源于此。但也应该看到，建筑作为“人化的自然”，其精神的内核是无法泯灭的，即使是在现代主义盛行的时期，体量、高度、机器美感、科技含量等因素也成为“公共性”和“纪念性”的寄托。20 世纪 70 年代以后，在西方一些国家逐渐出现的艺术与建筑领域内的后现代主义思潮，抨击现代主义的古板与单调，迎合大众口味，运用复制技术，漠视原创作品，追求联动效果与躁动效应，使建筑艺术渐渐成为迎合大众口味的“配送式快餐”。当现代主义冷冰冰的秩序和统一整齐的形式被后现代主义多元化思潮所替代后，建筑的“纪念性”和“公共性”也受到了“商业性”的侵扰，其工具主义价值得到了重视。基于商业理念的快餐式的建筑艺术，没有历史的凝结与积淀，像舞台布景一样昙花一现。由此可见，当代城市景观特色的缺乏，其主要原因是标志物的泛化、商业化、世俗化以及基体的贫乏。

建筑对于城市景观的积极作用应该是在基体所形成的整体风格的基础上，通过标志物营造丰富的城市空间。事实上，基体的整体风格正是地区性的体现，反映出地方文化的特征，“地区性首先是‘内在的地区共性’，即同一性，然后才是一种‘外在的地区特性’，两者是地区性的一体两面，地区性只有在更大的空间范畴中才能凸显其地区性的一面，从而揭示出地区性具有空间的多层次性的特征。”通过对建筑所形成的标志物与基体的适度对比，以求得城市的整体形象是避免“千城一面”，创造城市景观特色的有效途径。当然，城市作为历史与现实的交织，是旧城与新城并存的一个历时性的整体，是一个新老交替的生命过程。基体的内容、特色、风格也是在不断发展变化的，对于古老的北京城来说，胡同和四合院是城市的基体；而对于新兴的城市来说，密集的高层建筑已构成了城市的基体，少量的超高层建筑成为了城市的标志物。基体的变化应该是有历史延续性的，它的断裂无异于文化的湮灭。

2. 建筑空间形态与城市景观

城市建筑的观念关注城市范围内的建筑问题。建筑在城市中建构起轴、核、皮、群、架等形态结构要素，在城市景观空间中，建筑作为一个主体要素，形成了各种城市空间。

建筑在城市景观空间中通常以下面 3 种空间形态出现。

（1）点的空间形态。独立于场所中的建筑具有点的效果。点式建筑周围存在一定的场，如城市广场中的主题建筑与广场的关系。一方面建筑为广场而设；另一方面广场提供的场环境有利于建筑的个性表达。此时建筑作为景观空间构图中的焦点而存在。又如在大片自然基质中的景观建筑，自然的风景地貌提供了宽阔的场环境，使建筑或隐于其中，或突兀其上，形成融合或对比的艺术效果。对点的知觉与视觉心理的完形倾向有关，集中的、收缩的、连贯的、闭合的形态容易从背景中独立出来，形成点的感觉。并且调动视觉的兴奋点，形成鲜明的景观体验，建筑的塔楼和高层建筑尤其是点式楼向上集中，收拢的空间形态使它们很容易在景观空间中被感知为点的形式，这时，水平舒展的相对均质的建筑体量往往作为基体起到场环境的陪衬作用，两者的适度对比形成重点突出、比例优美的空间构图。高层建筑的场环境并不一定具有明确的空间形态，但可以通过视觉距离进行度量。一般来说，在 200m 以内，人可看清观赏对象，而 4km 以外的景物就不易感觉到。另外，人在静态观察时，最大的水平视野约为 140°，中央 60°

的范围，视野最为清楚。在垂直面上，仰视角约45°，俯视角约为65°，而舒适的范围为仰视角27°，俯视角30°。当欣赏点与高层建筑的距离小于建筑本身的高度时，建筑的全貌已很难进入人的正常视野范围。从理论上讲，高层建筑的场环境是在以其为中心的圆环范围之内，加上实际的城市空间环境中建筑之间的互相遮挡，高层建筑实际的场环境是比较复杂的。总的来说，远距离欣赏高层建筑时，外形轮廓线特别是屋顶天际线能够吸引人的视线；中距离欣赏时，建筑的形体关系、色彩成为主要的因素；而近距离观看时，裙楼占据了大部分视野。由于高层建筑体型、色彩、风格上的差异，欣赏时不同景观体验的产生是难以避免的，它们形成的相应的场环境往往具有不同的感觉倾向。当视野中不同风格的高层建筑均匀并置时，图形与背景关系不明，视线在场环境中处于不断游移的状态，产生混乱的景观体验。而风格雷同的高层建筑均匀并置时，图形与背景关系同样不明，视线处于无目标的状态，产生平淡无奇的视觉效果。对于这种混乱或平淡的城市景观，可以通过简单加密的方式缩小高层建筑场环境的范围以避免视觉上的冲突，或者通过规划超高层建筑形成更大的场环境以求得图形与背景的分离，形成主导性的空间结构形态（图4-25、图4-26）。另外，通过绿化、小品、铺装等软性空间来缓和不同属性的场环境之间的冲突也是一种有效的整合城市建筑景观的途径。

图4-25　福建长乐“海螺塔”

图 4-26　上海陆家嘴中心区城市形态设计

作为点的个体在群体构图中的作用往往由于人们的观赏点的移动而不断变换，“当人们朝着个体走去时，它起着对景的作用，接近它而透过它向外观察时，它又起着周围的框景作用。当人们在欣赏广场上的雕像时，它起着背景的作用。而人们在欣赏它邻旁的建筑物时，它又起着陪衬的作用。如在另一空间中，可以看到它的高突部分，此时，又起了借景的作用”。由于欣赏角度、欣赏方式、欣赏距离的多样性，点的形式出现的建筑在城市景观空间中会产生丰富多变的景观体验。通常，以点的形式出现的建筑必须关注各个角度与方位的视点。因此造型上应注意全方位的视觉效果，不应厚此薄彼。欣赏方式涉及动与静的欣赏问题，比如对于驾车者来说，远距离观看高层建筑的机会要多于步行的人；而行人更易被近距离的事物所吸引。前者对建筑获取大体轮廓上的印象，后者更注重建筑体型、色彩、材料上的特征。对于步行者来说，其活动常常是“动”与“静”交替结合的过程，即使是在动的过程中，也会对某一具体事物产生兴趣而驻足玩味，他的行走路线通常是由一系列场景中的点的不断转换连接而成的线。因此，建筑的点与它的场环境的配合显得十分重要。点吸引人的注意力，而作为场环境的外部空间则提供最佳的停留和观赏点。从这个意义上讲，步行空间中的建筑一般以点的形式表现出来。不仅是单个的建筑，建筑的屋顶、窗洞、阳台、雨篷、入口以及界面上的突起，凹入的小型构件和孔洞都具有点的效果。下面以南京鼓楼医院高层病房楼为例，从建筑景观体验的角度出发，探讨建筑点的空间形态特征对于形成城市景观空间特色的积极意义。

南京鼓楼医院高层病房楼地处繁华市中心鼓楼地段，其场景以鼓楼市民广场为主，而从中央路、中山路、中山北路、北京东路及北京西路上来观看时，由建筑及树木的遮挡，很难见到其整体的形象。因此，以鼓楼市民广场作为主要视点位置，对其进行了视觉效果模拟以确定建筑基本的形体关系。在设计阶段，将市民广场、中央路口作为主要观赏点来研究建筑的视觉效果。首先是对市民广场视阈的考察，邮政大楼由于其高耸的塔式体量在视觉构图中起到了边缘的框景作用，鼓楼医院的多层建筑则成为了水平向基体，远处的消防大楼及中山北路路口的建筑起到了背景的作用，显然，在这里，高层病房楼处于视觉的中心地位。然而，一个不容忽视的问题是，在这个以城市古迹——鼓楼命名的地区，鼓楼及鼓岗以及鼓楼的绿化广场无疑应为城市景观体验的主要内容，否则，城市景观的特色就无法体现出来。20 世纪 80 年代建成的鼓楼医院腰鼓形病房楼由于和鼓楼相距太近，高度与山丘接近，已对鼓楼造成一定程度的破坏，因此，高层病房楼如果设计不当，很可能会“雪上加霜”。在设计过程中，由于鼓楼医院现状，采用板式高层建筑已成为必然的选择，而从市民广场来看，板式建筑可能对鼓楼造成压迫感，使鼓楼本身的场环境受到挤压。为了解决这一矛盾，设计者在推敲平面时，将平面的两个病区适当错位，形成错叠形平面，弱化了市民广场视线中建筑的体量感，形成“点”式的效果；加上在立面中有意强调交通核心体的高度及造型，使高层病房楼以点式建筑的身份谦逊地“站”在鼓楼旁边（图 4–27）。如果说，邮政大楼以其挺拔的体量、独特的屋顶造型与鼓楼相呼应，那么，高层病房楼在与鼓楼医院融为一体的同时，起到了联系上述两方的作用，这样的“一唱一和”使鼓楼的城市空间趋于缜密完善。从中央路口来看，鼓楼医院高层病房楼的板式体量与邮政大楼的点式高耸的体量形成了对比的效果，突出了邮政大楼标志性建筑的作用，使中山路“北入口”的景观空间完整而均衡。由于建筑处理上采用了与鼓楼医院急诊中心、康复中心相接近的风格，在视觉感受上，高层病房楼并不直接地被作为一个独立的高层建筑来认识，而被视作鼓楼医院的一个有机的组成部分，这种“内敛”性的场环境有效地弱化了建筑庞大体量的冲击力，使鼓楼广场地区的景观特质得以保全。

图 4-27　城市建筑设计

（2）面的空间形态。面的空间形态通常产生于下列两种情况：一是水平向的长度超出人的视野范围，比如当身处逼仄小巷时，两侧的院墙形成面的形态。二是一系列空间中的点由于透视关系或者迅速从视野中通过时形成连续的面的感觉。比如，当人们在街道上观望远处的行道树时，由于透视原因而形成一道绿色的界面；而当从疾驶中的车向两旁观看时，行道树及建筑物都会给人面的形态特征。面的空间形态极易从交通流线上获得，它给人以方向感以及心理上的期待，并且形成连贯和流畅的感观印象。在面的感受形态中，一系列均质的相似的点或者一个漫长的无变化的面往往给人单调乏味的感觉。如果心理上的期待得不到满足，将会感觉到呆滞沉闷而毫无生气。戈登·卡里恩（Gorden Cullen）在《城市景观》一书中认为，当我们在路上走动时看到的景象是一幅幅一连串的图画，可叫做“系列景象”。我们的脑袋“消化”这些景象，如果它们是千篇一律的，很快会被消化完，感觉是环境单调和呆滞的。最能刺激脑袋的是对比与差异，对比和差异使我们对城市环境有更深刻的观察，更能制造“环境的戏剧”。卡里恩认为，在“系列景象”中，眼睛是向前移动的，所以，每时每刻我们会意识到两个景：“现在看到的景”和“即将出现的景”。因此，处理“系列景象”所需的是关系的艺术——用设计者的想象力把城市的物质元素按“现景”和“预景”的关系去塑造一个能够刺激和满足市民想象力的城市。那么，如何制造对比与差异的“环境戏剧”呢？这里面涉及观赏方式的问题。我们不难发现，车行与步行的速度和视野不同，动态和空间的感受也不同，但他们很多时候使用同一条道路。在时速30km觉得舒服的空间比例，在时速1.5km时会觉得空洞和乏味。同样，如果我们在高速公路上步行，那种毫无变化、看不到尽头的感觉会使人倦怠消沉，在中国城市大部分道路上，车行的视觉感受往往优于人行的视觉感受。这是因为：一方面，由于建筑等景观要素更多地以面的空间形态出现，一种连贯和流畅的感观印象更易获得；另一方面，基于功能主义的城市规划理念片面地强调满足汽车交通，使环境尺度明显地超越了人的尺度。从步行的角度看，无序和无变化一样令人反感，而从一定速度的车行角度看，由于对环境进行了过滤，无序和无变化的景观得到了一种形态上的整合。这也说明，从步行感受上来看，现代的城市景观是失败的。

在城市景观空间中，建筑所形成的面的空间形态可能是某一个建筑物的界面，也可能是一系列建筑组合而成，如果前者是“实面”，则后者可称为“虚面”。对于实面来讲，面的转折以及面上的“点”（凹凸、洞口、构件等）都是创造对比与差异的手段。而对于虚面来讲，在统一因素上有所变化可以使建筑的点与面的形态均有所保持，以满足不同欣赏方式的要求。通过高度、色彩、构件、细部特征和材料等多种方式，均可达到虚面的统一，下面以“九一八”历史博物馆工程设计为例，探讨建筑面的空间形态对形成城市景观特色的意义。

“九·一八”历史博物馆用地狭长，其东侧为城市道路，西侧紧临京哈铁路（图4–28）。

图4–28 “九·一八”历史博物馆总体模型

从欣赏角度看，两侧交通流线应作为主要视点来进行研究。除了汽车、火车这两种动态欣赏的途径之外，参观人员的步行观赏也是必须考虑的因素之一。由于该纪念建筑本身功能的要求及用地的限制，近400m长的建筑主体仅十余米高度，势必形成面的空间形态。因此，在保证面的连续流畅的视觉感受的前提下，满足步行参观者追求变化及丰富视觉效果的要求成为设计的关键。通过对视点的研究，第一层次的空间形态感受以公路、铁路为中心，强化水平方向的面的空间形态特征，进一步打破体的感觉以制造与众不同的纪念效果成为主要的设计思想。从望花立交桥开始，早先落成的“残历碑”是博物馆空间序列的开端，这一鲜明的空间形象成为整个建筑的标志性的前奏部分，随着欣赏距离的缩小，主入口广场映入眼帘。这时，视觉在残历碑上经过较长时间的停顿后转向了下一个兴奋点——入口雕塑墙。随着视点转移到广场正东面，钟亭、馆名、引墙进入了视野当中，一个完整的场所感觉得以形成。接着，120m长的外倾9°的大墙面在视野中停留10s左右的时间（车速为60km/h），获得鲜明的视觉印象，随后的连廊及内倾9°的斜墙加深了面的空间形态特征（图4–29）。这时，视野中的凸起物——胜利纪念碑将吸引视线，形成一个兴奋点，在车行方式下，剩余的主体的办公部分由于受到纪念碑的影响，在视觉中几乎不会留下什么印象（图4–30）。这样，由望花立交桥开始由南至北还是由北至南，点（残历碑及主入口广场）—面（大墙面）—点（胜利纪念碑）的视觉感受形成了起—承—转—合的完整鲜明而富有震撼力的景观体验，那种深沉久远的时空感将引发人们对历史的回忆与思考。同样，在火车上欣赏时，残历碑与胜利纪念碑也是吸引视线的起始点，而采用单坡的金属屋面不仅起到了噪声反射的作用，也加深了面的空间感受。乘坐火车进行的现场调查表明，通过博物馆主体约需40 ~ 50s（由于处于进站减速状态，车速较慢），感觉略显单调，加上原先设计的沿铁路的绿地护坡及14个“炸弹”雕塑未能实现，垂直的墙面过多地进入视野，大片屋顶的纯粹的视觉感受无法形成，又缺乏视觉活跃元的介入，使得原先设计时设想的效果没有完全实现，这不能不说是一种遗憾（图4–31）。第二层次的空间形态感受以步行近距离观赏为主，在建筑造型及外环境设计两个方面进行推敲。主入口广场、碑亭、大门都经过精心设计，雕塑墙的底侧内缩与残历碑呼应，雕塑墙成为广场上的一个中心景观要素（图 4-32）。从钟亭处北望，建筑物的西侧被浓缩在雕塑墙及引墙形成的夹缝之中，东侧靠近建筑立面处为主要的室外参观流线。远处的胜利纪念碑作为底景对空间起到限定作用，形成期待。而大墙面通过出口安排以及竖向长窗，窗和水平线条的丰富视觉效果，在面上创造出点的感受。在环境设计过程中，首先按照动与静观赏的不同特点和要求，对外环境进行了深入设计。在一些重点部位摆放雕塑及室外花坛座椅，提供最佳的休息观赏点，保持建筑面上的点的场环境的完整性，可惜由于赶抢工期，外环境设计意图也未能完全实现。

图 4-29　博物馆大墙面

图 4-30　胜利标志物

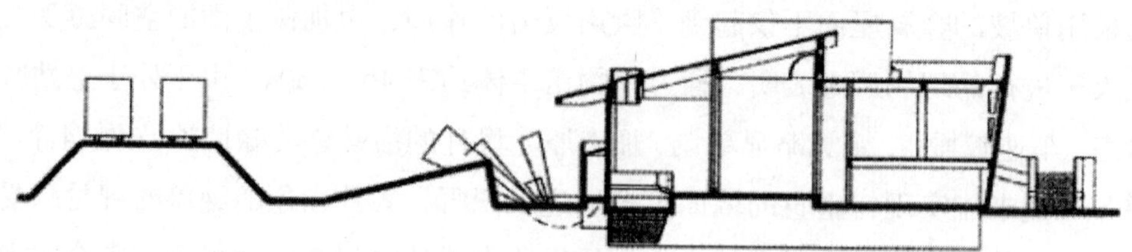

图 4-31　博物馆剖面设计

图 4-32　博物馆外立面雕塑墙

（3）群的空间形态。远距离欣赏建筑时，群的空间形态特征就比较明显。当视野中许多“点”的形态集中在一起的时候，虽然视线仍有所倾向，但趋于一个总体的感觉。这种空间形态通常作为图形的背景出现，预示着一个区域的存在。远处鳞次栉比的高层建筑的组合可以形成群的空间形态，这种景观体验更多地发生在车行方式下的观赏行为。随着车速的提高，近距离物体会在视野中转瞬即逝，这时，人的注意力就会转移到较远、较稳定的东西上去，比如大的空间、大的地形、大的建筑（通常是建筑群而不是单独的建筑物）。这种由细节到轮廓的转移使得车行景观的设计重点集中在中远距离的欣赏行为上。当俯瞰城市或车在高架道路上行驶时，由于接近人体的东西比如街景、绿化、小品、设施等均被“过滤”，建筑群体的配合以及建筑物与外部空间的组合就显得十分重要。齐康教授、黄伟康教授在《建筑群的构图与欣赏》一文中指出：“在研究空间层次时，可分为远、中、近三层景色。远景只呈现大体的轮廓线，色调模糊灰暗，建筑体量不甚分明；中景则可看清楚建筑的全貌、主要细部和色彩等；而近景则显出清楚的细部。通常，中景是作为观赏对象，是主题所在；而远景则是它的背景，起衬托作用；近景则成为景面的边框或透视引导面，同时也常被选为取景构图的平衡体。实际上，人们在一定地点作静态观赏时空间的层次才是稳定的；而当人在空间中移动时，这三种层次就相应地交替转换。”随着欣赏距离的缩小，群的空间形态会分解为点的形态，而新的群的形态又将形成；这种空间关系的转换频率随着速度的增加而提高。在步行状态下，近景的变化会产生细腻的景观体验；而在车行状态下，中景物体被不断地置换，对远景物体的敏感性往往远大于步行状态。

群的空间形态往往成为城市的轮廓，形成整体的景观体验，这时，高层建筑的安排显得十分重要。通常，相对集中布置的高层建筑易产生群的感受。在俯视状态下，均质的城市肌理赋予群的空间感受，此时，建筑的第五立面——屋顶成为重要的景观元素（图 4-33）。在群的空间形态中，点的感觉也是不可或缺的，适当的变化可以形成活跃的视觉效果。可以想象，如果高层建筑采用相同的高度、雷同的造型，感觉势必单调。因此，在统一的景观感受的前提下，应采用渐变的方式形成连贯又有变化的轮廓线，并适当突出构图中心的建筑，形成“大珠小珠落玉盘”的视觉感受。

正所谓“横看成岭侧成峰，远近高低各不同”，欣赏方式、距离、视角的变化使城市建筑赋予人们不同的景观体验。也正是由于城市建筑之间的关系艺术，“环境的戏剧”在人们面前上演着。建筑空间的整合在一定程度上可以改写城市景观空间的结构，建筑的空间形态特征对于形成富有特色的城市景观空间具有重要的意义。

图 4-33　景观元素——屋顶

3. 建筑与其他

通常，建筑通过接近、连续、闭合 3 种基本的格式塔联系方式，产生“流动”“线状”“团块”3 种城市空间，互相接近的组团式建筑群往往形成灵活的流动空间，通过“框景”“对景”“背景”“衬景”“借景”等多种视觉感受形成丰富多变的景观空间；连续与闭合的建筑群体则形成各式各样的街道和广场空间，当我们考察一个城市景观空间时，却经常发现，建筑所围合的空间可给我们的感受并不像在平面上看起来那么鲜明，这可能源于这样几方面的原因：第一，人的眼睛不同于照相机，它具有主动选择并进行过渡的功能，就像格式塔图形与背景的原理所描绘的那样，图形（视线所选择的对象）越鲜明，背景则越模糊。由于对点式空间形态的敏感性，使得空间实际的形状不易被察觉，比如当人们身处广场上时，吸引视线的往往是雕塑或中心建筑物；又如当我们通过一条徽州古巷时，留下最深刻印象的恐怕是精细的砖雕大门的造型。第二，人的视野有一定的范围，如果建筑超出正常的视野范围，产生的空间就不易被把握，这时，视线往往选择尺度较小的物体，可能是建筑物，也可能是别的景观要素。因此，实际感受的空间往往是复合型的，包括一些次空间和子空间。对于步行者来说，次空间和子空间的感受是如此深刻，以至于常常对所处的大空间“视而不见”，街道的袋状休憩空间通常成为街道空间的次空间吸引行人驻留（图 4–34）；广场上凸起或下沉的部分作为子空间给人以深刻的印象，随着建筑物规模以及应对汽车交通的城市空间尺度的不断扩大，除非鸟瞰，普通人恐怕永远无法感受到这些宏伟壮观的城市空间；而对次空间及子空间的忽视则是造成城市景观单调冷漠，丧失“人情味”的主要原因。第三，由于格式塔完形倾向，习惯于整体认知的视线将庞大建筑物消解为可辨识的视觉“组件”的同时，越来越多的景观要素类型进入了人的视野，在城市景观空间中扮演着越来越重要的角色。一方面，新的景观空间要素不断地取代建筑在形成城市景观空间中的地位与作用；另一方面，建筑在日益世俗化的过程中成为了工具主义价值的商业广告和信息媒介。

图 4–34 街道的袋状休憩空间

在现代城市景观空间中，建筑、绿化、街道、广场作为第一层次的景观要素，它们的相互组合形成了丰富的城市景观。建筑与街道在工业革命以后一直呈现出分离与融合两种倾向，街道的专门化分工导致了汽车道、自行车道、步行道（人行道）以及专用道路（地铁、轻轨等）的出现，使得道路景观成为现代城市景观体验的重要内容。由于分流的需要以及大量交通的需求，建筑与街道从自然结合的状态走向了分离。首先，平面及立体分流造成道路功能的分化和空间的分解，形成子空间；其次，适合汽车交通的裁弯取直的线形设计以及悬殊的高宽比例造成底景的虚无，围合感的丧失；最后，柔性界面如行道树、绿带、路灯、广告等提示性空间要素的介入使建筑与街道更加疏远。与此同时，随着建筑规模的扩大以及建造技术的进步，建筑与街道的融合成为对城市道路功能不断异化的一种抵消。源于古罗马的室内商业步行街在现代城市中比比皆是；地下空间的整合使得建筑与道路空间融为一体；建筑设计中也有运用街道的传统理念，试图复原街道在联系社会生活中作用的成功尝试。

建筑与广场的关系一般表现为两种形式：一是作为主题建筑，二是作为围合物（界面）。在汽车出现以前，建筑与广场的关系是有机而紧密的；通行汽车的道路的出现使得建筑与广场同样出现了分离的现象；广场规模的扩大、界面处理不当、悬殊的高宽比例使得现代城市中许多广场成为一大片“空地”，谈不上建筑的围合。广场与建筑在分离的同时也在定向融合，建筑对广场的覆盖，或者说广场进入建筑的内部已成为大型建筑设计的一种常见的手段。出现建筑与街道、广场这种既分离又融合的现象表明，街道与广场在现代城市景观中是作为两个与建筑相提并论的同等要素出现的，街道与广场景观是城市景观空间研究的重要内容。同样，随着技术的发展以及人类对于自身命运的终极关怀，对城市中自然的重视程度也不断提高。绿色不仅可能出现在街道、广场及建筑的任何部位，还作为一种景观生态资源，与建筑、街道、广场一样，成为一个独立的景观要素，城市中自然的存在可以实现城市中人工物与自然的平衡，形成生态化的城市景观空间。

（二）城市中的街道

从字面上看，街道实际上由街巷和道路组成，前者大致对应于现代所称的生活性道路，后者即指交通性道路。通常，按机动车道数目划分，城市道路可分为快速路、主干路、次干路和支路。快速路、主干路偏重交通功能，次干路、支路偏重生活服务功能。从道路横断面的角度区分，又可分为单幅路、双幅路、三幅路、四幅路。显然，这种分类是以机动车交通为依据的，而不适于机动车通行的巷道或步行道不在这一范围之内。在道路横断面研究中，通常以道路红线划定道路的总宽度。而在城市景观空间研究中，由于道路与建筑、道路与绿化、道路与河流的空间结构关系构成城市道路整体的物质空间形态，是形成城市道路景观空间的物质基础。因此，建筑退让道路红线的部分以及建筑的界面、两侧的景观要素都在整体的研究范围之内。

1. 街道与城市景观

街道作为“线状”空间，其特征是“长”，因此表达了一种方向性，具有运动、延伸、增长的意味。在城市中街道表现和支持的最基本功能是联系与交通，由于其连续性的空间形态，对于形成城市整体景观特色具有重要作用。从空间形态特征上讲，街道构成城市的“架”，表明了城市基本的结构形态，棋盘式、放射环形式、自由式、综合式的街道格局形成了各具特色的城市景观（图 4–35）。

图 4–35　街道与城市景观

街道是联系社会生活的纽带，是城市文化的体现，不同性质的街道赋予人们不同的景观体验，快速道路的简洁流畅、主干道的雄伟开敞、商业街的繁华、步行街的细腻，这些不同的感受综合起来，形成了一幅幅流动的画面，是城市景观的生动体现。这种被卡里恩称为“系列景象”的流动画面是塑造城环境戏剧的最好手段，如何利用“系列景象”去塑造城市戏剧呢？培根的“同步流动系统”概念很有参考价值。它的定义是，“如果我们能鉴别市民（城市环境的‘参与者’）流动最频繁的路线，然后设计两旁的建筑和空间，使市民得到连贯与协调的官能感受，那就是成功的城市设计。”其中，“同步连贯”是最主要的设计原则。设计者要明白城市中同时存在着许多不同的“流动系统”——不同的出发点，不同的目的地，不同的速度，不同的交通形式，每一个“流动系统”都是城市环境体验的一部分。“同步”的意思是：在同一时间里，在每一条路线上，有些人走路，有些人开车，有些人坐公车，有些人坐地铁，等等。他们的官能感受会各不相同，好的城市设计是要使每一个人的感受都是连贯和协调的。设计也要考虑交通工具的转换和流动速度的改变，例如，到达车站时下车（交通工具转换），然后步行到目的地（流动速度改变），再如高速系统两旁的设计多是流线式的、弧形和宽敞的，以配合高速车辆的节奏。相对地，行人系统两旁的设计会多利用短距离、窄角度的视觉焦点去突出趣味与变化，“同步流动系统”的设计，要求兼顾不同速度、不同视野，去创造出一个能够满足不同视众的城市环境。

2．环境尺度分级——街道的美学意义

齐康教授指出，物质空间中存在着两种尺度，一是人体尺度，二是环境尺度。人体尺度以人为参照物，具有一定的标准。在丹下健三看来，环境尺度由众人尺度和超人尺度组成，由于没有具体的参照物，其范围相对就比较宽泛，从街道景观体验中可以明显地体会到这一点。在城市街道上存在着不同的视众，开车的、坐车的、骑车的、步行的，这些视众存在着不同的群体，有上下班的，也有观光购物的。对于机动车来说，不同性质的街道对应着不同的速率，比如快速路80km/h，主次干道30 ~ 40km/h，支路20km/h，而步行通常在5km/h左右，要同时满足这么多的不同速率、不同视野的不同视众，单一的尺度体系显然是做不到的。

尺度是关于量的概念，比例反映尺度的关系。比例和尺度不是两个不同性质的并列概念，比例应是尺度范围内的从属概念，尺度从不同的空间范围反映物体的量，包括形的长短、宽窄、范围、体量、空间的容积、质点的粒度等，尺度可以表达宏大雄伟、朴实亲切、细腻精美等不同的美感。经验告诉我们，时速30km觉得舒服的空间关系，在时速1.5km（漫步速度）时会觉得空洞和乏味，而在市内15km的时速的动感和郊外30km的时速一样。这说明，不同的速率、不同的视野需要不同的景观尺度，显然，不仅仅是建筑物的尺度，一切景观要素均参与其中，形成各个级别的环境尺度，以满足不同视众的需求。

在步行、马车的时代，街道通常狭窄，建筑物规模较小，两者的有机结合构成了以人体为核心的尺度体系。但是，由于建筑与生俱来的“神性”光环，通过尺度的升级求得崇高的美感是普遍采用的手段。在古罗马建筑中，就已娴熟地采用了这一设计方法。对建筑尺度进行分级，即指将大小不一的尺度加以归类和简化，在不同量级的尺度之间形成明显的级差，使尺度系统清晰易识。对于建筑来讲，不同量级的尺度对应不同的观赏距离以形成丰富的景观体验。但即使是采用了不同的尺度体系，仅仅依靠建筑来形成生动的街道景观也是不够的，这是因为，首先，由于现代建筑体量巨大，即便是采用重复的组成部分和部件以形成整体的尺度单位如住宅的单元、楼层的划分、墙面的块材等，也由于快速浏览而难以辨识或无法近距离观赏（如高层建筑）。在街道空间中，巨大体量的建筑往往给人超尺度的感觉。对于高架路等快速路上的视点来说，这种超尺度的建筑形体构成了景观体验的主要内容，而对于在地面上慢速通行或步行的人群来说，更吸引他们的是建筑的裙楼或低层部分以及出入口、立面上的凹凸等。因此，对于裙楼及视野里正常范围内的建筑立面，如果采用与主体一致的尺度等级，往往形成单调冷漠的视觉效果。这说明，仅仅通过街道立面图来评价街道景观的做法是不够全面的。其次，行道树、街道绿化小品、市政公共服务设施、商业广告、地面铺装等景观要素的介入使街道景观体验的内容极为复杂，有时，建筑反而会退到次要的地位，而这些景观要素对形成不同等级的环境尺度体系是极为重要的。比如对于车内视众来说，路灯、行道树、广告牌、路面接口的尺度、频率和距离所构成的节奏赋予动感的景观体验，相对于建筑来说它们属于另一种尺度体系的范围，对于步行者来讲，近人尺度的橱窗、广告牌、小品、铺地绿化等构成了近距离欣赏的主要内容，街道对面的建筑往往成为中距离观赏的对象，建筑立面、与建筑立面相结合的广告牌、建筑形体色彩组成了更高层次的尺度体系。最后，从街道景观空间的意义上讲，建筑是介于自然尺度与人体尺度之间的物体，三者的有序对比构成物质空间中人工物与自然物的均衡，以形成完整而丰富的景观体验。对于充斥着建筑物的城市来讲，保持自然尺度和丰富人体尺度是满足审美要求，并使自然与人工物保持平衡，使人与自然、人与城市、人与人之间和谐相处的唯一途径。因此，对于拥有自然山川河流的城市来讲，建筑物的不当尺度所带来的破坏往往是致命的。

3. 有道无街——对生活世界的呼唤

在评价功能主义规划时，齐康教授用“有道无街”一语道破了基于功能分区和交通组织的现代城市规划带来的严重后果。街道的专门化分工使街道逐渐丧失了联系社会生活的作用，异化为一种运输通道。从单幅路到四幅路，从双向 2 车道到 6 车道、8 车道，从地面到高架，道路与建筑越来越疏远并取得了独立的空间地位。与此同时，传统的以街道为社会生活联系中心的社会结构萎缩了，以汽车交通为中心的城市街道不仅分割了城市空间，还扼杀了丰富的社会生活，产生这种现象不外乎以下几个原因。一是道路空间被交通工具所占有，机动车道上车辆川流不息，自行车占据了自行车道，人行道上则停满了车辆，沿街店铺又占用了部分人行道空间，这实际上是道路空间不断私有化的过程。对于步行者来说，城市道路越来越宽，却几乎已“无路可走”（图 4–36）。在这种缺乏安全感和公共性的环境下，丰富的社会交往无法产生。二是基于功能分区和交通组织的城市规划产生了长距离的通勤和单一的社会空间，以往在街道上可能发生的复合的社会行为被规范到相应的单一的空间与场所之中，街道的功能除了交通之外，所剩无几。三是以汽车为中心的设计理念上的偏差以及单调贫乏的规划设计手法导致了环境尺度体系的单一化，适合人体尺度的微环境景观不被重视，环境景观缺乏亲和力。

图 4–36　日渐变窄的人行道

在这种背景下，再来回顾传统的街巷，那种浓厚的生活气息所带来的温馨的感觉又何尝不是最真实的景观体验呢？从观赏人群的角度来分析，对于观光旅游者来说，他们往往由于猎奇心理关注景观空间的表层结构即物质空间；而对于日复一日年复一年在同一条街道上行走的人来说，他只会留意路上的活动、交通情况，只有新的事物才可能吸引他的注意力。如果一条街道除了呼啸的车辆外，冷冷清清毫无人气，那么，再好的景观设计也是徒有其表。令人遗憾的是，随着城市改造的进行，街巷空间不断消失，取而代之的是一些“超级符号”，细密的城市肌理被宽阔笔直的“景观大道”冲击得体无完肤，传统的邻里关系和社会网络瓦解了。

（三）城市中的广场

1. 城市广场与城市公园

广场的定义多种多样，《城市规划原理》（见：同济大学编着。北京：中国建筑工业出版社，1991）一书中认为：“广场是由于城市功能上的要求而设置的，是供人们活动的空间。城市广场通常是城市居民社会活动的中心，广场上可组织集会、供交通集散、组织居民游览休息、组织商业贸易的交流等。”该定义强调的是广场的功能作用。

李泽民在《城市道路广场规划与设计》一书中把城市广场定义为：“城市广场是指在城市（镇）总平面布置上，一般未被房屋占用，而与城市道路相连接的社会公共用地部分。”强调的是城市中与道路关系紧密的城市空地。日本芦原义信在《街道的美学》中则认为：广场是强调城市中由各类建筑围成的城市空间，一个名副其实的广场，在空间构成上应具备以下 4 个条件：

（1）广场的边界线清楚，能成为“图形”，此边界线最好是建筑的外墙，而不是单纯遮挡视线的围墙。

（2）具有良好的封闭空间的“阴角”，容易构成“图形”。

（3）铺装面直到广场边界，空间领域明确，容易构成图形。

（4）周围的建筑具有某种统一和协调，D（宽）与 H（高）有良好的比例。

在这里，芦原义信强调的是空间的构成。

广场与街道的线状空间有所不同，它的“团块状”空间通常具有各向同性的特征，意味着“点”“停留”“环顾”以及“选择”等行为方式。从景观空间研究的角度对广场进行分析，它具有如下特征：

（1）物质空间特征。有围合的空地是广场的物质形态特征。这种围合通常是建筑的外墙，也有其他景观要素。比如街道、河流、树林、山峦，广场作为一种景观空间是各种景观要素协同作用的结果，空地由多种软、硬质景观构成，这是广场的物质内容。

（2）社会空间特征。多功能的活动场所。广场支持组织集会、交通集散、游览休息、商业贸易、社会交往等行为，是节点型城市户外公共活动空间。

（3）心理空间特征。广场通常有一定的主题思想。往往通过景观设计的手段表现城市风貌和文化内涵，具有纪念物的作用。在西方，城市广场一直是市民社会生活的纽带，是城市的“公共客厅”。由于不同的文化心理传统，在中国城市中，这样的广场并不多。特别是一些新建的规模巨大的城市广场，通常被当作城市的“标志性”空间。即便在当今欧洲城市里，扮演主要公共空间角色的广场，大部分还是历史上遗留下来的，少数产生于现代城市建设的广场，其主要作用还是在视觉上装点和美化城市。因此，从心理角度分析，广场是领域空间的延伸，属于感应空间的范畴。

城市公园则是19世纪工业革命和城市化的产物，其目的是针对日益恶化的城市环境，试图将自然引入居住与工作的城市，休闲、体育、改善生态和视觉环境成为最主要的功能。起初，公园是一类与城市商业用地、居住用地和工业用地相分离的土地利用类型，直到城市美化运动和稍后的田园城市运动及居住的郊区化运动后，公园才再次与建筑及社区生活相结合，其综合性功能开始分化，演变为主题娱乐园、体育公园、植物园、动物园、儿童游乐园、绿地空间等。

如果说高层建筑是城市垂直方向上的“地标”，那么广场则是城市水平方向上的“图腾”。从这个意义上来看，广场与城市共同的区别就比较明显了。第一，广场是典型的人工物，通常具有大规模的硬地，即使是软质景观，人工修饰的也比较多。城市公园通常是城市中的自然，多采用自然元素进行营建，硬质景观相对较少。第二，广场是开放的场所，通常处于区域的中心，可达性好，因此使用人群多但重复性低，群体的领域空间较难形成，它更多地是作为一种标志性空间获得市民以及游客心理上的认同，属于感应空间的内容。各级城市公园特别是社区级的开放式游园由于和居民关系密切，尺度适中，服务对象明确，使用频率高，群体的领域空间极易获得（一些大型城市公园由于服务范围过大，又有门票、月票等商业行为的限制，扼制了公园作为联系市民生活、构建社会网络的作用），属于领域空间的范畴。第三，广场作为标志性空间，对于一个城市来说，数量不宜过多；而各级城市公园特别是社区公园却是市民所企盼的。将一些适合固定人群活动的尺度宜人的街头公园、滨河游园千篇一律地改为空旷的广场的做法是错误的。相反，应该在城市广场的边缘与角落适当地闹中取静，辟出一些小空间供固定人群使用，以提高广场功能的复合性，进一步激发市民的社会生活。

在分析了城市广场与城市公园的区别后，广场景观设计的价值取向就比较明确了。城市广场作为一种景观空间类型，应强调其标志性的作用。几何性、大尺度的构图是市政广场、纪念广场、交通广场通常采用的手法；而商业广场及休闲广场由于人群集中，活动内容多样，通常采用灵活多样的布局，采用无中心、片断式的小空间的组合方式形成宜人的环境尺度，但供大量人群集中的硬铺地是必不可少的。

2．围合与边界

广场、建筑、街道三者之间的组合关系是非常紧密的。广场的宽度与建筑的高度体量有一定的关系，据研究，历史上许多好的城市广场空间 D 与 H 的比值均大体在 1 ~ 3。如果广场面积过大，空间不封闭，就会产生空旷迷失的感觉。通常，对于旧城更新来说，广场良好的比例关系未必能够获得，因此，除了建筑的空间围合外，也通过树木、构架等“虚”面围合，以形成良好的空间比例。特别是与广场毗邻的街道，通过浓密的树木，可以使之与广场分离开来，以保持广场空间的完整性。建筑与广场的空间关系通常有四角敞开、四角封闭、三面封闭一面开敞、居于中心等多种方式。当建筑对广场的围合较弱时，通常采用下列几种方式获得广场空间的独立性：一是树木围合，产生界面；二是下沉获得界面；三是中心标志物占领空间。

广场与道路的组合，一般来说有 4 种方式（图 4–37）：①道路引向广场；②道路穿越广场；③广场位于道路一侧；④广场被道路包围。当广场被道路包围（2 面、3 面或 4 面）时，围合的界面与广场的边界并不是重合的。由于现代城市街道在空间上的独立性，使得建筑界面对广场的围合作用被弱化了，这在一定程度上损害了广场景观空间的完整性。此时，广场四周的建筑通常以面及群的形态完成对广场空间的围合，这种实体的围合与虚面（树木、构架等）的围合常常同时出现在视野当中，形成丰富的景观体验。因此，在广场周围建设有一定连续界面的建筑或是将高层建筑加密都能获得较好的围合效果。

此外，河流经常作为边界限定广场空间，当视野中有高架道路通过时，其空间形态经常起到围合并分割空间的作用。以自然山峦为背景的广场，自然屏障起到的围合作用通常都能强化广场的景观空间结构。

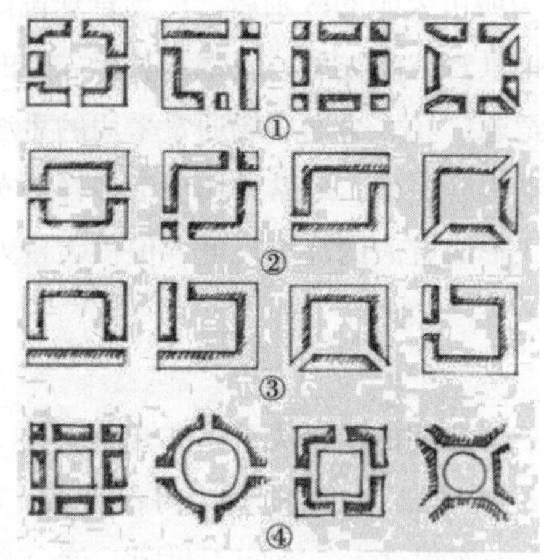

图 4–37　广场与道路的关系

3．交流与认同——四个广场的比较

广场作为“标志物”，是城市或区域范围内被市民所认同的“城市意向”。形成丰富的景观体验的同时，广场应作为市民感应空间的一部分珍藏在“集体的城市记忆”之中。对于观光者来说，广场是城市文化的窗口，是城市最有特色的地方，能否获得认同，关键在于有没有建立起行之有效的信息交流系统。这里所讲的信息包含许多方面，一是历史文化信息，二是社会生活信息，三是人际交往信息。

历史文化是地方特色赖以生存的基础，是保持景观特质的有效途径。它传递的历史情愫渗透到每个人的内心深处。现代城市广场是一种新型的城市景观空间类型。通过对历史文化的转译，激发起城市人的领域感、自豪感并且潜移默化地影响城市人的心灵情感，这是广场最根本、最深刻的景观价值。

积极的社会生活信息的传递是现代广场的主要功能。广场既可能弘扬城市文明，也可能成为罪恶滋生的温床，这是因为人的大量聚集所导致的群体效应。通常，围合良好、安全感强、景观设计较为成功的广场，特别是文化休闲广场能够承担诸如群众表演、商业广告发布、小型体育运动等有组织的社会活动。这些活动所传递的积极的社会生活信息将会进一步促进人的聚集，形成积极向上的文化氛围。社会生活信息，通过广场景观空间的各要素诸如建筑物、景观小品、雕塑、绿化以及广场人群的行为方式表现出来。

所谓“物以类聚，人以群分”，广场上进行的社会活动往往吸引同质人群的集聚，从而形成相对稳定的领域空间。如果广场大而不当，缺乏空间层次，没有供人停留的小空间，那么，就无法吸引同质人群，人际交往的信息无法顺利传递，广场就会缺乏吸引力。下面，针对南京汉中门广场、鼓楼市民广场、水西门广场、山西路广场作一比较。这四个广场的建成时间相距不远，均属于休闲广场。

南京汉中门广场位于南京城西，占地 22000m^2（2.2hm^2），于 1997 年 3 月建成开放。该广场工程是一项通过城市设计实现的综合性的古迹保护与旧城更新工程。汉中门广场内有全国重点文物保护单位——石城门，又称汉西门（旱西门）。该门始建于南唐，为南京现存历史最为悠久的城门，明初筑城时重修，是南京城西部陆路出入的要道。这里是六朝古都南京悠久的历史文化丰厚积淀的一个缩影。因此，充分挖掘历史文化的积淀，将之融于具有时代特征的广场之中，成为汉中门广场规划设计的核心。汉中门广场总体布局分为南部的下沉广场活动区、休闲漫步区和北部的回归田园区。广场南部由古城堡、古城墙围合，空间较封闭。恢复了石城门的中轴线，打通券门，并在轴线尽端布置一面积为 1600m^2 的下沉广场，供市民进行各项活动。沿城墙四周布置曲径，供市民休闲漫步，风格古朴庄重。广场北部，面向大马路，空间较开阔。采用方格网式布置，绿地呈“田”字形式，象征着“都市中的田园”，体现了都市人渴望回归田园、回归自然的理念，具有时代特征（图 4–38）。

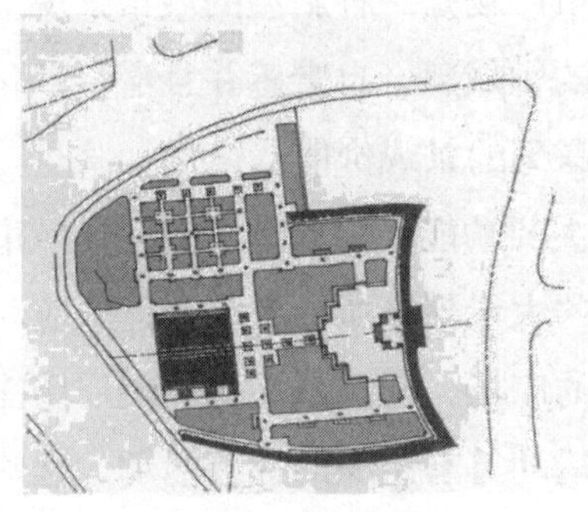

图 4–38　广场设计图

南京鼓楼市民广场位于南京市中心，占地约 18000m^2（1.8hm^2）。该广场属于结合城市路网调整和旧城更新的工程。由于在市中心黄金宝地辟出了一块不可多得的开敞空间，在一定程度上打通了从鼓楼到北极阁的视线通道，有效地改善了鼓楼区域的景观与生态环境。鼓楼市民广场三面临街，北侧毗邻电信大楼等建筑物，东西向长约 200m，南北向宽 80 余米，以中央喷泉水池为中心，东西两部动静分区，西侧靠近主干道转角，以绿地为主；东侧以硬质铺装为主。东西两侧有 2m 左右的高差（图 4–39）。

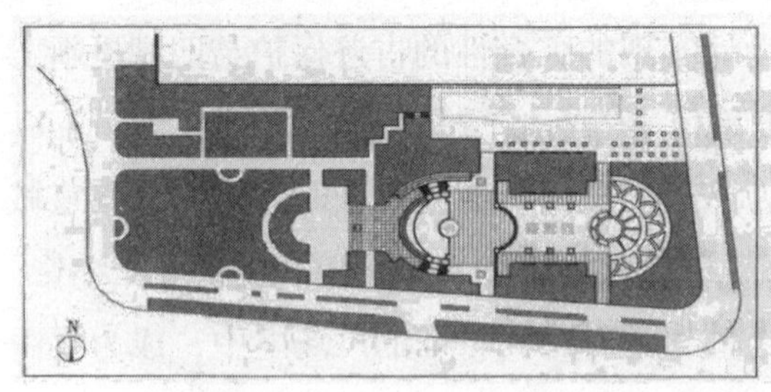

图 4–39　南京鼓楼市民广场

南京水西门广场位于南京城西，占地 11000m^2（1.1hm^2）。其西侧为秦淮河，东侧为城西干道虎踞路。高架路的存在形成了视线屏障，把路东侧的广场割裂开来。水西门广场以南京市历史古迹水西门的水关城门为创作主题，以狭长水池及桥梁暗示历史遗迹，表现南京悠久的历史文化。同时，在北端规划了象征六朝古都南京的标志物——辟邪柱，形成视觉中心。西南角则采用人造坡、六角亭，布置得较为自由。由于广场围合感弱，所以采用下沉、升高等手法突出各空间的特点（图 4–40）。

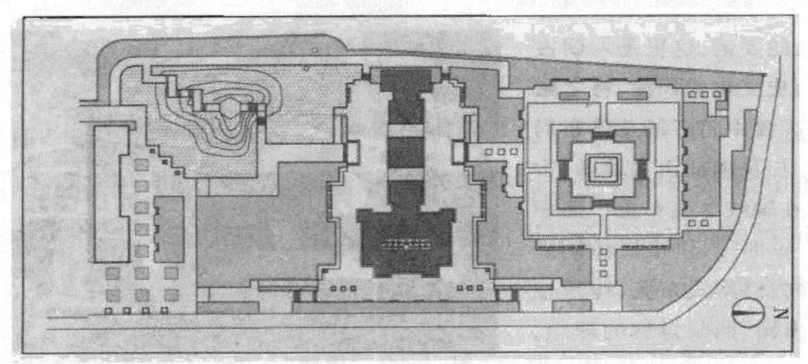

图 4–40　南京水西门广场

南京山西路广场位于湖南路商业街与中山北路交汇处，占地共 57000m^2（5.7hm^2），其中主体建筑青春剧场（原儿童电影院）和青少年文化活动中心占地 6000m^2（0.6hm^2），水面面积 12000m^2（1.2hm^2）。主要由入口广场、露天看台及沿湖沿建筑的休闲区组成。该广场融现代广场与自由式园林为一体，为湖南路商业街补充了身心休闲的场所，提高了城市的文化品位（图 4–41）。

图 4-41　南京山西路广场

对上述 4 个广场从规模、边界、围合、出入口、服务人群、活动内容、主要问题诸方面的比较研究表明，可达性、商业氛围、文化气息、景观空间质量（围合感、空间尺度和比例关系、设计精细程度）等因素是一个广场能否进行有效的信息传递和交流从而获得认同的主要原因（表 4–3）。

表 4–3　从规模、边界、围合等因素对广场进行研究

广场	规模	边界	围合	出入口	服务人群	活动内容	主要问题	整合建议
南京汉中门广场	22000m^2（2.2hm^2）	北面临街，其余为城墙、门楼	城墙与城门围合，空间较封闭	北侧为主，西侧为辅	本市及外地，本市居多	休憩，文艺表演，商业发布，体育比赛，广告宣传，聚会	周围的城市环境较差，缺乏水景观	对周围环境进一步整合，城门楼四周可设计浅水池
鼓楼市民广场	18000m^2（1.8hm^2）	三面临街，北侧为建筑物	南北向较封闭，东西向开敞	南侧及东北、西北角	多，外地居多	休憩，少量表演及宣传	景观空间尺度过大，设计手法单调，缺乏小空间，缺乏文化气息	减少南侧出入口，并设计绿化包围的口袋状休息空间
水西门广场	11000m^2（1.1hm^2）	两面临街，一面临河，南侧为建筑物	基本开敞	北侧、东侧	较少，主要为附近居民	休憩	交通不便，无人气，无围合感	种植高大乔木遮阳；周边环境质量有待提升
山西路广场	57000m^2（5.7hm^2）	一面临街，其余为围墙、建筑物	以建筑为中心，围合较弱	东南角及南侧	多，本市及外地，本市居多	购物休息，朋友聚会，文化娱乐	规模较大，人流复杂，不便于管理	妥善解决停车问题

由此可见，城市生活与环境构成的多样性和复杂性，为在适当的地点生成富于活力的市民广场提供了潜在的条件。现代城市广场设计的任务之一，就是要去识别那些能够激发广场行为（交流与认同）的潜在的建筑与城市环境，从而使城市广场真正成为集体的“城市记忆”的一部分。

（四）城市中的自然

美国作家爱默孙在《自然论》中写道：“一切自然的物体，每当内心向它们开放的时候，总都造成亲切的印象，自然永不摆出卑鄙的面目。最聪明的人也不追究她的秘密，找出她的一切完全性来，从而使他的好奇心丧失了。自然永不会变成聪明的人的玩具，花呀，动物呀，山呀反映了他那美妙的瞬间的智慧，恰正像它们曾经娱悦过他那幼年时代的纯朴性一样。在旷野上，我见到一种比在街上或村上所见的更亲爱更先天的东西，在平静的风景中间，尤其是在远远的地平线上，人看见约略像他自己的天性一样美好的东西。”

热爱自然是每个人的天性。从城市产生的那一天起，让人工物与自然和谐共处以平衡自我内心的感受几乎是所有人的不懈追求。从城市景观空间结构角度来分析，除了通径与住所之外，限定的自然、花园与居住相结合、办公与自然相结合、乡村与城市相结合、城市中的自然这5种景观空间原型无不与自然有着深厚的渊源。一方面，通过对自然元素的加工整理，自然渗透到人工物之中，表现为人工与自然的整合形态，这种拥有自然元素的人工景观在东西方表现出不同的观念倾向，即“道法自然”和“超越自然”。另一方面，自然作为一种独立的景观要素，其原初性的景观体验给人内心的激荡与洗涤是人工景观所不能替代的。在城市当中，尽管纯自然状态的东西很难见到，但还是可以将公园与绿地这两类景观空间划入自然景观要素的行列。公园与广场的区别在前文中已有所论述，虽然从空间形态特征上，两者的区别有时并不明显，但可以从价值取向上将它们区分开来。城市公园意在把自然引入城市，强调自然在景观体验中的不可替代性，通常自然元素占主要地位；而城市广场虽然可能拥有大量的自然元素，但从根本上说是人工与自然整合状态下的人工景观形式。

1．绿地与公园

绿地与公园经常是两个可以互相替代的概念，在中国一般笼统地称为“园林绿化”。这里大概有两个原因：一是中国古典园林的传统（许多城市公园直接脱胎于古典园林）；二是“绿化”确实是营造自然气息的主要手段之一。在1978年第三次全国城市园林绿化工作会议中，将城市园林绿化的概念具体界定为城区及所属郊区范围内的行道树和各种园林绿地。城市园林绿地包括：①公共绿地，即公园、动物园、植物园、街道广场绿地、防护绿地等；②专用绿地，即居住区、工矿企业、机关、学校、医疗卫生、部队驻地以及其他企事业单位的绿地；③园林绿化生产用地，即苗圃、花圃、果园等；④风景区、森林公园。园林绿化在城市中有着非常重要的作用。主要是调节气候、净化空气、遮阴覆盖、防风固沙、降低噪声、防灾备战、美化城市和改善人民的生产、生活环境，还可结合生产创造物质财富。可见，园林绿化的主要功能可以归纳为生态与景观两个方面。这也正是绿地与公园概念的两个不同的侧重点。

按照《城市绿化规划建设指标的规定》，城市绿地包括公共绿地、居住区绿地、单位附属绿地、防护绿地、生产绿地和风景林地六类。而公共绿地特指向公众开放的市级、区级和居住区级公园、小游园、街道广场绿地以及植物园、动物园、特种公园等。从生态学意义上讲，生态绿地系统是人居环境中发挥生态平衡功能，与人类生活密切相关的绿地空间，即规划上常称为“绿地”的空间。它作为一类“人化自然”的物质空间的统称，着重表述了人类生存与维系生态平衡的绿地之间的密切关系，同时也强调了绿地影响人居环境建设的主要是生态功能。生态绿地系统包括农业绿地、林业绿地、游憩绿地、环境绿地、水域绿地等，如下所示。

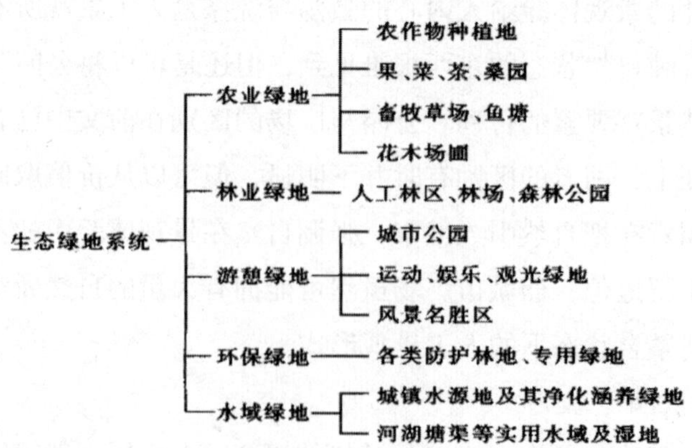

城市公园的概念基本上与公共绿地或游憩绿地相对应，其开放性特征使它作为景观空间在构成城市景观体验中占有重要的地位。从景观空间的意义上讲，首先城市公园表层的物质结构形态支持游憩的功能，其次是它的文化、教育、经济等社会功能，对自然的体验所形成的审美怡情则是其根本的景观价值所在。因此，城市公园作为一种景观空间，其深层结构往往与哲学观念形态相联系。童寯先生在评价东西方古典园林时指出："欧洲与回教园庭布置标准是整理自然甚至征服自然，使之就范，平面轴线对称，花木'分行作队'，有时修剪枝叶成鸟兽形状，但基本还不离真境。中国的蓬莱仙岛，百仞一拳，城市山林，洞中天地，既作为真境一部分，又蓄意逃避现实，在真境之外，别辟幻境。日本则更参以禅宗，用枯木山水与茶道为媒介，期待游观者能发挥想象力，对象征性艺术加深理解，取得反应，以达到佛教所追求的悟境，把造园艺术推到唯心的顶峰。"现代城市公园虽然脱去了唯心主义的外衣，注入了大众生活的社会内容，却仍反映着时代的气息。今天，在新建及重新规划园林景观时，往往力图显示居民所共同怀念的事物——即他们的历史与环境方面的特性。城市公园在空间形态上表现为点与线两种形式，根据点的大小与线的宽窄又可具体划分为各级城市公园（城市、地区、居住区、社区、邻里）、袖珍公园（小游园、街心花园、与街道相联系的口袋状公园）和城市滨水区绿地（带状或集中布置的块状）、林荫大道及散步绿地、走廊式绿化地带。另外，在公用设施用地上改建的公园以及类似大学校园具有一定公共性的景观空间也可列入城市公园的范畴。城市公园的建设不应是单纯的结合旧城改造的"见缝插绿"，而应以点带面，就线成网，构织一个绿色的网络。公园不应该用做对城市零碎地的填缝手段，不应该当作周围开发地带的隔离区和缓冲区，也不应该当作分离街道与建筑的手段（图 4–42）。

公园是一个地区的精神休息地，它应处于重要的地位。大规模的城区内的公园绿地通常被称为城市的"绿肺"，而"公园绿带网"的作用是通过点的加密与线的贯穿联系形成城市绿色景观空间系统。20 世纪 90 年代，800 万人口的莫斯科城市建设面积 850 km^2，绿化面积 340 km^2，占市区面积的 40%，全市有 11 个自然森林区，市级公园 26 座，区级公园 58 座，街心花园 800 多个，城在绿中，绿在城中，城市空间宽敞宜人。

图 4-42 城市公园的建设

2. 交往与回归

自然和生产、生活、娱乐为一体的“田园生活”体现了人对自然的依存关系和适应过程，就像对母亲的依恋一样，唤起人们的一种归属感。事实上，景观只是人们在生活、工作、交往过程中的一个副产品，是人们创造的社区及其生活方式的物化。城市中的自然为人们提供了这样一个去处，回归到大自然的气息当中，释放平日里被屏蔽的各种官能感受，声音、气味、触觉、天气的感觉与“混凝土森林”完全不同。在这种步行化的非正式场合，人的身心得到彻底的放松，在这里，可以选择娱乐、运动，也可以漫步小坐，与朋友喝茶聊天，与恋人花前月下。而对于小朋友来说，这里是认识大自然、体验大自然的场所，是启迪心智的窗口。

作为一种有别于人工物的景观要素，城市中的自然所形成的景观空间通常具有极鲜明的自然属性。人工物在其中是作为一种功能上的必需和环境的点缀而出现的，那种通常在纪念物中所感受到的超尺度的标志性是应该抛弃的。当然，生态、文化、社会和休闲观赏的不同目标之间难免会产生矛盾。例如，在实际规划设计中，游憩的需要往往与自然环境的保护相冲突；经济的目的也会损害景观空间的自然属性，这是规划设计必须妥善解决的问题。

城市中的自然提供了身心回归的场所，满足了市民游憩的需要，为交往、文化、教育等社会功能提供了物质基础。由于其自然的属性和开放性特征，群体的领域空间极易形成，它的存在平衡了城市中自然与人工物的关系，让人们在回归自然的同时去用心交往，用心体验，看到“约略像他自己的天性一样美的东西”。从社会空间的角度来分析，城市中的自然具有如下空间特征。

（1）复合性。表现为空间功能的集约化和复合化两个方面，城市中的自然（以城市公园为主要表现形式）通常兼具游憩、交往、文化、教育等多种社会功能，这种功能往往集约在同一物质空间。我们可能很难像对其他功能性的城市空间那样来给自然空间定性，比如滨水绿地具有复合性功能，晨练、杂耍、练气功、品茶、棋牌活动、养鸟、赏鸟、休息聊天、儿童游戏、读书看报以及健康咨询等社区服务都有可能在这里进行。

（2）全时性。指在不同时段，同一物质空间可能承担一种或几种主要的功能，使得空间具有多义性的特征。比如住宅区的小游园，通常清晨是晨练的人群，然后是观鸟赏鸟、下棋聊天的时间，稍后儿童介入其中。中午或下午，年轻人可能会光顾，而放学时间这里又成了学生的天堂，到了傍晚，这里又有可能成为交谊舞的场所或情侣幽会的地方。

（3）领域性。不同的人群形成不同性质的群体领域空间。他们对物质空间具有相应的要求，往往有不同的选择。晨练者需要较开阔平整的场地；下棋的喜欢树林里的桌凳；儿童喜欢可供攀爬的假山石；背靠浓密树丛的长凳是聊天者最喜欢的去处。一旦群体的领域空间形成，任何试图接近的异质个体或人群往往受到群体的排斥。在群体之内，他们相互之间开放个人的领域空间，形成亲密的距离关系，对外则通过高声谈笑或视线监视的方式表现共同的领域性，领域性通常以物质空间手段表现或暗示出来，同时领域性也表现为捍卫领域的行为和心理。这种“捍域”行为一方面表现为防止“外来者”的侵扰；另一方面表现为对物质空间的维护，并有助于社会伦理规范的形成。

（4）自由性。处于领域空间范围内的个体具有归属和认同感，这种“群体的力量”（类似球类比赛的“主场效应”）对个体心理的稳定性十分重要，个体表现为较佳的情绪和心智体力，处于“放得开”的状态。自然景观空间的多义模糊性以及自然元素的生命力的运动特征（花开花落、莺飞草长）更加赋予个体开放的心态。脱离了刻板的拘束，充分体现大自然的偶然性、不对称性，去发现那些在生命中转瞬即逝的不经意的美，去感觉那种人来人往的生命的律动，甚至用“闲言碎语”的方式、“奇思怪想”的灵感去完成一项惊天伟业。

自然景观空间的体验以步行方式为主，这种“非线性”的行为方式（停留、折返、改变、环顾等随意性特征）对高节奏的线性的城市生活（高架立交、红绿灯、排队挂号、打卡时间等规范性行为）是一种必不可少的补充。城市中自然的存在不仅仅是通过自然物来求得自然生态的平衡，而且还是建立社会生态平衡的必要手段，城市的管理者在建设诸如景观大道等可视性绿色景观的同时，是不是应该静下心来去考虑一下社会大众对自然的真正呼唤呢？由于城市中的自然景观空间在物质空间结构、社会空间结构、心理空间结构上所表现出来的“同构”现象，真实的景观体验必然会让人们去发现城市活生生的美，从而净化心灵，陶冶情操，保持心灵世界的平衡，获得生活的勇气。

四、景观空间系统的评价原则

（一）景观完整

景观完整可以描述为：特定时空条件下城市景观空间系统内部要素的结构稳定、功能正常的一种相对景气状态，表现为各种环境要素之间的不可或缺和相互和谐。城市景观空间系统是城市复合的人工生态系统的组成部分，由系统主体（城市人群）、系统客体（景观要素）以及主客体之间的交互运动组合而成。景观完整是个概括性和抽象化的概念，反映的是一种景观理念。

景观完整具有宏观、中观和微观 3 个层面。

1. 宏观层面——自然与人工物的统一

城市景观在宏观上可区分为自然景观与人工景观，因而景观完整的基本要求是自然景观与人工景观的相互统一，其实质是人与自然的统一。人与自然的统一包括两个方面：一方面，人是自然的有机组成部分，人与自然相互依存、相互制约、相互作用；另一方面，自然是人的生命构成的一部分，自然遭破坏，人的生命也要遭受灾难，在城市景观空间系统中，城市中的自然拥有重要的地位，它并不仅仅具有生态作用和视觉上的美学意义，还是实现自然与人工物的统一，创造理想景观的必要条件。

2．中观层面——内容和形式的统一

首先，通过环境尺度分级满足不同视众的需求，建立起自然尺度、环境尺度、人体尺度的分层次的尺度体系，求得多层次的景观体验的内容。其次，在某一尺度体系下，景观空间要素具有良好的比例关系，要素之间的组合搭配反映了景观空间中诸要素的地位和数量关系。对于不同性质和倾向的景观空间来说，其比例关系应有所不同，对景观要素类型的选择也有所侧重。一般来说，适于停留的空间比如广场，比起供通行的空间如城市干道来说，应多采用休憩类景观要素如花坛座椅、水池、喷泉与标志类景观要素如景观雕塑、观赏类树木等。另外，景观要素本身的比例关系也是需要推敲的。最后，从动与静的观赏角度出发，通过远与近、快与慢、高与低的视觉研究，建立起优美均衡的空间构图。

3．微观层面——官能感受的统一

不同性质的景观空间应具有不同的感觉倾向，这种主导性的官能感受能够形成鲜明的景观体验，从而赋予城市可识别性的特征。建筑的造型、色彩、质感、符号，绿化的色彩、种类，铺地的材料、组合形式，景观雕塑或小品的文化艺术主题等因素都应参与进来，以形成统一的官能感受，创造城市景观空间的特色。

（二）生态连续

生态连续包括物质和社会两个方面，在《马丘比丘宪章》中对此有所论述："新的城市化概念追求的是建成环境的连续性，在我们的时代，近代建筑的主要问题已不再是纯体积的视觉表演，而是创造人们能生活的空间。要强调的已不再是外壳而是内容，不再是孤立的建筑，不管它有多美，多讲究，而是强调城市组织结构的连续性。"

1．物质方面

从宏观上看，景观的生态连续性是在人与自然、自然与社会的相互作用中形成的某种协调机制。在人类经济活动地区，稳定的连续性一方面要靠自然界的演化机制进行系统的自我调控；另一方面，要求人类自觉地按自然规律办事，使社会对自然的需求与自然的供给和承受能力形成一种动态的平衡。

从微观层面上看，城市单元环境的连续性既是城市整体美学效果的一个重要原则，同时也是生态连续的一个必要条件。城市单元是指具有相对独立的空间完整性，并能为它找到一个相对比的参照空间状态的事物，可以是建筑物、建筑群，也可以是绿地、道路、河流、桥梁等。城市单元环境的连续性表明每个单元不再是孤立的、华而不实的，而是一个连续统一体中的一个单元而已，它需要同其他单元进行对话，从而完善自身的形象。

2. 社会方面

城市景观空间的物质空间形态是与其社会空间结构相联系的，社会空间结构形态表现为人与城市、人与人之间的复杂联系，景观空间是城市生活、工作、交流过程中自然产生的，是社区及其生活的物化方式。物质形态的连续性必然与城市文化的连续性相关联，那种破坏城市邻里关系，刻意地营造“景观”的做法是不可取的。社会生态的连续体现在基于历史延续基础上的归属与认同感。“天外来客”似的景观空间形式往往需要漫长的时间才能真正融入社会群体的心理空间范畴之内。如果城市形态变化过于强烈、频繁，导致的后果就是丧失历史的延续性。心理空间失落必然导致人与城市的格格不入，这种人与景观的对立情绪正是造成城市异化并失去人情味的主要原因。

（三）多元共生

城市景观空间是为空间系统主体——人服务的。从本质上讲，景观艺术即是生活的艺术，而生活世界的答案显然不是唯一的。城市中存在着各种异质的人群，他们不同的社会阅历与文化背景决定了其景观观念的差异，景观空间在形态、风格特征上必然表现出多元化的特征。同时，传统与现代的对话、东西文化的碰撞也导致了城市景观空间是一种在变化中求生存、在运动中不断创新的空间形式。新与旧、各种文化的共生，对于景观空间能否融入社会生活并成为城市集体记忆的一分子，是至关重要的。

1. 多样化与艺术性

艺术性是产生审美冲动、获得美好景观体验的基础，而艺术性的前提却是多样化，罗素说：“参差多态是生活的本源。”多样化是人性化的本质要求，也是人类自身解放的文化归途。比如现代城镇铺天盖地的不锈钢建筑雕塑，由于其在选址、形象构思、用材等方面的雷同，让人产生了“千城一面”的单调的印象，艺术性无从谈起。至于在建筑形态方面，无论是“纪念物”，还是“基体”，对某种风格的抄袭与模仿已泛滥成灾。像天台济公院、长乐海煤塔、净月潭“森林之曲”那样有独特创意，令人耳目一新的景观建筑实在是很难再见到。另外，幽默感与趣味性也是必不可少的，正如人们的生活不能缺乏喜剧，喜欢调侃、乐观活泼的人受到欢迎一样。

2. 生活化与民间性

看过《罗马假日》的人都可能为那个昙花一现的爱情故事所深深地感动。公主与平民，精英与大众，或许这是一条难以逾越的鸿沟，但正是因为有了这样的对比，生活才充满了戏剧般的诗意。其实，最具生活化与生命力的东西往往是蕴含在民间性之中。比如对春节放鞭炮这一传统习俗，许多城市都经历了禁而不绝又重新开禁的过程。同样，用卫生、市容管理的理由对“大排档”一类的街头饮食文化的取缔行为也经常是行而不果。强有力的政府行为其后果是文化的绝迹。某中等城市的一条街道，大量摊贩云集，出售小日用品、饮食、手工的农业用品等，人气旺盛，政府于是决定改为步行街，专营某国商品，在资金、摊贩出路等问题均未妥善解决的情况下，这条步行街的未来恐怕令人担忧。蕴含在民间性之中的景观特质往往需要规划设计者的切身体验才能被发掘出来，这种人本主义的方法，强调人地关系的人性化，表现反映了人们思想、性格、价值、观念和感情的很多具有象征意义的事物。生活化与民间性的东西具有浪漫而富有变化的特点，这也是形成多样化与艺术性的一种途径。

3. 历史感与新奇感

巴黎的埃菲尔铁塔是城市历史的见证，可谓是具有历史感的标志物。然而，在其建成之初，却是一个十分新奇的“怪物”，甚至受到包括大仲马在内的众人的指责。可见，历史感与新奇感并不是一对相反的概念。今天，被我们视之为“欧陆风”的建筑式样在欧洲人看来，可能类似于我们去看待英国风景园中的“中国亭子”那样，有些不伦不类，而后现代主义者们通过对历史式样的拼贴与把玩，创造出了一种符合大众口味的“新奇感”。通常，新奇感来源于两个方面，一是新鲜样式的引进，闻所未闻，见所未见；另一种是对历史的复归，对地方文化的留恋，对外来文化的“消化”，前者是“拿来”，后者则是“转化”。比如杭州西湖，徐志摩曾写道："西湖的俗化真是一日千里，断桥拆成了汽车桥，哈得在湖心里造房子，某家大少爷的汽油船在三尺的柔波里兴风作浪，连楼外楼也翻造了三层楼带屋顶的洋式门面，新漆亮光光地刺眼，在湖中就望见楼上电扇的疾转。"可是，现在人们对红灰两色的砖木结构建筑物已产生了更多的历史美感，至于对电扇更没有了徐氏的过敏之处。正如鲁迅先生所说的"拿来主义"那样，虽然"拿来"的未必是好的，但没有"拿来"，社会文化就不会有长足的进步。在这一点上，中国与西方的文化精神是有所不同的。可能受"一亩三分地"的农耕心理影响，中国人内心世界比较封闭，自我意识强，对外来事物往往采用包容的心理，所谓求同存异。比如在中国近代历史上，西洋楼、舞厅等外来文化形式往往被安排在大户人家宅院的隐秘深处，对外则表现出"正统"的一面。西方文化则比较开放，集体合作意识强，崇尚征服性，强调不同文化之间的交流与碰撞。这种社会心理在城市景观空间形态上有所反映，正如童寯先生所说："西方造园艺术较中国更能随时代演变。"在建筑形态上，这种表现也是十分明显的。

以开放的心态去"拿来"，无论是历史的、本地的、外来的，对它们进行"转化"，这是城市景观艺术创作的途径，从这个意义上讲，历史感与新奇感实际上是一枚硬币的两面，它们的结合正是追随生活的"时代感"。这才是真正的"景观之道"。

第五章　城市线性区域景观空间

第一节　传统街巷景观空间

除了文化名城、历史街区、风貌保护区之外，城市中大量仅供步行的传统街巷因为不能适应现代交通模式而面临着被更新或改造的命运。通常，城市肌理尺度的变化将导致传统街巷道路网络的解体。在城市形态迅速改变的过程中，传统街巷支持步行文化、维持社会生态的积极内核也随着物质空间的解体而被丢弃了。合理发掘传统街巷对于社会生活的积极意义，构建复合型城市结构形态是城市景观空间整合的重要内容。以下通过对浙北水乡城镇典型的线状景观空间——“市河空间”的研究，探讨传统街巷景观空间整合的思路与方法。

浙北杭嘉湖地区的水乡小城镇，是镶嵌在太湖平原、京杭大运河旁的一串明珠。河汊纵横、水网密布构成该地区景观的共同特征。在“以舟代步”的水运年代，传统的小城镇依托蜿蜒纵横的内河湖港逐步发展起来，这些内河湖港因与外围运河沟通而有舟楫之利。出口通过水闸节制以避水患之虞，河流宽窄适度，有水取用而无架桥之音，成为孕育水乡儿女的“母亲河”，因其与城镇市域紧密结合，与市民交通生活息息相关，一般统称为“市河”（图 5–1）。

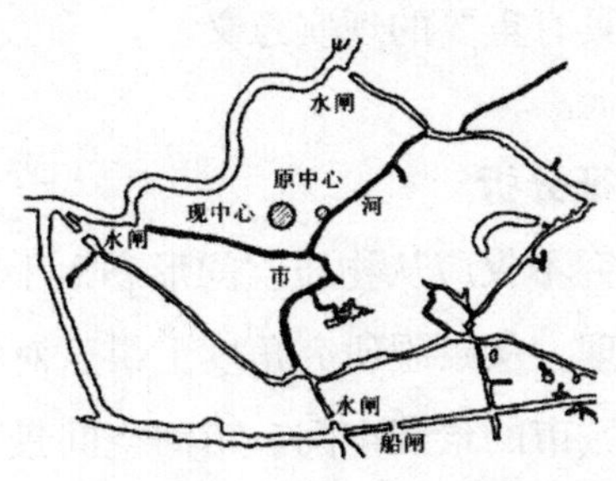

图 5–1　浙江湖州水系简图

传统的街道平行于市河发展，随水流曲折多变，宽窄不一，形成商住混杂或以居住为主的街巷空间。在市河中心区域、交叉口附近、泊船码头以及桥梁密度较高的地方，产生了传统的市镇中心，河流、街巷、建筑紧密结合的市河空间成为水乡小城镇的生长轴。市河空间不仅为市镇居民提供生活便利，还是贯穿镇区的主要物流通道，它是水乡小城镇一道道流动的“风景线”，构成了独特的“水镇”风貌。

改革开放以来，在浙北地区城市化进程中，水乡小城镇高速发展，城镇区域突破运河限制不断向外扩张。现代交通网络对千百年来形成的稳定的集约型的城镇街区造成了巨大的冲击，建立在水运和步行基础上的尺度宜人的市河空间分崩离析，市河被废弃，受到污染，街巷衰败，城镇中心区不断填河废塘，改水面为城市道路和建设用地，社会生活中心从滨河向陆路偏移。

近年来，城镇环境建设受到重视，市河在褪去交通与生活的功能外衣后，其生态、景观意义逐渐显示出来。市河空间作为景观资源的文化旅游价值得到充分的认可，但往往局限于对作为历史文化见证的传统风貌的保护行为。由于没有认识到市河空间的物质形态与市民心理空间、社会空间的同构现象以及在此基础上联系市民生活，构建社会网络的积极意义，对市河空间的改建往往割裂了空间形态的整体性，形成有“河”而无“市”的结果。目前，虽然中心城镇的旧区改造基本完成，但由于水乡地区自然地理条件的限制，浙北地区完善的乡镇公路网络在20世纪末才初步形成，许多小城镇仍保留着完整的市河空间。在中心城镇，部分市河空间由于人口与建筑密度高、改造难度大，也遗留了下来。因此，分析传统市河空间的特征，探讨水乡小城镇市河空间的更新模式，寻找失落的市河空间，创造新的水镇特色，具有重要的现实意义。

一、传统市河空间特征分析

对传统市河空间的研究不仅应从物质空间形态入手，还应考察生活在其中的居民的社会网络和文化心理。从景观研究角度上讲，对物质空间、社会空间、心理空间的综合感受构成了城市的景观空间。市河空间景观的研究既是对物质形态的关照，又是对生活艺术的感受。对于生于斯长于斯的城镇居民来说，“小桥、流水、人家”是司空见惯的景象。而在这种柔美环境下，在那种闲适的生活乐趣、温馨的交往氛围、内向的邻里亲情网络下的形形色色的人事更迭才是常见常新的。

市河空间的物质空间形态特征表现为水、街、屋的空间结构关系，三者在空间上紧密结合，表现了在交通、生活方面对河流的依赖。其主要特征为：街与水，由水陆交通转换需要产生近水与滨河两种方式。滨河街道视河流宽窄形成“一河一街”“一河两街”的格局，街道狭窄且宽度多小于 3m，建筑高度普遍大于街道宽度。街道可分为公共型和居住型，前者底层多为店肆，采用灵活脱装的门扇，空间可敞可闭，街道与建筑空间互相渗透。屋与水，有“枕河”和“临水”两种方式，前者底层挑廊于河面或二层楼屋悬挑凌驾于水上，后者通过骑楼、凉棚包容街道。从建筑朝向与河流走向的关系来看，又可分为建筑山墙平行和垂直于河流两种方式。传统水乡建筑采用木结构或砖木混合结构，除山墙外，多采用木质围护，安装可方便装卸的整面窗棂，因而形体空灵剔透，山墙形式考究，层层叠叠产生节奏韵律。共用山墙的建造传统使界面连续，顺水势营造出连绵逶迤的景观特征（图 5-2 ~ 图 5-5）。

图 5-2 近水公共性街道（浙江乌镇）

图 5-3 近水居住型街道（浙江新市镇）

图 5-4　一河一街，河流较窄（浙江乌镇）

图 5-5　一河两街，河流较宽（浙江南浔镇）

居住、交通、交往及商业服务是市河空间主要的社会行为。市河作为服务性物流通道承载人与物的运输，并为约定俗成的商业行为或“以船为店”的流动性商业行为提供场所。街道不仅为城镇居民日常生活交通所用，也为镇外人群（主要是农民）提供过境步行交通。在靠近泊船码头的公共型街道，由于物资或人流集散和固定或流动的商业服务的吸引形成驻留型公共空间，居住型街道在成为“公共起居室”的同时，也提供外来的过境交通。作坊（豆腐坊、织染坊、铁匠、箍桶匠、编织匠、裁缝师傅等的工作场所）与住家合一、店家合一（前店后家或下店上家）的经济模式使居住与商业服务相融合。交往行为更是无处不在，码头、桥头及茶肆酒楼成为公共社交场所；街道骑楼及凉棚空间是老人纳凉聊天和儿童玩耍的天堂；河埠不仅是家务场所，还是主妇们说悄悄话的地方。由于传统建筑形态密集，空间灵活，支持交往行为，有利于形成亲密的邻里关系。由此可见，在传统市河空间，物质空间作为载体可以容纳各种社会行为，而多用途、多目的行为反过来对物质空间产生了保护、延续的积极作用，加强了物质空间的稳定性。同时，社会空间的复合性给主体的行为提供了多样的选择，导致主体行为的自主性。

心理空间表现为对空间的归属与认同感，可以分为感应空间、领域空间、占有空间 3 个层次。感应空间指主体对外部世界及自身位置的认识；占有空间指完全自主的空间；而领域空间则是介于两者之间的空间层次。从主体角度讲，领域空间是占有空间的向外延伸，是与生活关系密切并经常使用的空间。领域空间是有限度的开放空间，主体空间与领域空间的叠加产生共同的捍卫领域的行为，它对保护物质空间、支持社会交往具有重要意义。产生领域空间的前提是“捍域”行为的可行性。

传统市河空间的骑楼与凉棚空间是典型的领域空间，是邻里交往互助的“可防卫空间”（图 5-6）。由于通行区域狭窄，河埠又是经常使用的地方，对穿越性交通具有有效的视线监视作用。又如狭长的居住型街巷对内作为共同的“起居室”，对外则令“陌生人”惶恐而不敢稍作停留，即使在公共性较强的地方，也存在微妙的领域空间。比如不宜久留的公共型街道的檐下空间，可上岸不可泊船的河埠。领域空间是分享型的空间，对于排遣内心孤独感、培养社会责任心、维护伦理规范具有重要意义，是心理空间不可缺失的层次。

图 5-6　水乡骑楼空间（浙江新市镇）

二、市河空间的发展现状

传统市河空间与水乡小城镇传统的交通方式、传统的生活方式、传统的建造技术相适应，是传统水乡文化的反映。由于陆路交通取代水路交通，现代给排水技术改变了依赖河流的生活方式，现代建筑结构与技术的推广以及外来文化的冲击，使传统市河空间已失去了生存的基础，呈现衰败的趋势。

改革开放以来，由于市河水运功能的萎缩及严重的工业、生活污染，填河废桥、大拆大建的改造方式较为普遍。近年来，城镇基础设施建设发展迅速，并加大了对市河污染治理的力度，城镇水系的生态、景观及文化意义受到重视。20世纪90年代初期的开发区建设热潮使城镇建设重点发生转移，旧区改造特别是改造难度大的市河空间被搁置下来，勉强维持的市河空间在物质形态进一步衰败的同时，交通、商业、社会文化功能相继萎缩，居住人口呈现单一老年化趋势，物质与结构性衰退有可能导致城镇旧区“空心化”的后果（图5-7）。

图5-7 破败的市河空间（浙江新市镇）

近年来，相对于传统的产品经济模式，城镇的环境经济模式受到了重视。在“城市经营”的现代理念下，城市环境及城市文化作为资本参与运作，出现了将传统市河空间作为景观资源进行开发的旧区更新模式。

一是作为旅游景观资源。在一些历史名镇如苏南的周庄、同里，浙北的乌镇、南浔，将景观特色鲜明、保存完好的传统市河空间辟为历史风貌保护街区，结合民俗风情、人文内涵进行整体的旅游开发建设，取得了可观的经济、社会和环境效益。也有一些城镇，不顾自身条件的限制，盲目仿效进行旅游开发，“真古董”没有就盖“假古董”，其结果是不伦不类，“开而不发”，造成土地资源的极大浪费。

二是作为公共景观资源。结合中心区商业开发，建设滨河绿地公园，提供市民活动场所，改善市中心生态环境，塑造水乡城镇新景观，是市河空间改造的一种成功模式（图5-8）。但这种模式仅适用于具有相当规模、旧区改造力度较大的城镇中心区域。对于一般小城镇，尺度巨大的公共空间与传统格局难以相容，应持慎重态度，此类改造应避免公共空间的空泛化和过度商业化。前者指空间大而不当，缺乏形态特点，服务对象不明，进入人数多而重复性太低，难以形成社会网络，成为空置空间。后者指商业设施的过度蔓延导致公共空间成为刺激或吸引消费活动的场所，成为现代城市千篇一律的通用空间，鉴于目前城镇建设的“广场热”，笔者认为，此类改造模式不宜提倡。

图 5-8　湖州市滨河绿地公园

三是作为居住景观资源。住宅小区生态建设是城市生态经营的热点。择水而居的“水景楼盘”改变了以往滨河住宅区与河流通过围墙分隔的“拒水”型空间关系（图 5-9）。滨河绿化及休闲步行道成为该模式的主要特点。但是，笔者对滨河绿地加上建立在城市功能分区理论基础上的小区开发模式是不是市河空间改造的金科玉律提出质疑。

图 5-9　新建住宅与河流对立

首先，是对市河空间的割裂。旧区成片改造往往以河流、街道为界，滨河绿地成为小区边缘空间，河与街相互吸引的积极空间难以形成，导致市河两侧空间的整体性被割裂。受小区封闭式管理体制的影响，各小区自成一家，以邻为壑，滨河空间成为小区内部的私有空间，市河形成城镇交通和社会网络的功能被消解。

另外，是对土地资源的浪费。传统水乡城镇依托河流自然生长，街道曲折多变，土地形态较为复杂，而且遗留下来的市河空间多为狭长地带。小区作为相对完善的封闭体系，受单元式多层住宅楼日照间距的限制，往往需要一定规模的建设用地。因此，市河空间的改造单纯套用小区模式显然既不经济，也不现实。此外，滨河绿地虽然有亲水性景观设计，但由于距住宅楼有一定的距离，难以形成完善的视线监视，反而成为儿童人身安全的隐患。相对传统街巷邻里，小区人口众多，共同的“捍域”行为难以产生，滨河区域有可能成为缺乏安全感的空置空间。对于狭长的市河空间来讲，滨河绿地是对城镇土地资源的浪费，也是开发商不敢问津的原因之一。

三、市河空间整合模式的思考

传统市河空间存在物质空间、社会空间，心理空间同构的现象，表现为物质形态的有机性、社会空间的复合性（主体行为的自主性）、心理空间的层次性，而建立在功能分区基础上的现代城市空间却愈来愈表现为物质形态的离散性、社会空间的单一性（主体行为自主性缺失）、心理空间的两极分化（领域空间的消解）。在现代城市建设中，通过物质空间的营造，复兴市河空间以发挥联系市民生活，构建社会网络的作用，对探讨水乡小城镇的有机更新具有重要意义。

通过以上分析，笔者认为市河空间的更新应遵循以下的思路。一是对开放空间的维护。市河空间形成独特的水镇风貌，是城镇居民共同的财富，不论何种开发模式，都应避免市河空间的私有化。二是对整体空间的关注。市河及其两侧的街巷、建筑构成完整的景观视阈，应视为整体，应通过城市设计的手段进行更新的可行性研究。三是采用整体设计小规模渐进式的开发方式，避免因为大拆大建而造成无法挽回的损失。同时可以根据实际情况适时调整设计，应避免千篇一律的小区模式。四是组织内向型步行空间。新建的城市道路与市河往往有一定距离，组织步行街区是可行的思路。恢复市河空间的步行体系不仅维持了灵活多变、富有情趣的景观特征，更为重要的是，它可以形成舒适的交往平台，产生丰富的空间层次，形成稳固的领域空间，强化邻里的社会网络关系。

从城市规划角度讲，传统水乡小城镇属于“自下而上”的有机生长类型，现代城镇规划应由立足于功能分区和汽车交通组织的土地“经营”理念向城市“经营”理念转变。即通过现代城市设计的手段，“经营”现有的城市空间，总结造成城镇失落空间的各方面原因，并提出找回失落空间的对策。

在市河空间更新过程中，应视河流走向采用灵活的“街—庭院”或“街—巷—庭院”的空间格局，以市河为依托形成步行网络和景观轴线，机动车交通通过外围道路解决，车库及机动车停放应集中在外围道路一侧，沿河底层空间可开发为老人住宅或商住综合空间，提倡“店家合一”的混合模式。在桥头或视线通廊处可集中小型商业空间、尺度宜人的滨水开敞空间以及体现城市文化品位的环境小品。在建筑设计中应借鉴骑楼、凉棚的空间形式形成连续的步行走廊和空间界面。为了满足混合型居住空间的需要以及节约用地的要求，加大空间进深特别是底层空间的进深显得尤为必要。传统联立式水乡住宅通过层层天井形成大进深格局，利于通风散热，可以参考。建筑高度视河流宽度而定，宜采用退台形式控制沿河建筑立面高度。河流的石驳岸、地面铺装、树木应加以利用。市河桥梁往往是传统建造技术的杰作，经过必要修缮完全可以满足步行的要求，同时保持了水乡小城古色古香、恬静优雅的环境氛围。

水乡小城镇市河空间的整合不仅可以把小城镇传统特色环境中已被分散的点、中断的线和不协调的面组织成一个整体，还将城镇居民的社会生活串接了起来，使古老的市河空间重新焕发出生命的活力。

第二节　现代街道景观空间特征与整合思路

一、现代街道景观空间的特征分析

在研究现代街道空间特征之前，首先对传统城市的空间形态作一回顾。

中国传统城市在空间形态上表现为“墙”与“街”相结合的形态。“墙”是对不同内容的生活进行划分与集合的手段，“街”是对不同层面的生活进行联系与疏导的手段。前者是城市生活领域的标志，后者是城市生活场景的标志。在传统城市中，无论是先有墙（建筑）的延伸，再有街（联系建筑的通道）的出现，还是先有“街”，后有“墙”，“街”与“墙”始终有机结合在一起，成为整体。从西方城市形态大致的发展历程来看，无论是先有“墙”后有“街”的有机生长的“封闭型形态”，还是先有“街”后有“墙”的“构成型形态”，“墙”与“街”都处于紧密结合的状态。18 世纪下半叶的产业革命开始了机器工业时代，技术和社会经济的发展彻底改变了城市的面貌，“街”与“墙”开始分离。城市以交通发展为导向，使“街”从生活场景的标志转化为一种运输的通道，并逐渐被汽车占据，剥夺了人的空间权利。现代城市街道景观空间表现为以下几个特征。

（一）物质空间的离散性

由于城市尺度的改变，“街”与“墙”分离了。适应汽车交通的城市街区规模通常为 5×10^5 ~ $1.2\times10^6m^2$（50 ~ $120hm^2$）（道路间距 700 ~ 1100m），相对于传统步行街区 10000 ~ $40000m^2$（1 ~ $4hm^2$）（道路间距 100 ~ 200m）来说，已远远超出了步行尺度。“街”的“网络化”特征被“线性化”特征所取代，其联系与疏导作用弱化了，从而使得“街”与城市建筑缺乏有效的联系，物质空间的有机性丧失了。同时，建筑单体规模的扩大以及城市的立体化特征使建筑的“点”式形态更加突出，“墙”的空间形态也进一步弱化。“墙”与“街”的弱化与分离使现代城市街道景观空间的各要素缺乏有机的联系，呈现出松散、自由、随机的开放式组合状态。

（二）社会空间的单一化

“墙”的点状化，使人们失去了城市中富有人情味的多彩界面和内容；“街”的线性化，夺走了人们在城市中驻足休息、观光、交谈的城市生活场景。鲁道夫斯基在《人的街道》中这样写道：“街道正是由于沿着它有建筑物才成其为街道，摩天大楼加空地不可能是城市。”历史地看，街道的发展与商业的兴起息息相关，商业的发展还使一些主要街道的交叉处形成城市的商业中心，可见，城市中的街道除了具有交通运输功能之外，商业活动是其主要的社会功能。由于商业活动涉及大量人流的交通集散，这与道路运输本身要求的快速高效必然产生矛盾，从而引发机动车交通、自行车交通、步行交通、车辆停放等一系列问题。在一些大城市中，“干道商业街”所产生的问题已经相当严重，交通与商业的不同导向导致了城市商业活动从“沿街一层皮”向纵深发展或者是步行商业街的大量出现，单一的道路功能排斥了街道在联系社会生活中的积极作用，导致了“有道无街”的后果，使城市的外部空间丧失了吸引力。

（三）心理空间层次的缺失

在现代城市人的心目中，街道已从“生活的院子”异化为“运输的管道”和“商业的机器”。其根本原因是单一的社会空间导致的公共性的丧失，使“领域空间”无法形成。被大大小小各种车辆占据的街道空间实质上是一种私有化空间，行人丧失了空间的权利，原本属于行人的人行道空间不是被停放的车辆所占据，就是被“门前三包”的店家瓜分。更何况在巨大的机动车压力之下，许多人行道被改成自行车和助力车的通道，以实现所谓的“机非分流”，而行人已无“立足之地”。在这种情况下，城市街道已失去了外部公共空间的意义而沦为一种“通用空间”。

二、现代街道景观空间的整合思路

街道景观空间的整合研究包括线性和区域两个方面的内容。其中，线性空间通常指的是街道以及街道与河流的复合空间形态，而区域景观空间一般指与街道联系紧密的节点型景观空间，如中心区、广场、城市节点等。对于一些具有封闭形态的城市单元景观空间，比如单位大院、住宅小区、高校园区、科技园区等，其内部的道路系统不属于街道景观空间研究的范围之内。从城市景观空间的结构形态角度来分析，线性和区域景观空间是城市外部公共空间的主要内容，形成了城市景观空间的结构形态特征。

（一）从路面分流到道路分流

从路面分流到道路分流是城市现代街道景观空间整合的必由之路。路面分流指的是将机动车、自行车、行人在同一路面通过设置交通警戒线、隔离栏、分车绿带、路肩、隔离墩等手段进行分离。道路分流指的是通过不同性质的道路来承担不同性质交通的手段。随着城市交通工具的日益多样化以及居民出行方式的复杂性，人车分流的需求十分迫切。对于一些新城来说，实现平面分离，相交处立体交叉或垂直方向分流（如巴黎德方斯新区，地铁系统或步行道与车行道处在不同标高上）较为容易（图 5-10）。

图 5-10　巴黎德方斯新区

而从旧城更新改造的现实来说，这种人车系统的分离付出的不仅仅是沉重的经济代价，还可能是使原有物质及社会空间形态的彻底毁灭。从中国城市发展的现实情况来看，通过拓宽道路来进行路面分流的做法不仅不能够解决交通拥堵的问题，反而会刺激交通量的进一步聚集从而引发更为严重的交通问题，最突出的表现就是自行车与汽车之间的相互干扰，影响城市道路的安全性，降低了城市交通的效率。因此，从路面分流向道路分流的转化应是城市街道景观空间整合的基本对策。从景观空间角度上讲，道路分流有助于形成针对性的景观设计，以满足不同速率、不同视点的人群的观赏需要。使道路的空间地位明朗化，并在不同景观尺度的层次上建立起与建筑、自然的整合关系。

（二）城市快速路景观空间

城市快速系统包括地铁、轻轨、高架或地面的快速路。其中，地铁系统是满足城市交通并且维护城市景观特色的最佳方式，轻轨及高架快速路则给城市带来了新的景观。对于传统城市来说，它们是全新的事物，有着巨大的运输能力和疏散能力，也有着非同一般的尺度。高架路对城市景观的影响主要体现在两个方面：一是增加了城市景观的观赏视点；二是增加了城市景观的体验内容。由于人的视点从 1.5 ~ 1.6m 升高到 5m 左右，并且始终处于高速运动的状态，使城市的动感体验十分鲜明。在高架路上的观察是人在连续运动中的观察，同时具有方向性，我们运动的速度总是跟我们所获得的外界信息量成反比，快速运动时对近距离事物只获得走马观花的印象，地面上丰富多彩的城市空间和千变万化的城市生活在高架路上是无法感受到的。此时，中远距离的观赏变得更为重要，视线关注于建筑物的造型特征及整体的天际轮廓线的感受，而近处的东西往往是一闪而过。高架道路的存在必然会对两侧城市肌理产生空间上的压迫并有可能生硬地割裂城市空间，这一点在地面景观体验中表现得十分明显。采用钢筋混凝土结构或钢结构的高架路的结构支撑部分都有着粗壮的尺度，而冗长的桥面板、护栏更是强化了这种尺度特征，使人仿佛置身于混凝土“森林”之中。同时，路面投下的阴影使路下空间成为令人不悦的所在。由于高架路的建设往往停留在工程构筑物的水平，灰暗的色形、粗苯的造型、超人的尺度对人性化的街道空间是一种极大的破坏。这种地面景观体验的双重尺度体系使高架路无法与城市其他景观要素有机结合，完整而协调的景观体验被片段式的冲突所替代。

无论是从高架路上还是从地面上的视点来观赏城市，使高架路与城市相融合是景观空间整合的根本目的。总的来说，在高速移动过程中，近距离杂乱无章的事物给人眼花缭乱的视觉冲突，使中远距离的观赏受到干扰，因此应该弱化近距离的事物以获得稳定的视觉印象。自然要素的介入可以有效地解决这问题，自然要素作为高架路与建筑物之间的“过渡空间”，柔化了不同尺度之间的对立，使有节奏的尺度体系得以形成。同时，对于地面视众来说，绿化可以缓解高架路的压抑感，弱化高架路的巨大体量。上海市延安路高架穿行于旧城的中心，完全破坏了传统的街道空间尺度，造成对原有街道景观的挤压，使之丧失了原有的比例与尺度感，同时在风格的反差中也造成了街道景观风格的混乱，丧失了街道的传统景观特色。为了避免快速路的体量对传统里弄建筑所形成的居高临下的挤压态势，上海市政府决定移植二百余棵大型乔木，安插在快速路两侧，配合同时实施的对高架快速路支撑柱子的竖向绿化，将混凝土的长龙变成一条贯穿市区的绿色风景线。

高架路作为城市景观的“新成员”，其立体化的空间特征对城市空间的竖向形态提出了要求。整体地看，高架路所形成的街道空间应该是与多层步行商业及停车系统相结合的立体化的空间形态。上海成都路高架沿线的城市设计研究中提出了这样一种规划设想：结合步行系统，提升城市活动发生的基面，建立面向高架路的多层开放空间及人行步道，并于上面广植花草，配置各种休息设施，高架沿线的多层建筑屋顶“平改坡”。这一规划设想不仅能有效地改善高架路沿线的景观，并且结合步行系统设计，充分体现了交通规划中的人车分流的理念。

快速路为城市提供大量、长距离、快速的交通服务。《城市道路规划设计规范》（GB 50220—1995）中指出：“对于人口在200万以上的大城市，或长度超过30km的带形城市，应设置快速路。”快速路上的机动车道两侧不应设置非机动车道，机动车道应设置中央隔离带，分隔对向车流。与快速路交汇的道路数量应严格控制。在有必要而且条件允许的城市，快速路的部分路段可考虑采用高架的形式。因此，采用地面形式的快速路往往适用于城郊环线，这有利于形成城市人工与自然相复合的景观街道，并控制大城市无序蔓延的趋势。总的来说，美国式的无控制的道路优先的发展模式导致了低密度的发展，形成了过度依赖小汽车的状况。规划研究表明，在没有合适的政策保证和规划控制失效的前提下，公路交通易于导致低密度的城镇发展模式，一旦两者成为互相支持的相合体，再要逆转它是极其困难的。适合中国国情的交通策略应是基于轨道交通的公交优先的城镇发展模式，在大规模小汽车化到来之前建立公共交通优先的机制是十分必要的。

（三）干道与支路景观空间

从路面分流到道路分流的目的在于建立起分层次的城市交通网络。在景观空间结构上表现为景观尺度分级所形成的空间层次，这些景观空间的体验往往与观赏者的观赏方式、角度、距离、速度相对应，可以最大限度地满足不同视众的需求，形成富有层次的多样化的景观体验。同时，道路分流有助于降低交通对社会生活的负面影响，在一定程度上还原街道的生活性功能，使人重新回到街道上来。

如果将城市的快速交通系统比做身体的大动脉，那么干道与支路系统则好比身体的血管和毛细血管。通常，城市都比较注重干道网的建设，却忽视了支路系统的完善，这反映出以汽车交通为导向的规划理念。产生这种情况有以下原因：首先，长期以来，我国城市道路建设相对落后（到1991年年底，中国城市街道面积率不到6%，远不及西方发达国家的20% ~ 30%），政府集中精力建设干路、立交，忽视了支路系统。其次，计划经济体制下单位制度的存在使城市空间受到人为的分割，许多城市支路成为单位内部的道路，严重影响了支路系统的整体性。最后，以汽车交通为导向的规划思想强调干道平均车速的提高，在城市改造中人为地合并街道以减少车辆出入口，而不注重内部交通的疏导，使街区内部交通混乱无序，支路系统无法形成。

城市干路系统是与街区规模、居住空间组织模式联系在一起的。通常，在中国，汽车交通的需求使城市干道间距保持在700 ~ 1100m，街区面积为5×10^5 ~ $1.2\times10^6m^2$（50 ~ 120hm^2），这种规划方式源于1929年佩里提出的“邻里单位”理论，其建立的依据是一所小学的服务面积，保证从任何方向的距离都不超过0.8 ~ 1.2km。邻里单位是一个社区的概念，有社区中心和公园，里面还有丰富的道路系统，它与周围环路形成两个系统，互不干扰。

后来，欧洲各国采用的新村、社区或小区都继承了邻里单位理论。20世纪50年代中后期，西方国家开始以面积为1×10^6 ~ $1.5\times10^6m^2$（100 ~ 150hm^2）的社区或居住区作为居住用地的基本单位。苏联与东欧各国在20世纪50年代后期亦开始建设5×10^5 ~ $8\times10^5m^2$（50 ~ 80hm^2）的扩大小区或新居住综合体，并把几个小区组成用地为1×10^6 ~ $2\times10^6m^2$（100 ~ 200hm^2）的居住区。这种基于汽车交通需求的街区规模在中国城市中存在以下问题：①理论的不现实。邻里单位理论的依据是汽车交通导向的功能主义规划思想，是从西方国家的实际情况出发的，对于人口密度极高的中国城市来讲是不现实的。按照邻里单位理论，邻里单位由邻里单元组成，近百家住户组成一个邻里单元，约1000户组成邻里单位，如果以$1\times10^6m^2$（100hm^2）作为邻里单位用地面积的话（边长1000m），一个邻里单元的面积在$1\times10^5m^2$（10hm^2）左右。而依据中国城市现实的情况，$1\times10^5m^2$（10hm^2）用地可以容纳1000 ~ 2000户，这里面存在着极大的反差。因此，在实际规划中，中国城市通常将邻里单元用地岗位（$1\times10^5m^2$以上）作为小区开发的单位，以300 ~ 400m的路网来限定小区用地。②操作得不彻底。中国城市居住空间组织模式的原型来自邻里单位模式，即以一个小学的服务人口限定居住空间的人口规模，以公共设施服务半径限定居住空间的用地规模；小区内只容纳单一的居住功能；小区内呈等级化组织结构等。20 世纪 80 年代以后，随着国家试点小区的推行和成熟，居住空间逐步形成“小区—组团—院落”的三级组织结构以及通过改良形成的“小区—院落”的二级组织结构。小区内部普遍采用小区级路—组团路—宅前路的三级道路网络。忽视了停车场地及步行系统的建设，没有采取与邻里单位模式相适应的“人车分流”的雷特邦系统，致使在“小汽车化”之际，小区交通、安全等问题已暴露无遗。由于小区模式存在的交通、安全以及居住空间邻里感的弱化等问题，加上旧城改造所面临的住宅商品化以后的市场机制，减小居住小区的规模，进行组团级多样化的房屋开发，采用封闭式的小区管理正成为当今城市住宅建设的一个显著特点。这种规模的开发通常无法保证必要的配套设施，使得小区服务设施配置不能按照服务半径的要求进行，而呈现出市场经济模式下的自发组合状态。通常，小区间的交界线形成的道路成为商业服务设施集中的地方，这种邻里单位模式在操作上的不彻底性正是由中国城市的现实情况所决定的，既表明了该理论与中国城市现实情况的脱节，也反映出城市生活世界本身对于功能主义城市规划理论的一种本能的反抗。

对街区规模与居住空间组织模式的考察表明：

（1）干道系统形成的大街区虽然解决了城市汽车交通的基本矛盾，却无法组织街区内部有效的联系，必须通过支路系统对街区进行二次划分。300 ~ 400m 的干支路网络如果经过智能交通系统（ITS）控制，就能够产生理想的城市交通水平。

（2）同济大学周俭等学者通过对居住空间的研究，提出我国居住小区规模应该是不超过 150m 的距离范围或 40000m^2（4hm^2）的用地规模。从居住者对居住环境的控制和认知能力看，我国通常的居住小区规模是明显偏大的，比如在一些小区内，小区级路实际上起到了城市支路的作用。减小居住小区的规模不仅可以增进居民的交往，加强居住空间的邻里感，也顺应了住宅商品化以后的市场机制制约下的开发模式，避免了住宅大规模开发中一次投入过大的压力以及对市场判断不准而大量房屋空置等问题。同时，小规模居住小区建设有利于将多种职能空间有机分散在居住空间附近，形成居住空间与其他多种职能空间的混合布局。另外，减小住宅区规模也有利于避免同一阶层居民家庭的过度聚集，降低居住分异的程度。

（3）从景观空间研究出发，干支路系统的完善不仅可以有效地将长距离与短距离交通、机动车与非机动车交通分流，更为重要的是，它还能够将城市街道从机动车交通的阴影下解放出来，恢复其生活气氛和“场所”精神。同时，建立起不同的景观尺度体系，满足不同视众景观体验的要求，并有可能在此基础上重新产生城市的“步行文化”。

第三节　现代街道景观空间的整合与设计

一、城市微观道路——用地模式的探讨

（一）理想的街区模型

从景观空间研究角度出发，本书提出一种理想化的街区改造模型（图5–11）。此街区模型以900 ~ 1200m为干道间距，300 ~ 400m为支路间距，支路限定的用地为9×10^4 ~ $1.6\times10^5m^2$（9 ~ $16hm^2$），用于居住区开发。按照居住用地指标，9×10^4 ~ $1.6\times10^5m^2$（9 ~ $16hm^2$）的用地可容纳2000户以上，这与社区研究得出的“基本社区规模不小于2000户”是相一致的。以支路网来确定的社区规模使社区的物质空间与社会空间范围相重合，有利于居民之间的交往，有助于“地缘”关系的确立，群体的领域空间容易形成。社区公园兼具文化、卫生、服务、游憩功能，成为社区的中心，社区由4个2×10^4 ~ $4\times10^4m^2$（2 ~ $4hm^2$）的开发单元组成，每个单元有几百户，相当于组团规模，便于封闭管理。由于用地规模较小，采取周边式道路或人车共存的道路模式来组织内部交通，形成步行化的游憩环境，并与社区公园相联系，以建立绿色的步行网络。将居住小区的各项配套服务设施从居住小区中分离抽取出来，置于支路两侧，结合街区中心绿地设置医疗、学校、街道办事处、文化艺术中心和体育场馆等。

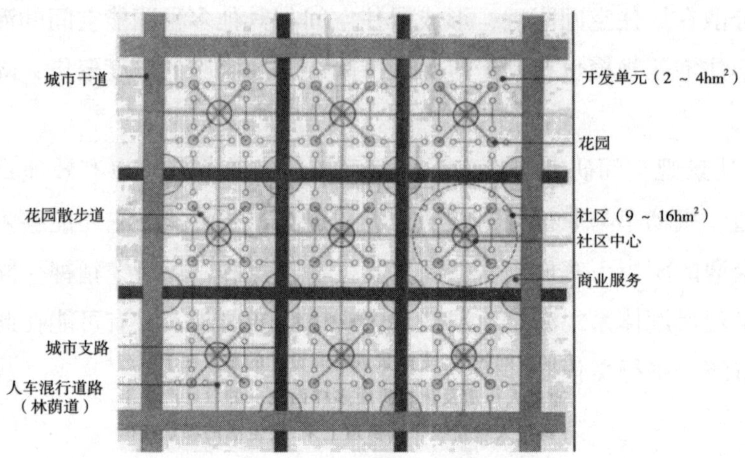

图 5-11　理想的街区模型

从线性景观空间的角度来看，该模型存在着 3 种道路景观空间类型：一是干道景观空间，二是支路景观空间，三是社区内的林荫路景观空间。干道景观空间尺度宏大，路面宽阔，两侧辅以宽阔的绿化带和行道树，高大的公共建筑形成街道的界面。与高层建筑相结合形成“面”与“群”的景观感受。景观设计的考虑是如何利用车道，道路中线，道路边沿的颜色、质地和高度去使眼前的景象更加清晰和活泼。在干道相交的地方，标志性的建筑、公共性的商业街区、开放式的城市广场形成中心区的景观特征。支路采取一块板的断面形式，使两侧建筑在空间上有较好的联系，这里是商业服务设施集中的地方，因此两侧需要较宽的人行道并通过花坛座椅的限定将商家门口的领域空间和供路人行走休憩的公共空间区分开来（图 5-12）。

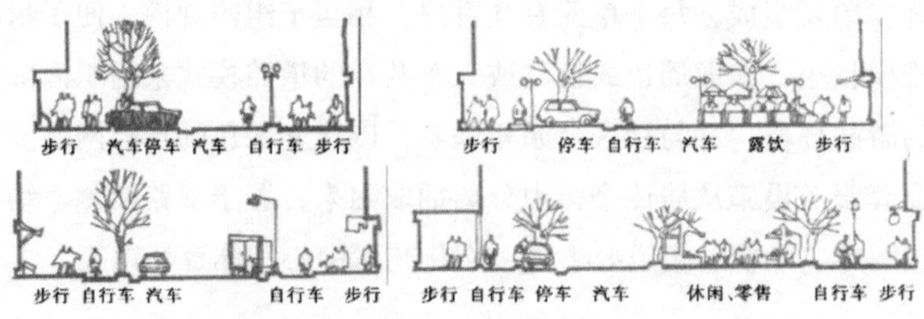

图 5-12　城市支路断面的景观设计

袋状的休憩空间在支路上是必需的，通常做成入口商业广场的形式以吸引人流的聚集。街道界面的统一并不一定通过相同的建筑高度和整齐的排列获得，而是利用有节奏的街道设施（路灯、行道树、花坛、座椅等）、地面铺装、连续的沿街檐口线和骑楼空廊等统一造型特征或者是相同高度排列的立面广告产生整合的空间效果。支路景观空间设计的重点在于创造一种浓厚的商业性与城市生活气息，通过人行道及建筑界面多样而统一的设计产生丰富的视觉感受。支路景观空间的设计将人重新吸引到街道上来，使生活的场景在街道上重现，作为前提，公交优先的交通策略是必需的，完善的支路公共交通网络是联系街区、激发城市生活的必要手段。社区内部采取花园式林荫路相联系，除了必要的便民商业设施外，应避免社区过度商业化的倾向，为防止车速过快而发生交通意外，可通过线形、断面的处理来降低车速。机动车道一侧或两侧应有花园式散步道，使社区中心绿地与居住单元内小游园相联系，从而构筑起社区内绿色的步行网络。社区内部的林荫路以绿化作为主要的道路界面，使住宅掩映其中，产生绿色家园的感觉。散步道可用于晨练、散步，为社区人群提供交流的机会。

（二）现实的探索

近年来，针对计划经济和市场经济条件下两种道路——土地利用模式的差异，结合大量的规划实践，规划界提出了一些城市微观空间布局的原则。

首先，逐渐从宽道路—大街区—稀路网向窄道路—高密度—小街区转化。在计划经济条件下，不存在土地市场，道路和土地是两种完全独立的城市供给，满足不同的需求目标，由此形成了宽马路（解决交通问题）和大街区（适合大型封闭居住区）相结合的空间机制。在市场经济条件下，道路与土地是统一的供给要素，道路等基础设施的投入，需要通过土地增值得到回报，道路不但是用来解决交通的，更主要是用来分割土地的，交通并不是道路的最终目的，满足土地上各类功能的需要，才是其最核心的目的。高密度的棋盘式路网可以提供更多的临街面和更大的弹性，以满足城市各种功能需要，适应市场经济的土地开发模式。

其次，增加地块内部的次级路网系统以形成地块分割与开发的灵活性，使沿街“一层皮”式的开发模式向纵深化、街区化转变，使土地价值得到更好的体现。

最后，贯彻步行优先的原则。通过步行系统及绿化系统将地块各部分有机联系，在进一步强化地块各部分功能特征的基础上实现地块区位优势的“均好性”（图 5–13）。

图 5–13　标准地块开发次序示意图

上述城市微观空间布局的原则主要是针对经济转型期中国城市的现实情况而提出来的。这种新的道路——土地利用模式对城市景观空间的发展有着积极的影响。一是通过道路的分级形成了有级差的城市景观尺度，使城市景观结构清晰并易于识别；二是地块开发的多样性与灵活性形成了景观空间的多样性，丰富了城市景观的内容；三是支路系统及步行系统把部分城市道路从汽车轮子底下“抢”了回来，恢复了街道在社会生活中的综合意义。

事实上，并不存在一个普适的微观空间布局模式，因为景观空间的丰富性和多样性决定了空间结构的多元化，只有从空间本身与人的需求出发来进行规划设计，才能形成景观完整、生态连续、多元共生的景观空间格局。

二、街道景观空间设计

从中国城市道路系统的现状来看，街道景观空间设计主要存在着以下几个问题：一是干路系统负荷重，影响机动车的速度及自行车的安全；二是支路系统不完善，街区内部交通混乱；三是缺乏适合居住区交通的道路形式。随着我国公交优先策略的进一步实施，城市居民出行由自行车向公交、小汽车转变，城市干路系统将逐渐净化为“机动车专用路”。同时，支路系统的完善特别是平行于干路的贯通性分流支路的建成可以有效地将自行车与汽车公交从干路系统中分离出来，使得城市道路在景观空间的尺度上形成明显的级差。其物质空间形态将与社会空间行为进一步耦合，从而产生富有层次的多样化的街道景观空间（图

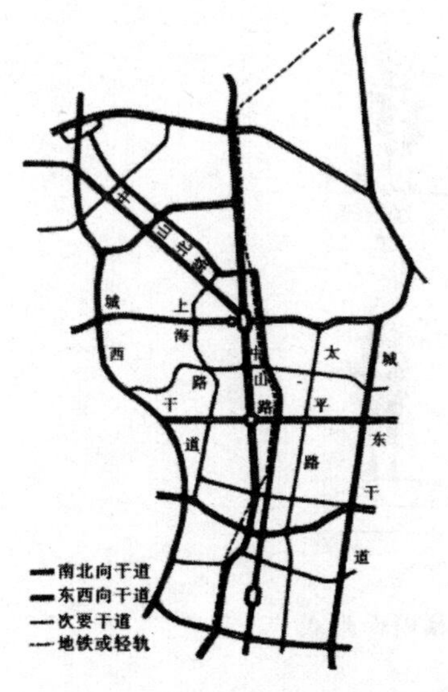

图 5-14　南京市中心辅助干道与城市道路系统关系

5-14）。无论是城市新区道路建设还是对旧有路网的改造，都应该从这一趋势出发，对城市街道景观空间进行整合。

（一）建立支路系统

尊重城市原有的肌理结构，充分利用现状道路，沟通并完善支路系统。对于城市目前大量快慢车道总宽为 12m 或快车道为 10m 的现状干路来说，拓宽改造很可能对历史性界面或街道绿化造成破坏。保留并改造为支路，同时新辟平行干道，使两者耦合为大街——分流支路的复合交通系统可能比单纯的拓宽改造更为明智。比如南京市对中山东路与进香河路的改造，严重破坏了街道的绿化景观（图 5-15、图 5-16）。在一些路网密度较高的地区，将一些商业价值较高的道路从三块板的干路形式改造为一块板的生活性街道，也是复兴城市中心区经济活力的一种手段（图 5-17）。

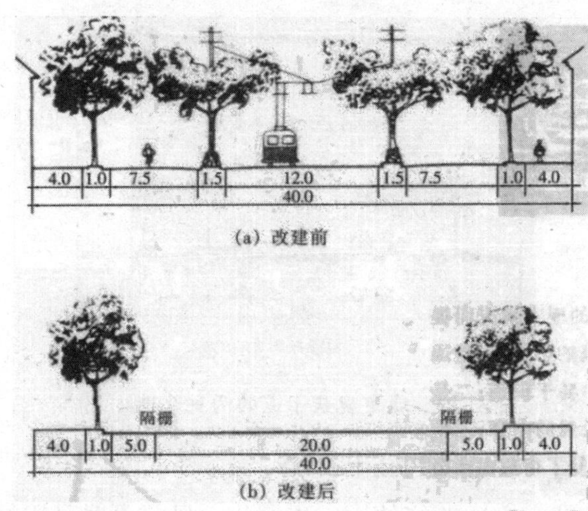

图 5-15　南京市中心东路改建前后的横断面形式

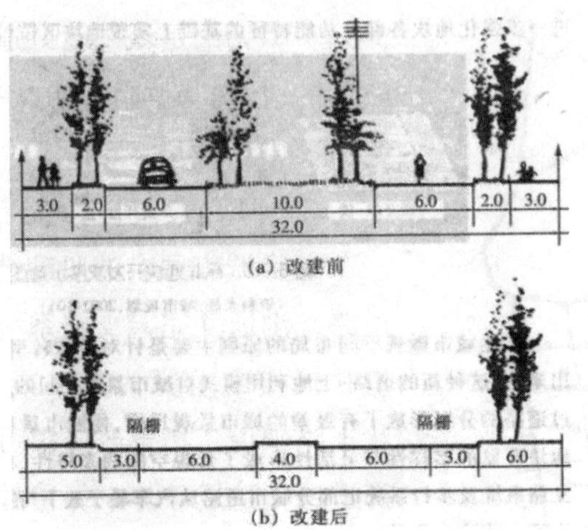

图 5-16　南京市进香河路改建前后的横断面形式

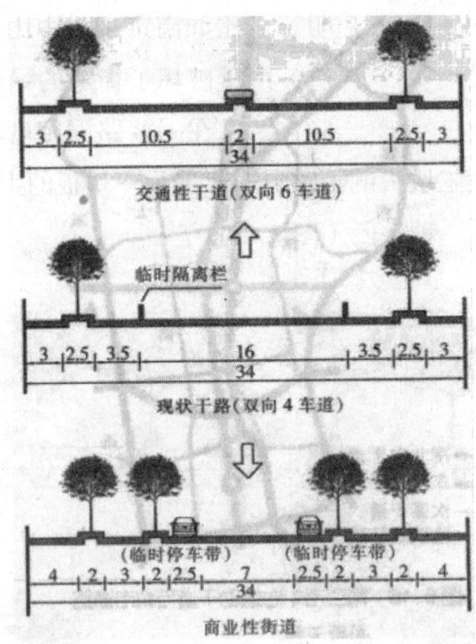

图 5-17　城市现状干道的两种改造方式

（二）城市干道景观空间的城市设计

随着干路网机动车交通功能的进一步纯化，目前普遍采用的单幅路、三幅路的断面形式应向二幅路或四幅路转变（图 5-18）。在条件允许的情况下，具有良好绿色景观、人车分流最远的四幅路的断面形式应予提倡，同时，通过城市设计的手段，对道路两侧建筑界面进行控制，以形成连续而生动的街道景观。把城市设计融入城市重点地块的规划之中是创造有序城市景观的有效途径。苏州工业园在详细规划过程中，除了明确用地性质、容积率、红线退让要求之外，还通过建筑边界图（双红线表示不允许后退，绿线表示 80% 的长度要在线上）、车辆出入口控制图（规定位置、宽度以维持界面的连续）、建筑形体图（规定裙楼、高层的位置、高层的序列性、高层的高度、节点的安排等）来控制城市街道。

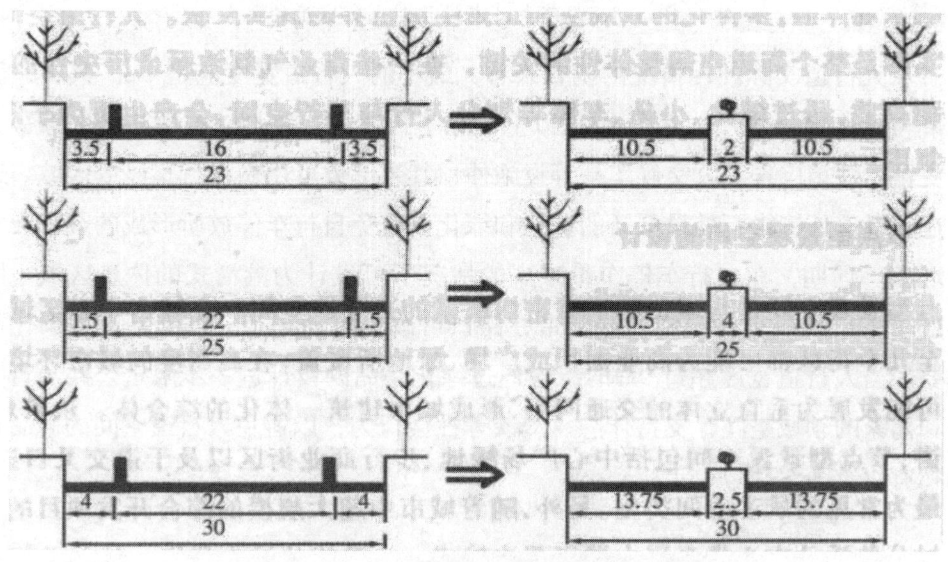

图 5-18　城市现状干道从三幅路向二幅路的改造

（三）人行道的整体设计

对于机非混行的支路系统来说，完善的人行道景观设计是复兴街道社会生活功能的关键。人行道的主要功能是为了满足步行交通的需要，同时也用来布置道路附属设施（如杆管线、邮筒、清洁箱、交通标志、广告牌等）和绿化。广义的人行道应该是车行道最外侧缘石至建筑边线的范围。通常建筑边线后退建筑红线的距离由规划部门规定，而这部分人行道与城市街道所要求的人行道部分因为建造时序和实施主体的不同被人为分割，造成路面景观的支离破碎。因此，人行道的设计应从景观空间结构的角度，进行整体的设计。由于地下管线的布置要求，一般城市人行道的宽度均在 6m 以上（图 5–19）。

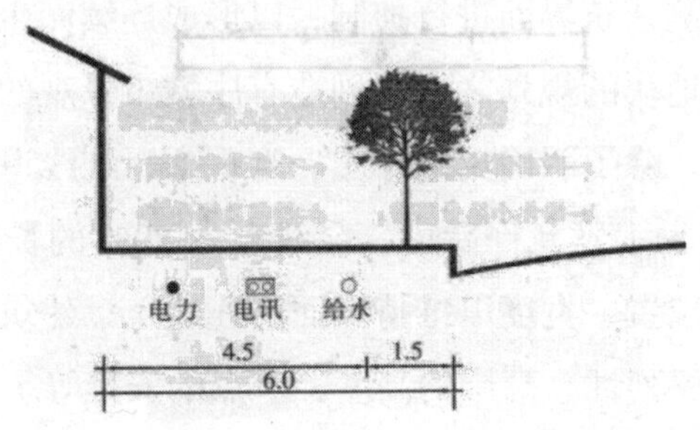

图 5–19　城市地下管线与绿化对人行宽度的要求

从人行道实际使用情况的调查来看，最小的人行道宽度应是 7m。其中，设施带与绿化带合并，宽度在 2.5m 以上，除了行道树、路灯、电话亭、书报亭、果皮箱、灯箱广告、公交候车亭等设施外，其余部分可用做自行车停放区域。通常在车行道外侧缘石处设低矮的护栏和绿化以避免自行车停放所形成的杂乱无章的现象。远期，在自行车停车量减少的情况下可设计为港湾式的休息区域（图 5–20）。2.5m 以上的设施及绿化带在路口可改为机动车道，以满足交通渠化的需要。当人行道宽度超过 9m 时，应通过绿化小品的设计进一步限定公共步行空间和商家的领域空间，支持休憩、交谈等社会行为，以避免人行道空间的商品化和私有化（图 5–21）。

图 5–20　人行道上的休息区域

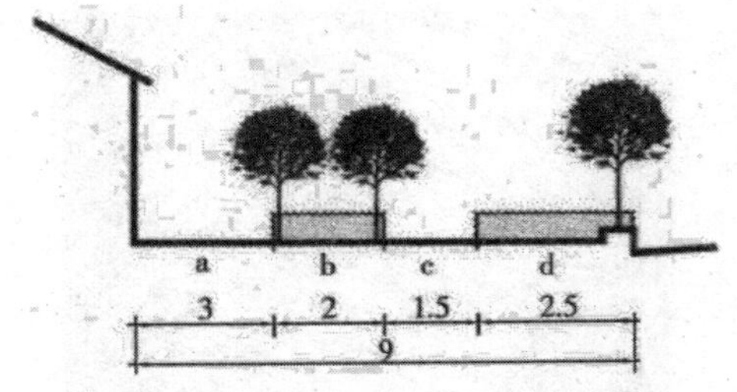

图 5-21　有层次的人行道空间

a—商家领域空间　b—绿化小品分隔带　c—公共步行空间　d—设施及绿化带

凯文·林奇曾说："有特点的空间能加强特定道路的印象，宽窄悬殊的街道能吸引注意。"对于步行空间来说，动与静的行为是交替进行的，除了人行道必需的休憩座椅和花坛外，那些敞开的凹入式的袋状空间是极受欢迎的。在人行道绿化、街道设施、立面广告等景观要素有节奏连续的情况下，对于车内视众来说，流动的街道景观是容易形成的。这时，建筑物所形成的界面往往被"虚"面所掩盖，而与行人关系密切的底部空间在景观体验中居于重要的地位，高度、色彩、比例、细部构件、立面符号、空间形式等因素都可以形成多样统一的景观体验，多样化的景观空间正是生活世界的真实反映。人行道空间的整体设计实际是整个街道空间整体性的关键，在一些商业气氛浓厚或历史性的街道，取消路面高差，通过绿化、小品、车障等划分人行与车行空间，会产生更为平和亲切的空间氛围。

三、节点型景观空间的设计

节点型景观空间是与城市街道有密切联系的开放性空间。在城市中心区域，整个街区甚至几个街区都可能为商业面积或广场、绿地所覆盖。在高密度的城市环境中，道路分流可能发展为垂直立体的交通网络，形成城市建筑一体化的综合体。从景观空间形态上讲，节点型景观空间包括中心广场绿地、步行商业街区以及干道交叉口这一类城市中最为常见的景观空间类型。另外，随着城市中超大规模的综合开发项目的实施，一种通过公共活动中心将高层大楼底部连接成一个整体的城市建筑一体化的综合体，形成了新型现代化的城市景观（图 5-22）。

图 5-22　多伦多市伊顿中心

公共活动中心多为一个巨大的中庭或室内步行商业街，它既是人们购物、休闲、交往的场所，又有组织内部空间流线、连接各幢建筑物的作用。同时，它还是建筑空间与城市空间的结合部，是机动车、轨道交通和步行系统与建筑多层次、多重衔接的节点。日本“横滨皇后广场”以一条长达 300m 的立体化步行商业街将 3 幢高层办公大楼、1 幢高层旅馆、1 幢大型百货商店和 1 幢音乐城连成一体，商业街的一侧还设有一个地下 3 层、地上 5 层的规模巨大的中庭，新建的地铁车站也与中庭相通，自然光线可直接照射到地下，一改地铁站封闭阴暗的感受，造成热闹的立体都市的印象。这种将整个街区统筹考虑进行交通组织和公共活动空间的设计方法，进一步将城市公共空间“室内化”“集约化”和“立体化”，赋予了城市景观空间以新的内涵。

（一）干道交叉口

在我国许多城市，“十”字相交的主干路将城市中心区一分为四。由于交通性与商业性功能的对峙，在汽车交通日益发达的今天，这种布局的弊端已暴露无遗。尽管通过天桥、隧道等方式试图沟通交叉口的商业服务设施，但仍造成使用上的诸多不便，道路对城市空间的分割态势十分明显。比如南京市新街口 4 条主干道路中心区一分为四，并分属4个不同的区管辖。在一些中小城市新建城区的规划中，这种“四大金刚”包围交叉路口的方式仍被普遍采用，这无疑给城市日后的交通带来隐患。从城市景观空间的角度来看，点式高层建筑的“场环境”是以其为中心的圆环范围之内，也就是说，当欣赏点与高层建筑的距离小于建筑本身的高度时，建筑的全貌已很难进入人的正常视野范围。那种对峙于交叉口的高层建筑布局对空间的压迫感是很明显的。因此，将高层建筑退后布置并适当加密形成更大范围的空间围合感是创造有层次的中心景观的一种手段，这就意味着，从“四大金刚”模式向街区整体发展的趋势是必然的。事实上，从步行使用者的角度来讲，通过高层围合的“广场”空间属于可感应的心理空间的范畴，而道路与建筑裙楼形成的“子空间”才是实在的可“使用”的空间。因此，注重于空间的围合感，通过绿化、小品、建筑入口、裙房来形成完整视阈的广场空间是景观设计的重要内容。位于中心位置的下沉式广场、水池等往往作为标志性景观要素强化了子广场的景观空间特色，从景观体验的角度来分析，天桥既遮挡视线，本身又很难与建筑环境相融合，不宜采用，应结合地下空间的整体开发来解决交通性与商业性功能的矛盾。

（二）步行街

现代步行街或步行街区是欧美内城更新的产物。1930年，德国埃森市林贝克林荫步行街是现代步行街的雏形。在欧美，设立步行街区的目的是复兴都市机能，吸引人回到街上，创造丰富的社会生活。步行街区用地通常有两种来源。一是工业革命或功能主义城市规划遗留下来的城市消极空间，如美国东海岸波士顿的法尼尔山市场就是将楼和楼之间的存货堆场改造而成。在波特兰，著名的先锋广场的前身是城市停车场。随着城市水系的景观与生态功能的呈现，一些河滨的高速公路被改道，建成滨水步行区；二是受汽车交通影响而日渐衰败的商业街。改造为步行街区的目的是把道路从汽车轮子底下抢回来，充分发挥街道生活性的功能，以振兴城市经济，改善城市景观，创造城市精神。

在中国城市中，步行街区通常是商业性质的，较少休闲类。除了上述第一种来源，如连云港市陇海商业步行街就是由原废弃的铁路改建而成，大部分步行街或步行街区都是通过封闭机动车交通的手段，以解决机动车交通对原有商业街或商业街区的干扰。复兴街区的商业活力，对于步行商业街来讲，通过外部交通规则进行机动车分流，依靠周围街道提供停车场地的平面分流的方式是可行的。

但对于步行商业街区来讲，立体分流的措施是必需的，否则就会使街区周围交通陷于混乱。因此，设立地下机动车交通和停车系统，结合公交枢纽（地铁）的开发，进行步行商业街区的建设是目前常见的一种方式（如上海徐家汇）。有时，抬高步行地面标高，形成空中步行街区，成为大规模开发建设项目的一种方式（如巴黎德方斯新区），地下步行系统（如日本大阪）和室内步行街的兴起更是为步行街区注入了新的内涵，由此产生全新的城市景观。

从近几年流行的“步行街热”的情况来看，中国城市的步行街普遍存在着几大问题：一是重机动车轻自行车，二是重商业性少文化性，三是重模仿轻原创，四是重整齐少变化。针对这些问题，对步行街或步行街区景观空间的整合应注意以下几个原则。

一是交通系统化。注意步行街区与城市路网的衔接，妥善解决停车问题。步行商业街区对机动车停放通常有硬性指标，但也应该注意停车场与步行区的位置关系。如果步行区面积较大，机动车沿外围道路的停放可能造成步行交通线过长、影响城市交通等问题。应考虑采取入地或立体方式（停车楼）进行停车安排。在一些中小城市，步行街区对自行车的控制往往力不从心，这主要是由于当地居民的出行方式所致，因此，与其千篇一律地采取封闭的形式，不如采用行人与自行车共存的路面设计，结合景观设计，规范自行车的行车路线及停放区域。在大城市的大型步行商业区，人流高峰时期自行车停车难的问题已十分突出，采取立体设备进行自行车存放似乎是中国这个“自行车王国”应该探讨的问题。

二是功能综合化。步行街区的人流类型是各种各样的，除了购物、逛街、餐饮之外，还有休闲娱乐、社交、顺道通过。因此，过度的商业化可能会造成社会空间的单一性而失去对人流的吸引力，功能的综合化可以延长商业街服务的时间，吸引不同类型的人群，保持商业街区旺盛的人气。此外，将商业与办公服务、居住等功能复合可以合理利用城市资源，缓解交通压力和能源的浪费，并创造多样而生动的城市景观。比如，商业可以拥有就近固定的服务人群以提高经济效益，居住和办公服务也因为有完善的商业配套而提升区位优势，为办公服务面积配置的停车场在傍晚可以向步行街开放。

三是空间形象生动。对于生活化的步行空间来讲，“参差多态是生活的本源”（罗素语）。建筑的高度、长度、街道的宽度是形成步行景观空间特色的重要因素。芦原义信认为：“关于外部空间，实际走走看就很清楚，每 20 ~ 25m，或是有重复的节奏感，或是材质有变化，或是地面高度有变化，那么即使在大空间里也可以打破其单调，有时会一下子生动起来。若单调的墙延续很长，街道就容易形成十分非人性的空间。可每 20 ~ 25m 布置一个退后的小庭院，或是改变橱窗状态，或是从墙面上做出突出物，用各种办法为外部空间带来节奏感。”因此可以在通长的立面上划分出有节奏的单元，当步行街宽度较宽而两侧建筑物相对较矮时，休闲区往往在两侧布置以产生合适的空间比例。步行街宽度适中时，常采用中间休闲区的方式。而两侧建筑物高度不一致时，休闲区一般偏于较矮的建筑物一侧布置，以平衡空间的比例关系（图 5–23）。

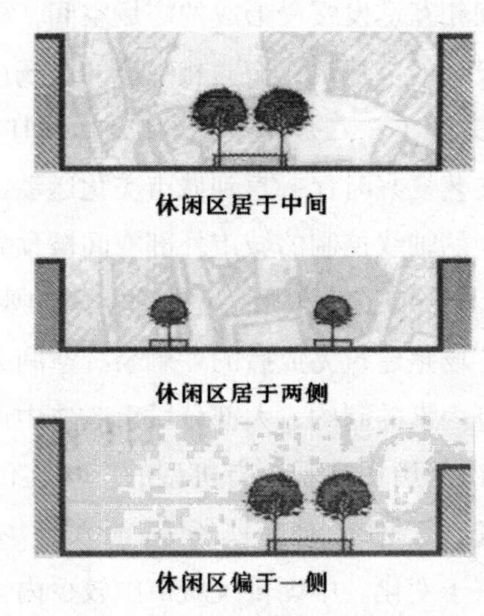

图 5–23　步行街休闲区的布置方式

除了上述采用人体尺度的空间比例以产生宜人的景观空间形态之外，空间形象生动还有多样性与艺术化的含义。在现今城市步行空间中，模仿抄袭的痕迹比比皆是，同样的铺装材料，同样的花坛样式、路灯形式，甚至不顾地区气候差异模仿外地的绿化配置，这样的抄袭缺乏原创性、地方化，根本谈不上艺术性。

另外，受功能性道路设计观念的影响，步行空间设计存在着追求整齐划一的倾向而缺乏变化，步行街道通常采用一致的断面形式，空间缺乏变化，缺少口袋状的凹入空间，无法形成多样化的景观体验，在步行空间中应设立明确的节点空间，有艺术性和地方特色的显著标志物，并通过历史文脉的延续形成步行空间的个性。

（三）广场

广场是与线性空间（街道、河流）紧密联系的区域景观空间类型，属于城市中团状的步行空间。目前的城市广场在空间设计方面主要存在着空间布局的程式化、缺乏积极空间、功能单一、交通混乱、缺乏对人的关怀等问题，导致空间尺度不当，使用者较少，空间利用率低，缺少生气。产生这种现象的主要原因是因为广场在中国城市中一直被当作一种独立的景观空间类型，它的标志性空间的作用被夸大了。历史地看，广场就其构成方式有 3 种类型：一是有机型的广场，比如中世纪建筑与外部空间相互诱发缓慢形成的广场空间，建筑与广场有机结合，现代城市那种经过规划设计的与建筑、交通相结合的广场使建筑与广场空间可互相渗透，亦属此类（图 5–24）。二是内生型的广场，即广场引导建筑的生成。从古罗马的传统和西方文艺复兴时代一直到城市美化运动，构成型的城市形态特征极为明显。通常，宏大的轴线控制的城市外部空间被预先设定，理想的广场空间形态由建筑围合而成，建筑形态必须满足外部空间的要求（图 5–25）。三是外生型的广场。通常，广场是建筑完成后的“剩余”空间，广场空间受制于城市外部条件如道路、建筑等因素的制约，大部分城市改造中形成的广场即属此类型（图 5–26）。从中国城市的历史来看，有机型的广场在传统城市中是存在的，比如一些传统的滨水广场、商业街、庙宇广场等，此类广场空间与建筑结合紧密，尺度宜人，有机自然，富于变化。中国传统城市中较少内生型的广场，这可能是因为在封闭的社会意识形态下，缺乏城市外部公共空间的意识。

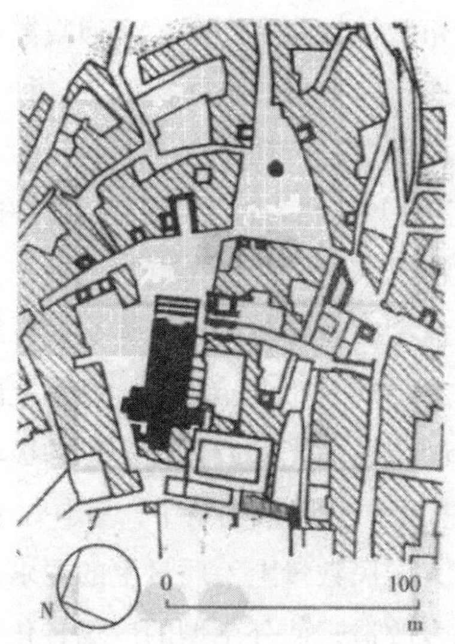

图 5-24　有机型的广场空间

图 5-25　罗马圣彼得大教堂广场——内生型的广场空间

图 5-26　郑州绿地广场

从新中国成立初期城市政治性集会广场、交通集散广场到现今的大量休闲广场，中国城市广场基本上属于外生型的空间类型。这种外生型的空间在物质空间上表现为与建筑相脱离的离散性，在社会空间上表现为与居住、商业等社会生活相分离的单一性，在心理空间上表现为过于追求象征性和纪念性从而产生冷漠感。从南京市城市广场建设的情况来看，广场布点缺乏规划，属见缝插针型，随意性较大，对城市空间缺乏通盘考虑，且与城市立体交通系统及居住、商业环境的结合不够，城市广场空间的布局缺乏布点、数量、面积上的宏观考虑，造成不同地段、不同时间城市广场空间或无人光顾或人满为患的极端现象。广场设计缺乏与城市总体环境的联系，没有组织到城市网络中，基本处于散点状，且多为交通型、平面型广场，很难满足广大居民数量上、质量上的要求。对广场景观空间整合的根本思路在于通过城市综合改造，使外生型的广场转化为有机型的空间类型。首先，广场与城市空间要素的有机结合，除了完善围合界面外，应改变广场被干道分割包围的局面，形成具有城市亲和力的封闭的阴角空间。其次，提倡结合居住、商业、交通系统的整体设计，改变交通型、平面型广场的空间形态，使广场空间走向立体化、复合化。广场与建筑的有机结合是形成复合型社会空间的关键。最后，景观设计的多样性、趣味性是广场空间受人欢迎的前提。总的来说，有级差的景观尺度体系、人工与自然相结合的景观空间形式、标志性与功能性相统一的空间造型、现代性与地方性相融合的景观空间特色是广场景观设计的原则。

第六章　城市住宅区景观空间

住宅区与单位大院封闭或半封闭的景观空间类型在中国城市中是很普遍的，本书将这类景观空间称为单元景观空间，居住与工作是城市人群最基本的行为，日常的景观体验通常在这里发生。总的来说，这种以“业缘”和“地缘”为纽带的人的聚集行为使同质性的社会群体得以形成。从社会学的角度来讲，同质是内在文化结构以及社会生活和意识形态等的相似，是社会稳定的保障。同质居住能形成城市特定地段的领域性，凝结地缘情感；同质工作能形成单位的领域性，造就业缘文化。异质则表现出差别，是能量流动的根本原因，无论是物质的还是精神的，也无论是空间的还是时间的，一切吸引、摩擦、冲突、合作、变迁、流动、落后与进步都产生于差别以及由此引发的相互作用。对于城市来说，正是广泛存在的差别使城市能够将不同的人们凝聚起来，从总体上看，广泛的异质性即表现为城市生活的多样性。这种城市生活的同质性与混合性在传统城市中表现为“墙”与“街”相结合的形态，“墙”内是基于血缘与地缘基础上的一种同质的聚合，“街”则是将不同的异质单元联系为整体的一种结构方式。在现代城市，血缘的纽带逐渐淡化，取而代之的是一种“业缘”“地缘”相结合的形式——“单位大院”（一种工作与居住的结合体），居住区的“业缘”关系也十分明显，到了商业住宅区大量出现的时候，“业缘”与“地缘”相分离，单位大院逐渐净化为“业缘”的共同体，其综合性的功能进一步分离、重组，从而走向开放、集中式的结构形态。商业住宅区使社会人群通过经济“筛选”的简单方式重新分层组合，打破了以往业缘、地缘相结合的复杂的同质聚合关系，使地缘关系在产生社会凝聚力、构建社区邻里网络中占据了重要的地位。本章要探讨住宅区景观空间的整合及商业住宅区的景观规划设计。

第一节 住宅区景观空间的现状分析

尽管中国城市居住空间现状十分复杂，但随着商品经济的崛起与私有化程度的加剧，住宅商品化以及商业住宅区的开发已是大势所趋。不仅在城市新区或近郊商业住宅区大量涌现，旧城中心区的更新改造也使传统居住型街区向商业服务及高档商业居住区转化，房屋产权的私有化加剧了居住的经济分层现象，逐渐瓦解了旧有居住区的业缘联系，而地缘关系的形成却不是一蹴而就的。这就使得城市在新中国成立后尤其是20世纪70～80年代建造的大量居住小区普遍面临物质结构老化、生态环境恶化、社会网络淡化等困境，由此引发了一系列的社会问题。由于这类居住区不同程度地存在着住宅面积过小、房型设计不佳、厨卫设备不全、道路狭窄、市政设施老化陈旧、绿地不足等诸多问题，与新世纪的居住需求已大相径庭。但是这些已建住宅区具有很高的社会经济价值，不仅有数量可观、结构较好的建筑物，而且多数有良好的区位，方便的外部交通条件与服务设施以及多年形成的社会网络。旧住宅区的这些优点成为住户留恋旧宅而不愿轻易迁居的主要原因。由于居民经济条件的大幅度改善，对于居住空间及环境的要求大大提高，家庭结构的小型化、人口老龄化、住宅商品化、住区智能化以及私人汽车进入家庭等条件的出现，也都要求已建住宅区必须进行更新改造，以适应城市居住区持续发展的客观需求，在大规模新建住宅区的同时，对已建住宅区的更新完善已经是许多城市面临的中心问题。

从中国城市现状来看，住宅区大致经历了传统的合院式、街巷式、里弄式、20世纪50年代模仿邻里单位和苏联式居住街坊、60年代居住小区建设、70年代后较为成熟的“小区—组团—院落”三级组织及在此基础上改良形成的“小区—院落”二级组织等阶段。同时，城市中还存在许多与单位制度相联系的“大院”型住宅区（如高等院校的教工宿舍区、工人的家属大院）以及一些自发形成的居住区域（如城中村）等，使得城市中并存着类型多样的居住空间。从空间分布上看，有旧城中心区和边缘新区、近郊大型住宅区三类。随着土地有偿使用制度的健全和旧城改造的全面开展，使城市中心居住用地减少，大量旧住宅被拆除，除了一些70～80年代成片开发的小区以及少量保留下来的具有历史风貌价值的传统居住区外，大量散布的住宅空间都面临着更新改造。从20世纪末开始，旧城中心区的住宅建设开始顺应住宅商品化以后的市场经济模式，走向小规模多样化的高档住宅区的建设方向，大量的居民被迁出，形成被动“郊区化”的现象。城市边缘或新区的住宅形式以70～80年代的“工人新村”和80年代后期大量建设的商品化小区为主。近郊大型住宅区通常出现在大城市，一般随着交通轴而蔓延。由于70～80年代的小区以及随后早期的商品化住宅区在城市中大量出现，对城市景观产生了深远的影响，下面将就此展开讨论。

一、物质空间的角度

20世纪70～80年代建成的小区在物质形态上已远远落后于当今时代的需要，拥挤的住房、灰暗的外观色调、兵营式的布局、杂乱无章的外部空间、“见缝插针”的违章搭建，是人们对它们的普遍印象。这种受限于当时社会经济技术水平的住宅空间形式在21世纪的今天大量存在，这是人们不得不面对的现实。物质空间的老化，服务设施（停车、商业、公共活动等）的匮乏，建筑的高密度覆盖，狭小的居住空间，使住宅区环境恶化。显然，对这些小区来说，改善物质条件是首要的。改革开放以后，商品经济大潮振兴了中国城市的房产业，大量商品化住宅应运而生，其中不乏创新理念的新品、精品。总的看来，早期的商品化住宅注重房型面积、建筑外观、商业配套、绿化指标，并采取“小区—组团—院落”三级结构形式或淡化组团的“小区—院落”二级结构形式；同时，物业管理、智能化等服务与管理手段有效地改善了居住区的整体环境。近年来，住宅区的景观设计已成为商业住宅区关注的热点，从“景观即绿化”的狭隘观念发展到所谓的“大型主题化社区”的整体景观营造，住宅区的建设经历了追求面积—讲究房型—注重室内设计—重视外部环境的发展历程。在物质空间形态上，早期的商品住宅区普遍存在着模式单一、规模过大、建筑形式雷同、外部环境单调等问题。

二、社会空间的角度

小区模式具有规模性、封闭性、配套设施的自完整性等特点。它的规模性

（$1 \times 10^5 m^2$ 以上）对旧城改造项目的社会目标造成冲击，不仅对历史文化地段的保护不利，也对居民的社会网络形成威胁，它的封闭性给城市交通组织造成困难。“通而不畅”的小区级主路在许多地方成为城市支路的替代品，居住与城市交通功能以及商业服务设施相混杂，造成景观混乱、管理不善，小区外境质量下降，在城市支路系统尚不完善的情况下，大规模小区的封闭是不现实的。有些小区虽然按照配套设施指标进行了商业服务的配套建设，但由于和商品经济下资源配置的市场化趋势相悖，往往流于形式。此外，由于对外部公共空间的作用缺乏认识，将联系社会生活的小区中心等同于一些商业服务性质的功能空间，使小区内居民有组织的交往与联系无法开展。早期的商业住宅区虽然注重环境的建设，但规划手法的单一造成了俗称“四菜一汤”的小区景观空间格局。中心绿地被小区道路所包围，如同“孤岛”，丧失了与居住生活的紧密联系，对于一个动辄上万人的小区来讲，中心绿地是一个“匿名性”的通用空间，与城市广场无异。因此，从社会空间角度来分析，小区单一的居住功能的倾向是非常明显的，缺乏交往空间或外部空间不支持交往行为是小区的通病。

三、心理空间的角度

上述物质空间与社会空间的问题反映在心理空间上便是小区缺乏对居民的精神支持，换句话说就是居民难以产生家园的认同与归属感。20 世纪 70 ~ 80 年代的小区，残存的业缘关系使年迈的居民在长期的共同生活与交往中形成了共同的领域空间，虽然生活艰苦，环境恶劣，但那份恋家的情结使他们不愿迁居，而成家立业的子女们却一心向往着宽敞的居住面积和整洁的室外环境。那么，通过“货币”参与市场选择而进入的商业住宅区的情况又是如何呢？在市场体制作用下形成的居住区，人们除了具有接近的住房支付水平或接近的收入水平外，在职业、文化程度、生活方式、思想价值观上很难找到更多的相似之处，何况，小区庞大的规模、多样的户型更加深了居住成员异质化的倾向，这种缺乏同质性基础的异质混合使居民形同陌路，“老死不相往来”，人们除了具有各自的“占有空间”外，群体的领域空间无法形成，那种对公共空间的冷漠感与“无动于衷”必然加速小区外部环境质量的下降，那么通过高额物业管理费用维持的“高尚”

小区是不是中国城市居住空间的发展方向呢？答案是否定的，高收入群体的住宅区努力营造的不过是一种“度假村”式的“社区”氛围，很难产生真正的社区“凝聚力”，更难想象用这种规划设计思维模式去解决众多的中低收入居住区的社区建设和管理问题的后果。从心理空间的角度讲，领域空间是一种依存于物质空间形式的非正式的组织关系的存在，是持久邻里关系形成的基础，也是社区可持续发展的前提。

第二节　住宅区景观空间的整合

城市住宅区既是一个物质体，又是一个社会体，从物质规划走向社区规划是住宅区景观空间整合的必由之路。社区指一定地域上具有相对稳定和完整的结构、功能、动态演化特征以及一定认同感的社会空间，是社会的基本结构单元和空间缩影。社区从本质上讲是一个与物质空间相联系的社会学概念。虽然，住宅区许多问题的产生其实质可追溯到社会组织的层面，但对物质空间本身以及物质空间可能对社会空间、心理空间产生的影响的忽视，使越来越多的城市住宅区陷入了单一的程式化的物质空间模式，住宅区景观空间的整合在于通过物质空间的改善形成可持续发展的景观空间形态，以适应不断发展的社会空间的需求，产生“地缘”关系基础上的领域空间，从而形成积极而稳定的社区“凝聚力”。

对于20世纪70 ~ 80年代的居住小区来讲，稳定的社会网络和邻里关系已基本形成，在物质条件得不到改善的情况下，大量居民不得不寻求新的居所，随着房地产二三级市场的健全，此类小区成为外来人员临时居住或年轻家庭“过渡”型的选择，原有的邻里关系逐渐瓦解。物质空间老化的同时，社会空间也发生了结构性的变化，如果任其发展，此类小区将面临衰败，并有可能导致严重的社会问题，对这类小区的整合思路有以下几个方面。

一、以社会规划为导向的物质空间的改善

其根本目的是维系社区的基本邻里结构关系，促进社区的可持续发展，同时避免社会资源的极大浪费，具体的整合办法应视各小区实际情况而定。对于那些

建筑密度高，房屋质量（结构、套型、面积等因素）较差的小区来讲，应采取小规模组团式更新的“滚动”开发的方式，以吸引居民在社区内进行房屋的置换，而不应该采取大拆大建的方式，避免大幅度地改变居民的组织成分（图 6–1）。社区规划的手段能够使居民了解认可并通过资金投入来参与社区开发，从而控制房地产开发的社会目标，社区内居民应享有面积置换、产权转移等优惠政策，实现区内迁居。腾出来的住宅可作为集中的“廉租屋”向社会开放，从而获取改造资金或通过住宅的改建，如加建厕厨等配套设施、增加套内面积（将一梯三户改为一梯两户，一梯两户改为一梯一户等）的手段满足较低收入水平居民的需要（图 6–2）。这种“社区运作”的模式可以建立持续的住宅区规划建设机制，来取代现有的不符合城市住宅区发展的“一次性”规划建设的机制，“社区运作”模式的关键是利用政府、开发商、社区居民的合力，并逐步培育社区居民的力量，即“社会资本”来实现传统住宅区的发展。

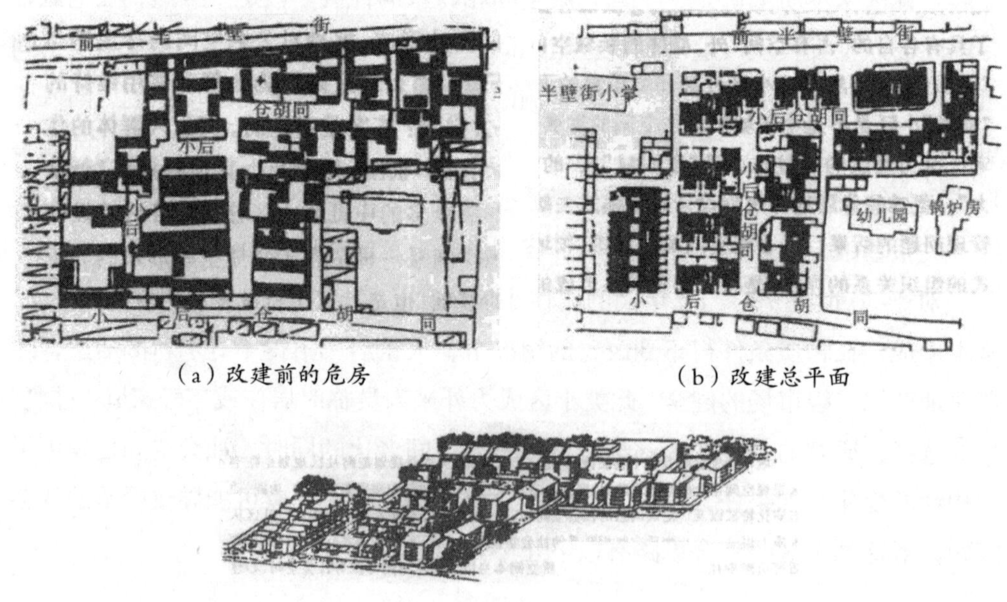

（a）改建前的危房

（b）改建总平面

（c）小后仓规划鸟瞰图

图 6–1　北京小后仓巷胡同的改造——对城市肌理的尊重及社会结构的延续

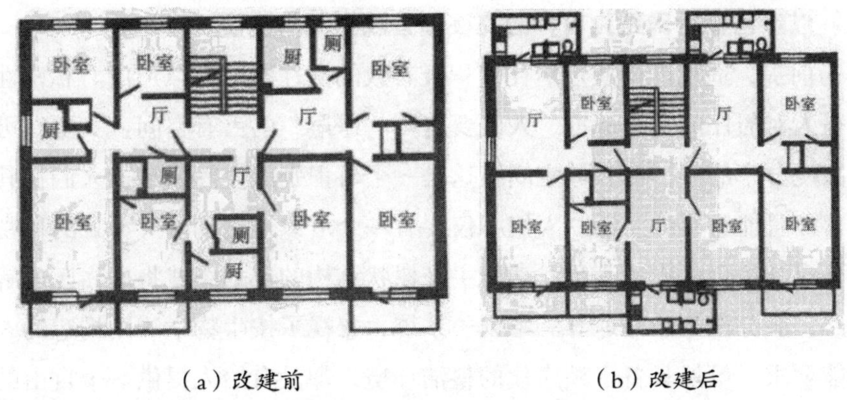

（a）改建前　　　　　　（b）改建后

图 6-2　住宅的改建

二、以社区中心为主体的社会空间的重构

社区中心在物质形态上表现为一些建筑物和特定的空间，而正是这些物化了的设施表现了住区生活的凝聚与集结。“社区中心是供大家对所有问题进行讨论、辩论和共同行动的场所，它的目的是恢复当地团体的积极性和首创精神、自我意识和自我指导，是对忠于党派、单方面决定问题和遥控的挑战。社区中心一旦建立后，可以在许多方面开展工作，鼓励大家参加业余戏剧演出，学习各种艺术和工艺，形成邻里内的一个精神和文化中心，就像过去教堂所做的那样。”显然，社区中心的作用在于建立社区内人与人之间的复杂联系，从而形成完整的社会网络。在一些商业住宅区，尽管考虑了社区中心的物质空间建设（如会所建筑），但往往等同于一些商业化设施，并未发挥它的功能。相反，一些旧有的小区虽然物质条件简陋，但在一定程度上有着一些邻里活动的必要设施，并具有浓厚的生活气息和文化氛围。这说明，地缘性社会团体的形成既需要一定的物质空间的支持，又需要长时间的积淀。在社会文明日益发展的今天，多质性、开放性、个人化的城市社会中，社会空间结构处于一种多元的变化状态之中，社区中心作为一个社会化的概念被广泛关注。尽管物质规划的作用并不是如我们所希望的那样有效，但仍不失为一种“亡羊补牢”的手段。比如在一些高密度的住宅小区，应通过“社区运作”的方式，置换面积，适当拆除一些住宅楼进行社区中心的建设，以满足小区居民的迫切需要。

三、以绿色步行网络为目标的交往性景观空间的建设

作为前提，适度的同质性居住使积极有效的交往空间得以形成。私密性与邻里关系是人对居住的双重标准，人既要有可“退避”的占有空间，又要有可以与他人有限度分享的群体的领域空间。这是一个可识别的空间领域，人们在其中不仅生活，而且能够集体生活。人们不仅要有一个可以退避到心灵深处的秘密的领地，还要有被社会认同的满足。功能主义树状结构的规划图式将居住区理解为住宅、道路、服务设施、绿地等一系列子系统，忽视了按生物学法则构造的人的生活和功能要求，虽然具备了秩序化的整洁环境，却没有给人提供一个自由的行为空间。对比西方住宅区开发的新都市主义趋向与中国商业住宅区的小规模、同质化的主题社区潮流可以发现，虽然两者的现实背景存在着极大的差别，但却存在着殊途同归的走向。前者从低密度、大私有（土地与道路的私有化）转向适中密度、小范围分享型的公共空间模式；后者从高密度、大公有（公共空间的匿名性）发展到高密度与开放空间相结合，小规模公共空间的组合方式，它们都表现出了对人性的关怀以及对生活化的景观空间的追求（图 6-3 ~ 图 6-5）。西方的研究认为，10 ~ 20 户围绕街道或院落组构的住区，可以在保证人与人之间必要的距离和自我状态下形成持久的邻里集体。美国的小区划分一般是 25 ~ 75 户作为一个组团，组成所谓的“微型小区”。从人口上看，这样的规模在国内小区中不会超过一个住宅院落。这种对比说明，中国城市住宅区对空间的划分规模显然是过大了。

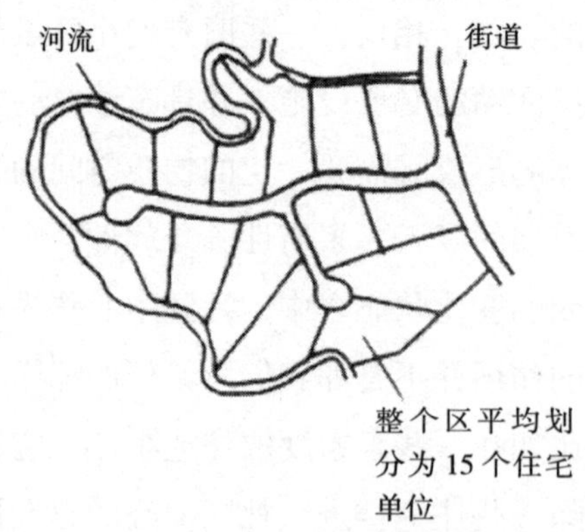

图 6-3　典型区域细分

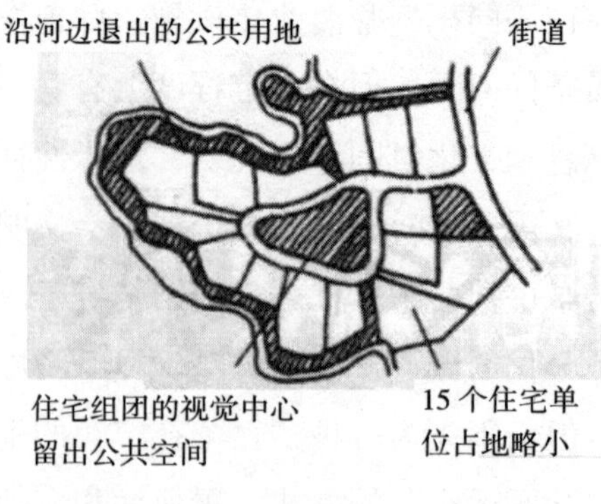

图 6-4　同等密度组团

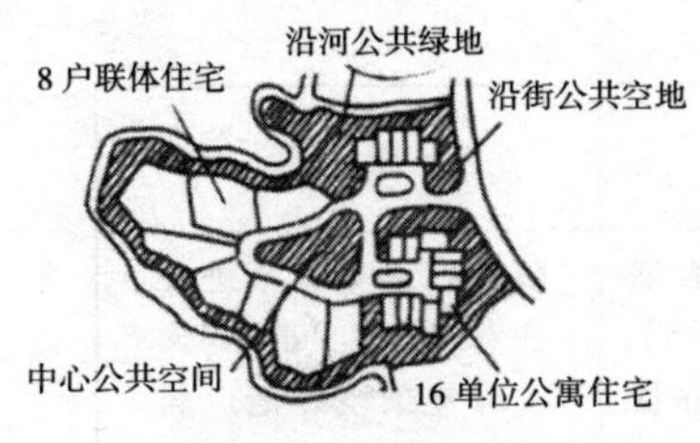

图6-5 利用组团方式获得更多的公共空间

本书将能够支持不同年龄层次居民进行自发或集体交往活动的外部公共空间作为交往空间来研究，它至少具备下列一种或几种物质设施或条件：①有供多人驻足停留的公共场地（硬地或绿地）和必要的休息设施（如长椅）。②有供儿童游戏的场地和设施。③有一定的绿化。④有遮风避雨的设施，如亭榭、空廊及建筑架空部分。可认知的复合型的外部交往空间形成整体的景观空间单元，在中国城市住宅区中通常表现为下列几种形态：街道型、院落型、绿地型。通过这几种形态的景观空间分析，提出了有针对性的整合建议（表6-1）。

表6-1 住宅区景观空间的整合

类型	居住形态	空间形态特征	景观空间分析	整合建议
街道型	传统街巷或里弄式住宅街坊	街道交叉口或两侧零星的绿化休闲区域	人性化的空间尺度，线性及团状的交往空间，密切邻里关系，适于自发的交往行为。空间小，不便于有组织的集体行为，缺乏专门性的游憩空间及设施	重点强化团状交往空间，增加适合老人和儿童的健身游乐空间及设施。线状交往空间应注意休憩设施与绿化的结合
	20世纪70～80年代多层单元公寓式住宅小区	小区路及组团路空间	一种以商业为纽带的线性交往空间，过度的商业化导致社会空间的单一及物质空间的混乱，从而制约了游憩及交往行为	规范小区路的商业设施，形成有利于交往的空间形态。组团路应以绿化环境的建设为主，注意散步道与"口袋状"游憩空间的结合
	低层高密度公寓或联体别墅区	住宅前及住宅之间的道路空间	线性的空间对住户之间的自发交往有利。景观空间形态狭长，较单调。无大空间，交往行为单一	尽量避免机动车交通的穿越。采取曲线或折线型的单体布置，形成有变化的景观空间

续表

类型	居住形态	空间形态特征	景观空间分析	整合建议
院落型	周边式街坊	由多幢住宅围合而成	内向型景观空间，围合感好，适于交往行为，由于东西向住宅多，影响住宅居住质量，机动车交通混乱	解决机动车大量进入住宅的矛盾。可采用人车分流架空绿地广场的景观空间形式
	20世纪70~80年代多层单元公寓式住宅小区	多层住宅楼之间的院落空间	适合小范围居民的交往场所，但因为停车、底层住户搭建等原因受到侵蚀，光照少，通常无休闲设施。交往活动形式单一	规范底层庭院界面。通过花坛绿地限定公共活动领域。增设必要的休息设施与小规模硬质铺地。在有条件的情况下封闭院落的一端，形成“口袋”空间
	小区—组团—院落三级结构	多层住宅楼之间的院落空间。住宅一般为北入口，底层可能为车库	院落空间范围由日照间距决定，光照少，通常无休息设施。中小城市住宅通常采用底层2.2 m车库的形式，使一层住户失去庭院绿地，院落空间缺乏视线监视，成为“无防卫空间”	通过景观设计的手段限定车辆通行及停放的区域。扩大单元入口处的停留空间以强化“家门口”的空间理念。如底层为车库，可通过架空或悬挑的手段形成风雨走廊，与组团绿地(小游园)相联系
	小区—院落二级结构	2~6幢住宅楼围合而成的院落空间。通常有儿童游憩及休闲设施。一般不允许车辆穿越	内向型景观空间，围合较好。适于交往行为。由于院落空间通常被适当扩大，光照条件有所改善。必要的游憩设施适合邻里的交往。分散的外环境投资建设可能限制设施的规模，并造成重复投资	注意景观设计的多样化原则，避免千篇一律。通过绿化配置、小品风格、建筑色彩、铺装材质来形成自身的特色和可识别性
	高层或小高层围合式布局	2幢或多幢高层或小高层住宅楼弧形或四周围合而成，人车分流，空间规模较大，设施齐全	由于居住人口集中，适于建设主题化社区公园。虽然设施完备，但服务人口过多，空间易产生“匿名性”。不易于邻里关系的形成	从多样化生活的角度出发，有针对性地进行适合不同年龄兴趣人群的景观空间的安排。会所及休闲设施应起到联系社区生活的积极意义，避免成为高消费的场所

续表

类型	居住形态	空间形态特征	景观空间分析	整合建议
绿地型	组团绿地	在小区组团的人口或中心位置。规模适中，基本以绿化为主	与住宅联系不紧密，多作为满足绿地率指标的一种规划手段，缺乏生活化的游憩设施	增加儿童游憩及休闲设施并与院落空间形成有机的联系。组团绿地的主题化景观设计是形成空间识别性的手段
	小区中心绿地	通常位于小区中心，与会所、幼儿园、小学或标志性住宅相结合，规模大	作为社区中心，应发挥凝聚地缘关系的作用，但服务人口过多，范围过大，导致中心绿地成为“通用空间”。中心绿地易被小区道路包围，使其与住宅缺乏有机联系。城市广场型的小区中心绿地空间尺度过大，内容单一，加剧了物质空间的离散性	通过小区道路系统的规划使社区中心与一定数量的住宅相结合并形成内向的步行网络。会所应成为人们联系交往的场所。幼儿园、小学应利用中心绿地的优美环境，使这里成为儿童和家长共同热爱的地方。应抛弃“大草地”式的城市绿地广场模式，并尊重原有的生态格局

第三节 住宅区景观空间的规划设计

一、目标及原则

住宅区景观规划设计的目标是通过物质空间的规划设计来满足持续发展的社会空间的需求，形成稳定的地缘关系和社区的邻里网络，让居民从心理空间的角度产生对社区的认同与归属感。可持续发展的居住景观空间应是表层结构（人工物与自然）、中间结构（人与环境，人与人）、深层结构（人自身）产生“同构”时组合而成的物质和社会体。与居住空间的景观形态相联系的是一种社区的生活。一种生活的方式，表达了一种“存在于世”的处世哲学，从这个意义上讲，住宅区的景观规划设计是指通过物质手段达到景观完整，从而追求生态连续、多元共生的环境与社会目标，其根本原则应体现在下列几个方面。

（一）以社会目标为导向

物质空间规划不能背离社会规划的根本目标——社会公平。目前，中国城市住宅区面临着“士绅化”倾向与被动“郊区化”过程，原有社区已受到严重冲击。同时，城市外部空间宝贵的公共性品质在商品经济浪潮中逐渐被吞噬，在商业住宅区规划设计中，那种用围墙环绕，与周边环境相割裂的“高尚”住宅区在城市中大量出现，加剧了城市景观空间异质化的倾向。在住宅区规划设计中，如何在保证适度的同质居住的前提下，将异质人群通过发展公共空间的手段进行联系与沟通以形成可持续发展的社区是住宅区规划的主要社会目标之一。在英国的社区开发中，不同收入人群的住宅被设计在同一邻里中，从住宅外表上看不出住房者的社会和经济差别，同一邻里的低收入者可以在本社区的商业或其他服务部门工作，以此把住宅发展与社区就业联系起来。由于人们对服务的需求带有地缘文化的色彩，“互助”而非“牟利”的观念使不同阶层的人群通过社区服务的手段凝聚到了一起。在社区内，人们通过不同于社会组织的另一种尺度来衡量价值，从而使人的价值完整，内心得到安抚。这正是住宅区景观空间深层结构的体现。

（二）以生活美学为法则

居住空间的景观美学体现在几个方面。一是自然美。从直观的角度，大气、阳光、山、水、动植物与人之间的亲和力是任何别的事物都无法比拟的。自然的美在于它的气韵生动，在于它的变幻多姿。风雨雷电、阴晴圆缺、草长莺飞、潺潺水声、阵阵花香，这一切充分调动了人的视觉、听觉、嗅觉、触觉，形成极为真实亲切的景观体验。二是艺术美，即社会劳动产品或者说是人化自然的美。建筑物等景观空间形式是产生艺术美的来源，经过整理加工的自然则可以认为是自然与艺术相融合的美。三是人的美，或者说是生活的美。美好的景观归根结底是源于生活、服务于生活的。景观观念源于人们的择居行为，中国山水画的最高境界是“可游、可居”，表达了一种理想的栖居景观观念。显然，景观的美最终体现在人的居住行为上，即美在生活。居住空间的景观规划要从生活美学的角度出发，创造美好的生活。因此，景观规划设计中，应该尊重自然生态格局，尊重人的行为心理，尊重社会文化结构。

（三）以外部空间为主体

从广义的角度来讲，景观完整地表现为各景观要素之间的不可或缺和相互和谐，因而景观规划设计是一种整体设计的行为。但是，由于外部空间在联系各物质景观要素和社会生活方面具有不可替代的重要作用，它的规划设计有助于达成物质空间有机性、社会空间复合性、心理空间层次性的目标，从而产生具有浓厚生活气息的居住景观。因此，建筑物以外的空间应是景观规划设计所偏重的主要内容。具体来说，住宅区的道路、开放空间（绿地、广场）、标志（人口、户外小品设施等）是居住空间景观规划设计的三大内容。此外，由于建筑外观在构成景观空间形态特征中的直观作用，也应该将其作为景观规划设计的重点。

二、困惑与反思

近年来，经历了追求面积—讲究房型—注重室内设计—重视外部环境的发展历程，住宅区的景观设计已成为社会关注的热点。从本质上讲，居住空间的规划设计应是人们对于理想栖居环境的诠释与表达，是实现“诗意栖居”的必要手段（图 6-6）。住宅区的审美环境是景观空间系统各要素有机结合所呈现出来的和谐状态，同时，住宅区景观作为城市景观的重要组成部分，对城市空间的贡献是不可低估的。现代城市住宅无论从体量、用地规模和数量上讲，都堪称是城市中最大型的建筑。在一定程度上，住宅决定了城市的肌理状态，形成城市景观空间

图 6-6　明 · 仇英 桐阴书静图

的特征。在住宅区的规划设计过程中，来自城市规划与城市设计的影响是不容忽视的。同时，对于一些约定俗成的景观观念与商业住宅区开发中的热点与潮流，城市管理与规划设计人员应有冷静的思考与积极的探索。

（一）“控规”与城市设计

改革开放以来，控制性详细规划（简称“控规”）已成为规划管理和实施中最主要的技术平台和管理手段。在规划界，关于“控规”的内容，编制技术及其在规划管理过程中的效果，是一个有争议的问题，本书无意就此展开讨论，但“控规”对住宅区规划设计的影响是显而易见的。这是因为“控规”是住宅区规划设计的基本依据，诸如用地性质、地块适建要求、建筑高度体量、容积率、绿地率、出入口方位等指标直接对住宅区的规划设计产生制约，是否满足“控规”要求成为规划管理部门审批规划设计方案的重要甚至主要依据。然而，由于城市总体规划与详规之间缺乏城市设计这一中间环节，缺乏对城市景观空间各要素关系的研究，缺乏对城市区域空间个性的探求，使得控制的意图往往变成缺乏充分依据的强制性规定，限制了设计者的空间创造能力。比如，在住宅区的规划设计中，经常会遇到“控规”规定的城市道路生硬穿越分割住宅区用地的情况，严重影响住宅区景观空间的整体性和连续感。由于规划技术本身缺乏对城市空间自然与人文内涵的感悟，没有从城市空间“场所”精神出发提出对景观空间多样性的要求，这种过于机械化和一般化的方法必然会形成“一抓就死，一放就乱”的城市建设局面。这也从一个侧面印证了自下而上的城市空间的建构与整合对于形成生动多元的城市景观空间的重要意义。

（二）“主题化社区”的思考

“主题化社区”是近年来商业住宅区开发追逐的热点。这种住宅区要“造就与众不同的个性，追求某种特定的风格”，由于“销售火爆，得到了市场与学术界的双重认可”。主题化社区通常具有大规模的内部景观空间如中央庭园或商业步行街，并且拥有设施完善的休闲娱乐设施，建筑与景观设计极力渲染其独特的个性与风格，追求异域风情和美轮美奂的环境。为了保证足够高的容积率和大面积的户外空间，主题化社区通常采用高层或小高层围合式布局。由此可见，主题化社区具有物质空间的封闭性特征，同时，这种“高尚”小区吸引的往往是高收入群体,居住分层的现象导致了住宅区社会空间的独立性特征。那么,营造这种“度假村”式的“社区”氛围是否能够产生社区的“凝聚力”呢？笔者对此表示担忧，首先，过多的居住人口分享大规模的主题化社区公园或步行街道空间，容易产生“匿名”效应，限制交往行为的发生与领域空间的形成；其次，“度假村”式的异域风情能够满足居住者最初的猎奇心理，却不能持续激发居住者的认同感和家园感。作为栖居场所，它要满足休闲的要求，并不需要太多的空间信息量，却需要领域感。对于休闲人群来讲，熟悉的自然环境比步移景异的场所更好一些。最后，高额物业管理费用维持的景观环境对居住者来讲是一个沉重的负担。由于群体的领域空间难以形成，无形中加深了居住者对室外空间的疏远感，违背了设计者的初衷。另外，主题化社区相对封闭的空间环境形成了贵族化的城市“堡垒”，对城市公共空间的贡献却微乎其微，因此，也有设计者从实践的角度提出了保持城市设计与城市空间连线性的“城市化社区”的概念。

作为规划设计人员，在住宅区景观空间规划设计过程中，应始终坚持以社会目标为导向，以生活美学为法则，以外部空间为主体的原则。

第七章　城市园林设计

第一节　园林艺术概论

园林是城市环境的重要组成部分，融自然景观和建筑景观为一体，是一门传统的城市环境艺术。据文字学家解释，中国古代篆字“園”，具有园林的象形含义：“□”代表围墙，即人工构筑物；“土”代表地形的变化；“口”是井口，代表水体，“衣”表示树木的枝杈。由此可知，在一定范围中，通过对地形、水体、建筑、植物的合理布置，而创造出可供欣赏自然美的环境综合体就是园林。在中国古代文献中，根据不同的性质和功能，将园林称为园、囿、苑、园亭、庄园、园池、山池、池馆、别业、山庄等，无论这些名称所处的历史时段、性质、规模等是多么的不同，但都有一个共同的特点：即在一定的地域范围内，利用并改造天然山水地貌，或者人为地开辟、塑造山水地貌，结合植物的栽植和建筑的布置，形成优美的景观，构成一个供人们观赏游憩、居住的环境。

一、园林的范畴：基本要素和特性

大到上万公顷的风景区，小到可置于股掌之上，仅可神游的插花、盆景，都因其创作素材、经营手法、审美及艺术类型相同而归于园林的范畴。园林不是建筑的附属品，园林艺术也不是建筑艺术的附属。

钱学森先生认为：Landscape（景观）、Gardening（园技）、Horticulture（园艺）都不是中国的园林，中国园林是他们这三个方面的综合，而且是经过扬弃，达到更高一级的艺术产物。园林的四个层次为：

其一，宫苑——北海、圆明园等皇家园林；

其二，庭院——江南私家园林；

其三，窗景——建筑群的中庭之类；

其四，盆景——微型园林。

（一）园林的基本要素

一种观点认为有 4 种：土地、水体、植物、建筑。

另一种观点认为有 5 种：土地、水体、植物、建筑、动物。

园林的最高境界：虽由人作，宛自天开。

（二）园林创作中的四种特性

（1）科学性——土壤、岩石、植物、测量、建筑、构造、气象等。

（2）艺术性——美学、文学、绘画、楹联等。

（3）继承性——园林发展的历史、古代园林表现手法等。

（4）发展性——现代人的审美意识、环境条件、不断创新、中西结合等。

二、园林的形式

（一）规整式园林

在园林设计中讲究对称、均齐的严整性，讲究几何形式的构图，包括建筑物的布局和植物的配置等。着重突出园林总体和局部的图案美。

（二）风景式园林

讲究自由灵活，不拘一格。

（1）利用天然的山水地貌，并加以适当的改造和剪裁，在此基础上进行植物配置和建筑布局，着重表现天然风致之美。

（2）将天然山水缩移并模拟在一个小范围之内，通过“写意”式的再现手法而得到小中见大的园林景观效果。

（三）混合式园林

规整式与风景式相结合的园林。

（四）庭院

以建筑物从四面或三面围合成一个庭园空间。在这个小而封闭的空间里面点缀山池、配置植物。

三、园林设计的立意

立意是设计者根据功能需要、艺术要求、环境条件等因素，经过综合考虑后产生出来的总的设计意图。立意是艺术创作活动中的重要过程，中国绘画和书法创作中都提倡“意在笔先”，以期达到预先设定的境界。

王国维在《人间词话》中指出，“境非独景物也，喜怒哀乐亦人心中之一境界，故能写真景物、真感情者，谓之有境界，否则谓之无境界。”

在园林设计中，意是纲领，意是意境，意是思想，意是哲理，意是我所设计的园林与其他园林所不同的根本所在，意是园林特色的根本，是不落俗套的基石。

立意和技巧是相辅相成的，不可偏废。

立意和技巧均佳——上品。

立意平淡，技巧好——中品（易落俗套）。

立意甚高，但技巧平平——中品（易画虎成猫）。

立意和技巧均平平——下品。

立意是思想，技巧是手段——这不仅仅指园林设计，其他艺术创作也是如此。

立意既关系到设计的目的，又是在设计过程中采用各种构图手法的根据。景观组织中，如果没有立意，构图将是空洞的形式的堆砌。成功的设计，不仅要有立意，而且要善于抓住设计中的主要矛盾，既解决建筑功能问题，又具有较高的艺术思想境界。

在设计中，特别要注意：立意要新，不落俗套，园林布局和建筑格局不宜雷同，更不能标准化，我国古代园林中亭子不可数计，但很难找到格局和式样完全相同的例子。

一切艺术创作都贵在创新，任何简单的、不同程度的模仿都会削弱它的感染力。

归纳起来：立意——意在艺术意境的创造，寓情于景、触景生情，达到情景交融的目的。

《园冶·园说》：

“轩楹高爽，窗户虚邻，纳千顷之汪洋，收四时之烂漫。”

“萧寺可以卜邻，梵音到耳；远峰偏宜借景，秀色可餐；紫气青霞，鹤声送来枕上。”

“溶溶月色，瑟瑟风声，静拢一榻琴书，动涵半轮秋水，清气觉来几席，凡尘顿远襟怀。”

在这些描述中，把远山、萧寺、浩水、花卉、云霞、月色、风声、鹤唳、梵音、琴书等各式各样的形、声、色、味都点出来，目的就是要加强园林的艺术意境。

古代园林组景、建筑和景区命名大多属于某种艺术意境的概括。常常通过匾额、楹联点染出建筑的主题，并不以建筑功能来表达意境。例如圆明园、万春园、长春园景名。

拙政园与谁同坐轩，如图 7–1 所示。

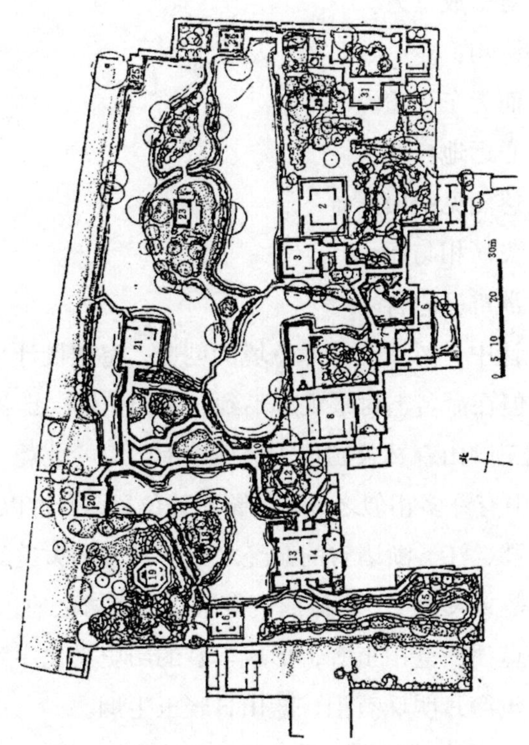

图 7–1　苏州拙政园中、西部平面图

1—腰门　2—远香堂　3—南轩　4—郁风亭　5—小飞虹　6—小沧浪　7—得真亭　8—玉兰堂　9—香洲　10—另有洞天　11—柳荫路曲　12—宜两亭　13—三十六鸳鸯馆　14—十八曼陀萝花馆　15—塔影亭　16—留听阁　17—与谁同坐轩　18—笠亭　19—浮翠阁　20—倒影楼　21—风山楼　22—荷风四面亭　23—雪香去蔚亭　24—北山亭　25—绿绮亭　26—梧竹幽居　27—东半亭　28—海棠春坞　29—绣绮亭　30—楷把园　31—玲珑馆　32—春秋桂日亭

在园中西部，有一扇面亭，三面环水，题曰：与谁同坐。亭中仅一几两椅，意境取苏东坡词句：

与谁同坐？明月、清风、我。

到此稍坐、思追古人，由此而想到李白的诗《敬亭独坐》：

众鸟高飞尽，孤云独去闲。

相看两不厌，唯有敬亭山。

《月下独酌》：

花间一壶酒，独酌无相亲。

举杯邀明月，对影成三人。

进而想到陶潜诗句：

结庐在人境，而无车马喧。

问君何能尔？心远地自偏。

采菊东篱下，悠然见南山。

山气日夕佳，飞鸟相与还。

此中有真意，欲辩已忘言。

如果我们在设计中，忽视对艺术意境的创造，将使设计平庸。有时虽创造了良好的艺术意境，但在命名上对景观起不到点染的作用，也将削弱艺术意境。

西安秦岭北麓王顺山森林公园位于蓝田东南部秦岭北麓，山峦叠翠，自然景观优美，与安徽黄山有许多相似之处。公园所处位置，自古以来是关中进入商州，经丹江，连接豫、鄂、江、浙诸省的必经之路，是古武关道的一部分。由于距长安较近，汉唐时期是文人学士、官僚商贾等游览、隐居之地，有丰富的人文景观。

蓝田—蓝关—蓝溪—蓝田玉等，形成丰富的历史文化序列。

李商隐诗句：沧海月明珠有泪，蓝田日暖玉生烟。

杜甫诗句：蓝水远从千涧落，玉山高并两峰寒。

韩愈遭贬时诗句：云横秦岭家何在，雪拥蓝关马不前。

唐宋传奇中有著名的裴生乞水逢云英的故事。

然而如此丰富的历史文化并未能给森林公园的命名增色添彩，公园以明、清以后的山名来命名，称王顺山。传说王顺是明代孝廉，是二十四孝之一，其知名度远不如郭巨埋儿、彩衣娱亲、卧冰求鲤等传说有名。森林公园以王顺命名，未能将丰富的历史和动人传说点染出来，起到画龙点睛的作用，减弱了公园的吸引力，降低了知名度。园林建筑立意强调景观效果，突出意境的创造。在这个创造过程中，有两个最重要最基本的因素必须结合进去，即建筑功能和自然环境条件。

颐和园以佛香阁建筑群为全园的构图重心，以强烈的中轴空间布局，依山而建，构成了极其宏伟壮丽的艺术形象。将怡情养性，礼佛烧香的功能与挖湖堆山结合起来，塑造颇具特色的建筑空间，如图 7–2 所示。

图 7–2　佛香阁建筑景观

由佛香阁向南眺望：中景：昆明湖湖心岛、十七孔桥、廊如亭；远景；长堤烟景。

由佛香阁向西眺望：远景：玉泉山塔、西山景色。

由佛香阁俯视：转轮藏、五方阁、东西长廊。

构成园林组景立意的另一个重要因素是环境条件，如绿化，水（溪、泉、湖、海），地形、气候等。

从某种意义上说，园林建筑有无创造性，往往取决于设计者如何利用和改造环境条件。

峨眉山清音阁景观特征：终年云雾缭绕，瀑布喧腾。正式建筑仅清音阁寺院，其他均以自然景色为主，亭台为辅，如图 7–3 所示。

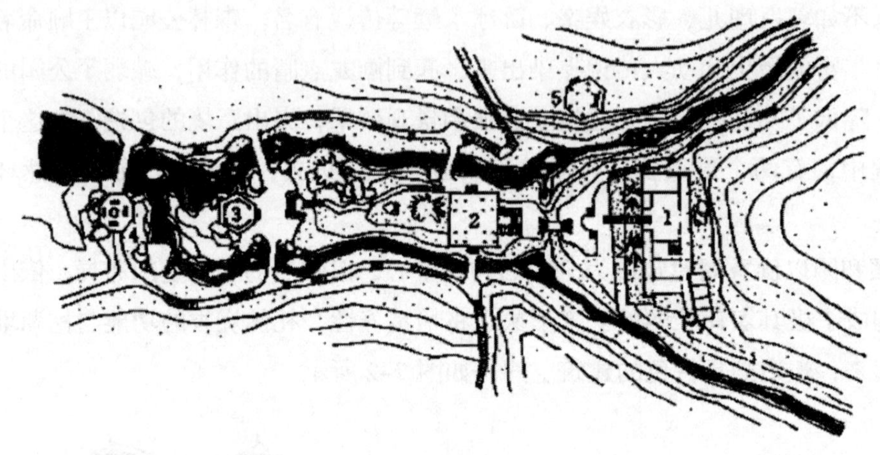

图 7-3 峨眉山清音阁平面图

第二节 园林总体布局与地形设计

土地是园林的基本要素之一，也是其他要素的载体。由于我国城市用地紧张，园林用地主要有以下几个方面：

其一，利用荒地、山岗、低洼地和不宜建筑的用地。

其二，城市规划时根据城市发展需要来布置的公园等公共绿地。

其三，与城市历史文化遗存有关的风景名胜用地。

其四，城市专用绿地（如机关、学校等）、生产用地（如苗圃等）。

在园林总体布局的构思时，应充分利用其用地的自然特点，如平地、坡地、土丘、沟壑、小山等。同时考虑其地质条件、气候条件和植物的分布特点，全面地综合地研究其用地条件，并根据园林的用途、功能、规模等来进行总体布局。

一、园林总体布局及地形设计的特点

园林总体布局和地形设计是以自然美为特征的环境景观设计，绝不是单纯的平面构图和立面构图。主要特点：

（一）要善于利用地形、地貌、自然山水、绿色植被等

在平地上应力求变化，通过适度的填挖形成微小的地形起伏，使空间富于立体化而产生趣味，从而达到引起欣赏者注意的目的，如图 7-4 所示。

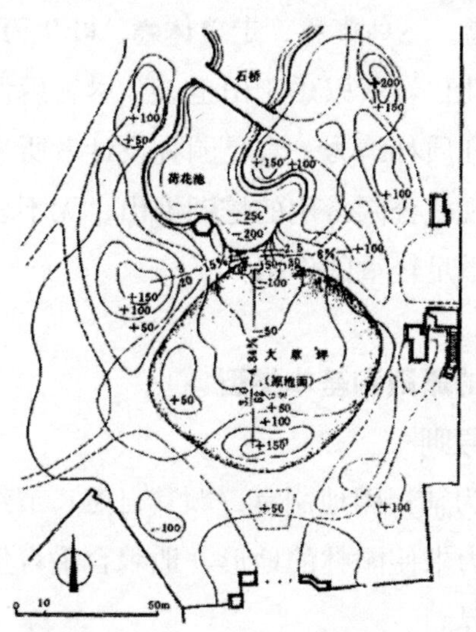

图 7-4　上海天山公园草坪

有坡地、土丘、小山等自然地貌，更应仔细斟酌，充分加以利用，并力求形成一定的趣味性和意境。

计成《园冶》一书中，第一篇就是《相地篇》，将园地分为山林地、城市地等 6 种类型，要求做到“相地合宜”，达到“构园得体”。

在园林总体布局中，掌握各类用地比例是地形设计的关键环节，《园冶》中给出一个范例：十亩之地，十分之三开池；十分之七中，以四分垒土成山，高低可以不论，栽竹最为相宜，形成内外景色。厅堂空旷，好似开敞的绿野，叠石成山，又环篱筑成曲径，植桃李满园，直能入画。

在地形设计中，应结合不同特点的地形，发挥不同地形的特点，创作出不同特点的园林艺术作品。

（二）掌握时间变化的艺术

园林植物、山、水等景观都是随时间、季节变化的，力求做到春、夏、秋、冬植物景色各异，山水变化无穷。

（三）创作心理气氛

从表面上看，地形对人的作用在于直观的视觉的方面，但从深层次看，更重要的是表现在人对自然的依恋和感情。《韩诗外传》：“夫山者，万物之所瞻仰也，草木生焉，万物植焉，飞鸟集焉，走兽休焉，吐生万物而不私焉，高云导风，天地所成，国家以宁，此仁者所以乐于山也。”尽管后世对山由崇拜转为欣赏，它带给人们的雄浑气势和质朴清秀一直是园林设计者所追求的目标。在城市中，从古代庭园的掇山，到现代公园常用的挖湖堆山，无不表明地形上的变化历来都对自然气氛的创造有着举足轻重的作用。

二、园林地形设计的原则和基本类型

（一）地形设计的原则

以利用为主，改造为辅；因地制宜，顺其自然；节约工程开支；符合自然规律与艺术要求。总之，力求使园林的地形、地貌合乎自然山水规律，达到“虽由人作，宛自天开”的境界。

（二）地形的基本类型

（1）平地。草地、集散广场、交通广场、建筑用地等，功能为接纳和疏散游人；今山体和水面之间的过渡地带。

（2）坡地。如土坡、低丘陵坡、斜坡等，功能为种植草坪，种植花卉；乔、灌、藤相结合的景色。

（3）高起的地形。如岭（连续不断的群山）、峰（高而尖的山头）、峦（高而缓者）；顶（高而平的山）；阜（起伏小、坡度缓的小山）；岗（山脊）；峭壁（山体直立，陡如群壁）；悬崖（山顶部分突出山脚之外）等。

（4）低矮的地形。如峡（两座高山相夹的中间部分，可以是水，也可以地）；峪（谷，两山之间的低处）；壑（较谷更深更宽的低地）；坞（四周高起，中间低，形成小面积洼地）。

（5）凹入的地形。如岫（不通的浅穴，位于山岩或水边）；洞（较岫更深，有上下曲折、可贯通的山腹）。

不同的地形，给人带来不同的感受，地形越复杂，给人的感受越丰富。

例：坞，可形成比幽景更为封闭的奥景——“竹坞寻幽、醉心即是”

岫为云水藏身之所，水边的岫——水石相激，其声成景；山间的岫——云生之处，“移石动云根”、“云无心以出岫”（陶渊明）；古联：云在岫无争出意，石当流有不平鸣。

在地形设计时，不可因坞低、岫残而弃之不用，或者乱加改造，而应充分利用其特点，赋予它们不同的，超凡脱俗的情调。

第三节　园林景观设计

一、主景与配景

主景是在园林绿地中能起到控制作用的景物，是整个园林绿地的核心。如纪念性建筑小游园中的雕塑、喷泉；大公园中的主体建筑。

特征：主题或主要的使用功能，是整个园林绿地视线控制的焦点。

配景是起衬托作用，使主景突出。突出主景的手法如下。

（一）主体升高

主景主体升高，相对使视点降低，看主景要仰视，一般以简洁明朗的远山、蓝天、树木为背景，使主体的造型轮廓鲜明突出，如图 7–5、图 7–6 所示。

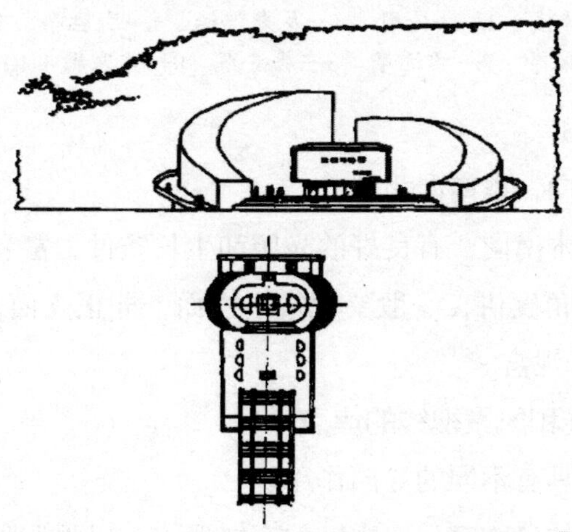

图 7–5　江淮人民英雄纪念碑设计方案

南坡建筑群

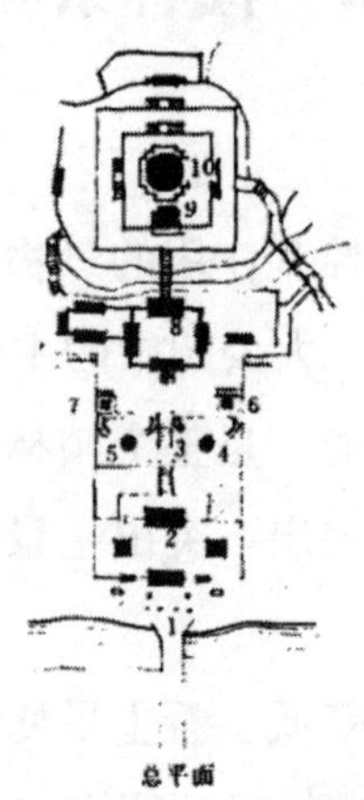

总平面

图 7-6　北海公园南坡建筑群

1—唯云牌楼　2—法轮殿　3—龙光牌楼　4—引胜亭　5—涤霭亭

6—云依亭　7—意远亭　8—普安殿　9—广寒殿　10—白塔

（二）面向朝阳

（1）建筑的朝向，以南向为佳。

（2）山石、花木南向，有良好的光照和生长条件，富有生气。

（3）从观赏者角度讲，一般要观赏主立面，即正支面，主体面南，则在阳光照耀下醒目，利于观赏。

（三）运用轴线和风景视线的焦点

（1）不同空间具有不同的导向作用。

（2）主景前方的景物宜采取中轴的布置形式，以强调陪衬主景。

（3）主景一般布置在中轴线的终点。

（四）动势向心

一般四面环绕的空间，如水面、广场、庭院等，周围次要景物往往具有动势，趋向于一个视线的焦点，主景宜布置在这个焦点上。

（五）空间构图的重心

主景布置在构图的重心上，规则式园林主景常居于几何中心；自然式园林主景常布置在自然重心上。

二、近景、中景、远景、全景的层次布局

近景——近观的范围较小的单独风景，如置石、喷泉等。

中景——目视所及（眼睛能看得清楚）的范围内的景致。

远景——辽阔空间伸向远处的景致。

全景——一定区域范围内的总景观。

近、中、远、全形成不同的景观层次，形成不同的视点和景点。在景观设计中，宜相互借用、相互包容、相互嵌套。

苏州鹤园东立面，以曲折游廊与水榭形成中景层次，以住宅部分的侧墙形成背景层次，以临空的建筑形成近景层次，虽然中景层次本身的起伏变化并不丰富，但借背景和近景两个层次的烘托，仍具有强烈的节奏感。

苏州网师园东立面，可以分为三重层次，以水榭、连廊、射鸭轩所形成的中景层次，以住宅侧墙所形成的背景层次，以临空的山石、小山丛桂轩所形成的近景层次，三者既和谐相处又各有起伏变化，从而形成多层次的韵律节奏感，如图7-7所示。

三、借景

借景在园林设计中占有特殊的重要地位。

借景的目的：把各种在形、声、色、香方面能增添艺术情趣、丰富画面构图的外界因素，引入到本景域空间中，使景色更具特色和变化。

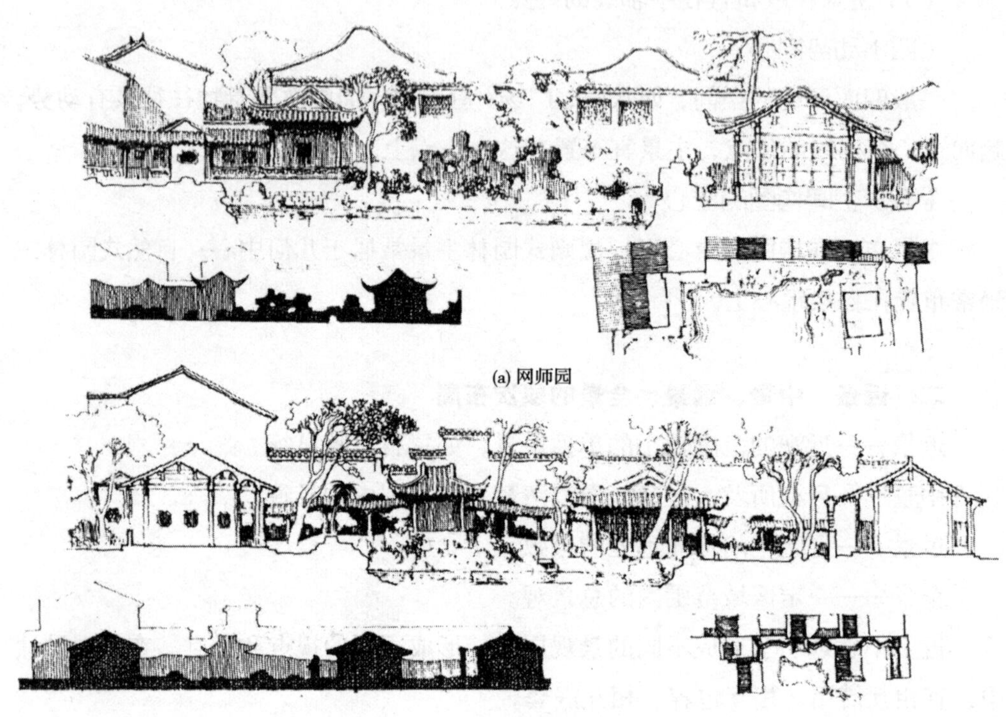

图 7-7　苏州网师园鹤园的层次

借景的种类：远借、邻借、仰借、俯借、应时而借、借形、借声、借色、借香等。

明代计成在《园冶》中将借景单列一章，也是全书压轴一章。

"夫借景者，园林之最要者也"——借景的重要性。

"构园无格，借景有因"——园林的营造没有什么格式，借景却要有一定的依据。

"因借无由，触情俱是"——借景不一定要有来由，能触景生情即可。

借景的"因"就是"情"！在园林中，特别追求"意境"，而意境就是由景及情，由情及景，景情合一的过程，借景的目的，就是要创造意境，创造景情合一的境界。

在园林借景中，主要与什么有关？计成认为，主要与"四时"有关。

春景：

“高原极望，远岫环屏”——远借

“堂开淑气侵人，门引春流到泽”——邻借

“扫径护兰芽，分香幽室”——借香

“片片飞花，丝丝眠柳”——借色

夏景：

“林荫初出莺歌，山曲忽闻樵唱”——借声

“看竹溪湾，观鱼濠上”——仰借、俯借

“俯流玩月，坐石品泉”——借影、借味

秋景：

“湖平无际之浮光，山媚可餐之秀色”——远俯、远仰

“寓目一行白鹭，醉颜几阵丹枫”——借色，天青鸳白，山醉颜红

冬景：

“云幕黯黯，木叶萧萧。风鸦几树夕阳，寒雁数声残月”——借色、借声

（一）借形

园林景观设计中，主要采用对景、框景、渗透等构图手法，把有一定景观价值的远、近建筑物，小品、山、石、花木等景物纳入画面，如图 7-8 所示。

图 7-8　拙政园远借园外之北寺塔

（二）借声

远借寺庙的暮鼓晨钟，近借溪谷泉声、水声（例如峨眉山清音阁）。

春日借柳岸莺啼，秋夜借雨打芭蕉。

（三）借色

山水、日月、云雾、林木花卉、建筑色彩等均可借用组景。

（四）借香

利用植物散发的幽香以增添游人的兴致，例如拙政园，荷风四面亭。亭柱对联：四面荷花三面柳，一潭秋水半池鱼。

借景不单单是借周围的景物，而且还有一个借景与本景的关系问题——看与被看的问题。

四、对景与分景

（一）对景

对景是指正对道路轴线或风景视线端点的景物。

在设计时，为了使游人欣赏对景，要选择最精彩的位置，设置使游人休息逗留的场所作为观赏点。休息逗留场所——安排亭、林、池、草地等与对景相对。

（二）分景

分景主要分为：障景与隔景。

分景的目的：在园林设计中，以含蓄有致、意味深长为佳，忌“一览无余”。

障景指稍抑制视线，引导空间，屏障景物的手法。

隔景——指将园林绿地分隔为不同空间不同景区的手法，目的使景区景点各具特色，避免各景区的相互干扰，增加园景构图变化。

五、框景

利用门框、窗框、山洞等有选择地摄取空间的优美景色，将园林绿地中的自然美，建筑美用绘画、摄影的手法统一于景框之中。进入留园后（图 7–9），向右经由曲谿楼至西楼的一段空间，虽较封闭，但由于侧墙上开了一列窗洞，从而使内外空间时而隔绝，时而连通，走在其内便可摄取一幅幅既连续又充满变化的外部空间图景。

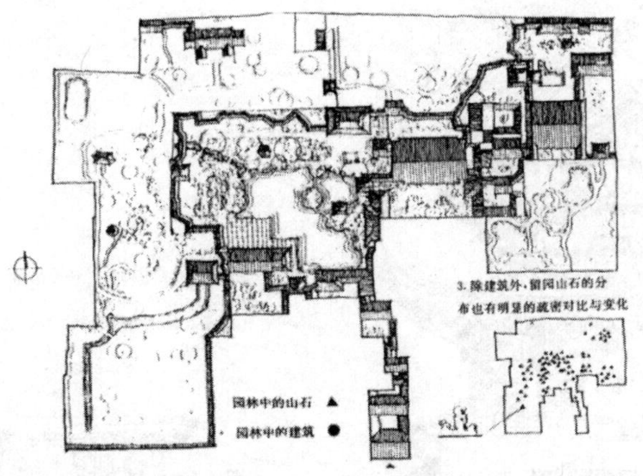

图 7-9　留园总平面图

第四节　园林建筑设计

一、园林建筑的特点

（一）功能方面

园林建筑主要为了满足人们的休闲、娱乐和观赏等多方面需要，要求艺术性高，并且具有一定的观赏性，富有诗情画意。

园林建筑与其他类型的建筑如宫殿、寺院、陵墓、民居等相比，由于功能的不同，所抒发的情趣和形成的意境也不同。

宫殿、寺院、陵墓 → 宏伟博大、庄严肃穆

民居 → 柔和宁静

园林建筑与诗画有不解之缘，并在诗人、画家的苦心经营下达到了极高的艺术境界。

园林建筑追求的目标：寓情于景，情景交融，触景生情，诗情画意。

园林建筑是以实物构成的诗与画，要求具有极其强烈的艺术感染力；中国南北园林建筑具有不同的风格，如图 7-10 ~ 图 7-13 所示。

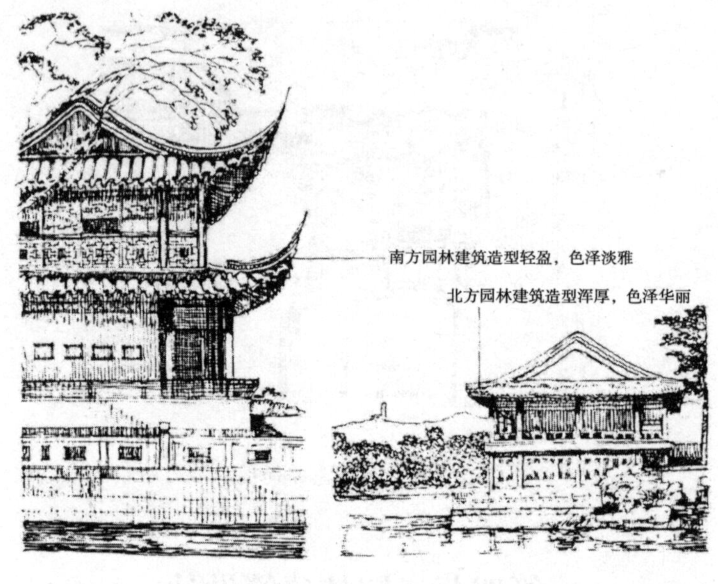

图 7-10 留园明瑟楼一角　　图 7-11 避暑山庄烟雨楼

图 7-12 北海静心斋枕峦　　图 7-13 苏州怡园螺髻亭

（二）设计方面

园林建筑设计的灵活性特别大。“构园无格”，可以说是无规则可循，在建筑的大小和造型上似乎是均无不可，但设计条件愈空泛和抽象，设计的难度就愈大。园林建筑设计是有法而无定式，即不可受任何清规戒律的约束，最忌坠入俗套和故辙。建筑设计一般都追求明晰性和条理性（解构主义建筑不追求形式上的明晰性和条理性，但追求纷繁、破碎、动感中的明晰和条理）。

园林建筑构图的明晰和条理性，主要表现在皇家园林中的部分建筑群，一般园林建筑追求：

构图上：回环曲折、参差错落。

空间上：忽而洞开，忽而幽闭。

境观上：似有而无，似无又有；虚虚实实，真真假假。

意境上：情景交融，小中见大，朦胧而能悟禅机，咫尺而能致幽远。

（三）观赏方面

园林建筑应提供适合游客在运动中观赏的要求，务求景色富于变化，步移景异，要在有限的空间中创造出多层次、多视角变幻的感觉，因此，对建筑的空间序列和组织观赏路线的设计，应特别重视和仔细。

（四）与自然的关系方面

无论是在风景区或市区内造园，都要引导人们去欣赏大自然的景色之美，因此，园林建筑应有助于增添景色、观赏景色，并与整体环境相协调，应特别重视室内外空间的组织和利用。

（五）与其他园林要素的关系

园林建筑与其他园林要素（筑山、置石、理水、植物配置）之间不是彼此孤立的，而是应紧密配合，相辅相成，构成特定的景观效果，达到一定的意境，还应将大自然中各种动态因素（如风啸、水声、鸟语、花香、雪、雾等）组织到景观之中，形成更强烈的艺术感染力。

二、园林建筑设计的方法和技巧

（一）选址

一座公园或一幢观赏性建筑物，如选地不当，不但不利于艺术意境的创造，而且会因此降低观赏价值而削弱景观的效果。

以亭为例，历代名园中的亭子形状各异，不可胜数，但真正给人留下深刻印象成为名亭的，除了亭子本身的造型外，更重要的还在于选地恰当。

长沙岳麓山山腰的爱晚亭位于进入陡峭山区的前部，是登山的必经之地，亭子建在一小块较平坦的高地上，亭式为重檐攒尖式。其意境取杜牧诗句：“停车坐爱枫林晚，霜叶红于二月花。”从山下仰视，高峻清雅。从亭内向下俯视，则茫茫苍苍，视线甚远，如图 7–14 所示。

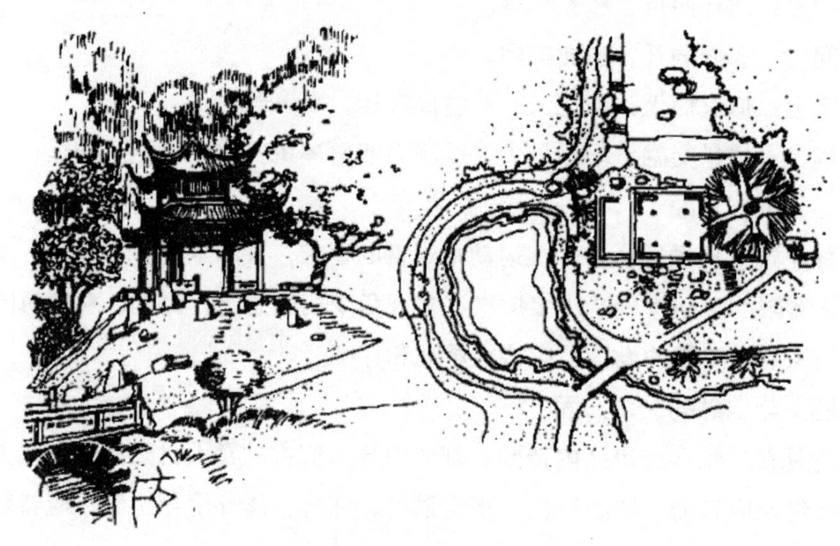

图 7–14　长沙岳麓山爱晚亭

在城市中，往往没有现成的风景可资利用，或者虽有山林、水泊等造园条件，但景色平淡，还需凭借人工的力量，进行改造，以提高园址的素质。

平原地一般采用挖湖堆山的形式对园地进行改造。自然式风景园林的选址，最好是山体、湖沼、平地三者均备。

傍山建筑可借地势起伏进行组景，达到“一丘一壑，向背稍殊，而半窗半轩，领略顿异”的景观效果。

在建筑选址与堆山置石、理水、植物配置的关系上，要注意尽量突出各种自然景物的特色，建筑选址要恰到好处，做到“宜亭斯亭”、“宜榭斯榭”。

园林建筑选址，在环境上既要注意大的方面，也要注意细微的因素，对饶有趣味的自然景物，如一树、一石、清泉、溪涧等，均可用对景、借景等手法，把它们纳入画面，与建筑融为一体，或专门布置富有艺术性的建筑环境供人观赏。景不在大小，只要有天然情趣，皆是佳景。

建筑选址，对风向、方位等也应重视，西北地区，建筑物应尽量面南，忌取西北。

（二）布局

布局是园林建筑中有关方法和技巧的中心问题，仅有好的立意和基址环境条件，如果布局零乱，不合章法，则不可能成为佳作。

（1）由独立的建筑物和环境相结合，形成开放性空间，即点景，使风景更加生动别致。建筑物要求：四面透空，视觉开放，如亭、榭之类，其空间组合的特征：以自然景物来衬托建筑物（底、图关系）。对建筑物本身的造型要求较高。建筑物的布局视环境条件而定，没有固定的模式。

（2）由建筑组群自由组合的开放性空间，其空间组合特征：视觉空间是开放性的，不围合成封闭性院落。多采用分散式布局，用桥、廊、道路、铺地等使建筑物相互连接，如图 7–15 所示。空间围合中，建筑依地形高低，随势转折。建筑物之间有主有从，互为衬托。西湖孤山西泠印社山庄围绕天然泉池，修建石室、亭、阁、塔等，沿池岸石有碑刻及雕像，可远眺西湖。

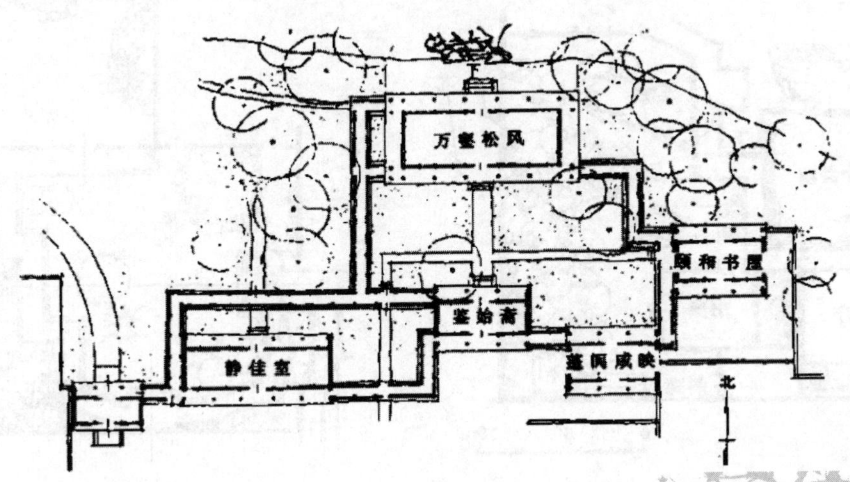

图 7–15 避暑山庄“万壑松风”一组建筑群

（3）由建筑物围合而成的庭院空间，是我国园林建筑普遍使用的一种形式。庭院可大可小；建筑物数量、面积、层数等均无定式。布局上可以是单一庭院，也可以是几个大小不等的庭院相互穿插。景观上庭院空间具有视觉上的内聚性，功能上不突出某个建筑物，而是借助建筑物和山水花木的配合来突出整个庭院空间的艺术意境。底图关系上庭院中的自然景物，如山石、池沼、树丛、花卉等，反而成为空间的主体和吸引人们的兴趣中心。建筑组合多由厅、堂、轩、馆、亭、榭、阁等单体建筑组成，一般要求：主从分明，突出重点，配置得体。在体量、体形、方向上要有区别和变化；在位置上要彼此能呼应顾盼，避免距离均等。注重单体建筑之间的联系，要善于运用廊、桥、踏步、院坪、道路、铺地等作为空间联系的手段。处理好视点、视线的关系，使构图既富有变化又和谐统一。掌握好庭院空间整体上的尺度。

（4）天井式的空间组合。天井是庭院空间的一种，但与庭院不同，其特点为：空间体量小，只宜采取小品性的绿化景栽。在建筑整体空间布局中多用以改善局部环境作为点缀。小天井内聚性强烈，利用照亮的小天井与周围相对晦暗的空间所形成的光影对比往往会形成意想不到的奇妙景致，如图 7–16、图 7–17 所示。

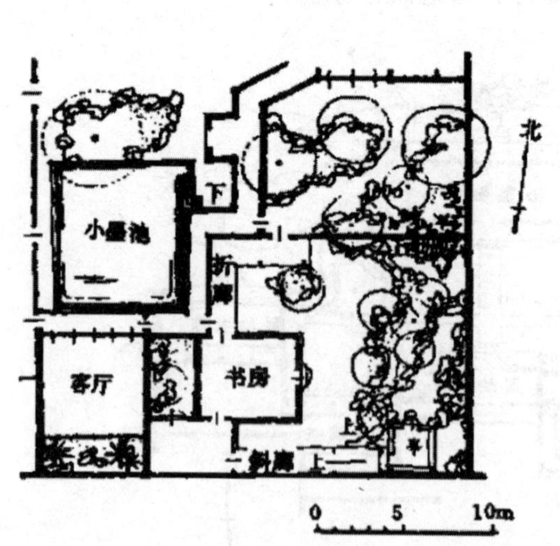

图 7–16　苏州王海马巷万宅庭院

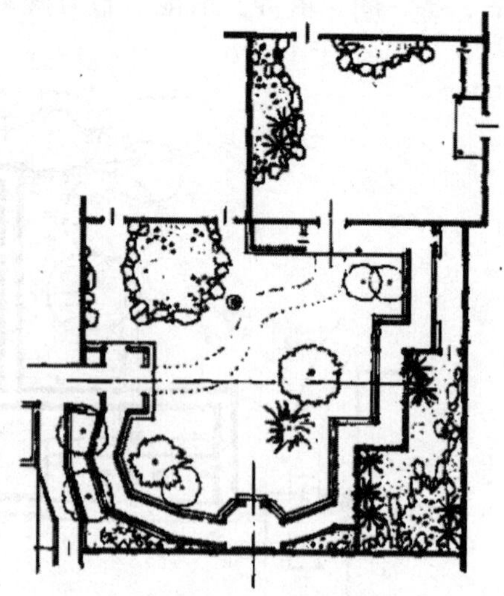

图 7–17　苏州怡园入口处庭院空间

（三）对比

对比是将两种具有显著差别的因素通过互相衬托，突出各自的特点，同时要强调主从和重点关系。对比是达到多样统一，取得生动协调效果的重要手段。

在园林设计中，缺乏对比的空间组合即使有所变化，仍然容易流于平淡，园林建筑设计中对比的运用，主要表现在以下几个方面。

1. 体量对比

园林建筑空间体量对比，包括各个单体建筑之间的体量大小对比关系及由建筑物围合的庭院空间之间的体量大小对比关系。

用小的体量来衬托、突出大的体量使空间富于变化，有主有从，突出重点。例如颐和园中的佛香阁，成为全园构图的主体和重心，除了选址的因素外，另一个因素即靠它们巨大的体量与四周小体量的建筑物的对比关系。

利用空间体量大小作对比，常用表现手法是“欲扬先抑”的原则，以取得小中见大的基本效果。

小中见大——是指人们通过小空间再转入大空间，由于瞬间的大小强烈对比，使本来不大的空间，显得特别开阔。例如南京瞻园入口处理，如图 7–18 所示。

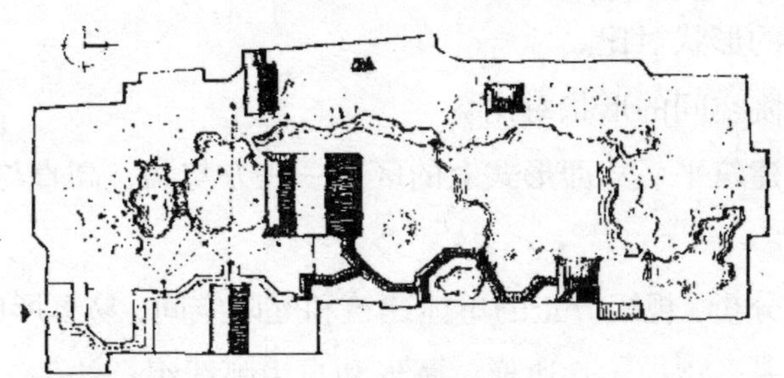

（a）总平面图

（b）自入口向内看

（c）自入口向右转入曲折狭长小空间

（d）顿感豁然开朗

（e）瞻园入口部分空间处理

图 7–18　南京瞻园

2. 形状对比

单体建筑之间的形状对比。

建筑围合的庭院空间的形状对比。

主要表现在：建筑平、立面形式上的区别——方与圆、高直与低平、规整与自由等。

从视觉心理上分析，规矩方正的单体建筑和庭院空间，易于形成庄严的气氛。比较自由的形式——三角形、六边形、圆形和自由弧线组合的平、立面形式，易形成活泼的气氛。主人日常生活的庭院多取规矩方正的形式，嬉戏玩赏的庭院则多取自由形式。从前者转入后者时，由于空间形成的对比的变化，艺术气氛突变而倍增情趣。北海公园的静心斋的空间对比，如图 7–19 所示。入口部分为一规整的水院——矩形的水池、对称的布局、立体建筑（静心斋）的高大迴廊，形成一种十分严肃的气氛。通过主体建筑后，来到后院主景区——横向展开的不规则的院落，院中曲折的水池、林立的山石、繁茂的草木、小巧的拱桥，顷刻之间气氛突变，使人沉闷的心情为之一振，强烈地感受出一种自然情趣。

图 7-19　北海公园静心斋的空间对比

3. 明暗虚实的对比

利用明暗对比关系，以求空间的变化和突出重点，是建园的一种常用手法。

园林建筑中，室内空间与室外空间——明暗对比，达到以暗托明，明的空间往往为艺术表现的重点或兴趣中心所在。

明亮的小天井与四周晦暗的空间所形成的对比。天然或人工洞穴与外部空间所形成的明暗对比。虚实的对比还包括墙面与门洞、窗口的对比，石与灌木的对比等。

4. 建筑与自然景物对比

建筑物形体规整，自然景物千姿百态。对比主要表现在形、色、质感等方面。对比中要有主有从：以建筑物烘托自然景物；以自然景物烘托建筑物。

风景区中的亭榭——建筑物是主体，自然景物是陪衬。

用建筑围合的庭院——池沼、山石、花木是主体，建筑物是陪衬。

以上4种对比，并非孤立的，在园林构思中，往往需要综合进行考虑。

既是大小体量的对比，又是形状的对比；既是体量形状的对比，又是明暗虚实的对比；既是体量虚实的对比，又是建筑与自然景物的对比。

在对比中注意比例关系，在形状、明暗、虚实、色彩、质感等各方面要主从分明，配置得当。对比是在保证园林空间的完整性和统一性的基调上的对比，凡有损完整性和统一性的对比，皆不可取。注意对比的突然性，突然出现的强烈对比更有助于增强艺术效果。

（四）渗透与层次

渗透与层次是空间分隔与联系的结果。主要是利用门、窗、洞口、室廊等作为相邻空间的联系媒介，使空间彼此渗透，增添空间层次。主要有下列手法：

1. 对景

指在特定的视点，通过门、窗、洞口从一个空间眺望另一空间的特定景色。

对景能否起到引人入胜的诱导作用，关键在于对景、物的选择和处理，通常应注意以下几方面。

（1）所组成的景色画面构图必须完整优美。

（2）视点、门窗、洞口和景物之间为一固定的直线联系，形成的画面基本固定。

（3）利用门窗、洞口的形状和样式来加强画面的装饰效果。

（4）门窗、洞口的样式选择和尺寸的确定应服从艺术意境创造的需要。

（5）仔细推敲门、窗、洞口与景色对象之间的距离、方位，把握好尺度关系。

2. 流动景框

指人们在运动中通过连续变化的“景框”观景，力求获得多种变化着的画面，取得扩大空间的艺术效果。

人在船中——观赏流动着的景色和画面。

人在建筑中运动——通过门窗洞，观赏外部的景色。

3. 利用空廊互相渗透

廊在功能上能够起交通联系作用，也可以作为分隔建筑空间的重要手段。用空廊分隔空间可以促使两个相邻空间通过相互渗透把对方空间的景色吸引进来，丰富画面，增添空间层次和取得交错变化的效果。

利用空廊时应注意；注意推敲视点的位置、透视的角度和廊子的尺度和造型。

4．利用曲折、错落变化增添空间层次

采用高低起伏的曲廊、折墙、曲桥弯曲和池岸等手法，化大为小，分隔空间，增添空间渗透与层次。

在整体空间布局上，常把各种建筑物和园林环境加以曲折错落布置，以求获得丰富的空间层次与变化，如图 7–20 所示。缺少曲折、错落变化容易造成单调乏味。

图 7–20　苏州畅园爬山廊

错落处理可分为：远近、高低、前后、左右四类，可根据组景的需要，互相结合。

在空间布局时，切不可为曲折而曲折，为错落而错落——必须是以功能合理、景观优美、情趣文雅为前提。设计时，应仔细推敲曲折的方位角度和错落的距离、高度尺寸等。

拙政园小飞虹，作为架空的廊桥既有分隔空间的作用，又可使两侧空间互相渗透，从而增强了空间层次感。自松风亭透过小飞虹看香洲，前者为近景，后者为远景，香洲透过小飞虹看松风亭，原来作为近景的松风亭则变为远景，如图 7–21 所示。

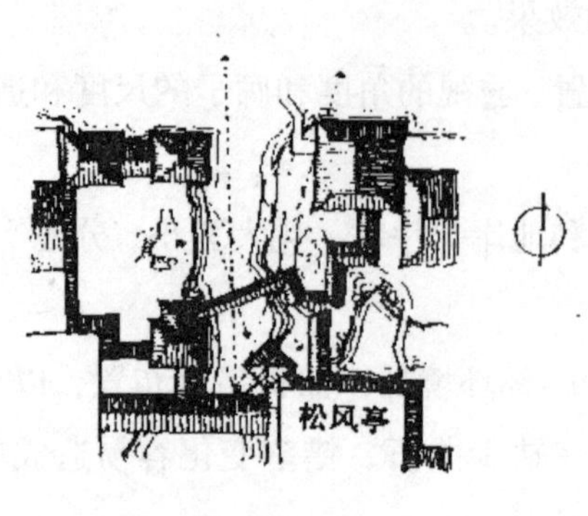

平面图

自松风亭看小飞虹

图 7-21　拙政园小飞虹

5. 室内外空间的相互渗透

把室外景色引入室内，是传统园林建筑的一种常用手法。

园林中的厅堂，不仅多处于园内的主要景区，而且又多处理得十分开敞，从而使内外空间相互渗透。中门一般处理成隔扇，窗一般处理成可开启的大木窗，从厅堂向园中看，是明处向暗处看，透过窗、隔扇向外看，不仅有丰富的层次变化，而且外部空间的景物还显得十分绚丽和明媚。有的厅堂将前后墙均做成隔扇，人们可以从一侧透过厅堂看到另一侧的景物——视线先由外至内，再由内至外，层次感更为丰富。

三、园林建筑的规划布局——亭

（一）亭的特点

（1）造型上：亭子一般小而集中，有其相对独立而完整的建筑形象。

亭：
- 屋顶——南秀北壮，形势变化多而丰富
- 柱身——空灵
- 台基——可随环境而异

在立面造型上，比例关系上，比其他建筑更能自由地按照设计者的意图来确定，无论从哪个角度去看都显得独立而完整、玲珑而轻巧，很适合园林布局的要求。

（2）亭子的结构与构造：虽繁简不一，但大多都比较简单，施工也较方便。

（3）亭子的功能：解决游人在观赏活动中驻足休憩、纳凉避雨、纵目眺望等需要，在使用功能上没有严格的要求。单体式亭子与其他建筑物之间也没有什么必需的内在联系，主要从园林建筑的空间构图和需要出发，自由安排，最大限度地发挥其园林艺术特色。

（二）亭子的造型与类型

（1）从亭子平面形状上，大致可分为：单体式、组合式、与廊墙相结合 3 种类型。

（2）从造型上，多种多样，不胜枚举。

（三）亭子的位置选择

亭子的位置应满足两个方面的要求：

（1）观景：供游人驻足休憩，眺望景色。

（2）点景：点缀风景。

眺望景色应满足观赏距离、观赏角度。

例如颐和园中知春亭是颐和园主要的观景点，可观赏颐和园前山景区的主要景色。

画面的近景——300m 范围内。

画面的中景——600m 范围内。

画面的远景——大于 1000m。

作为点景：从东堤看——近景廓如亭，中景知春亭，远景乐寿堂。从乐寿堂看——知春亭为近景，遮住了平淡的东堤，增加湖面层次，如图 7–22 所示。

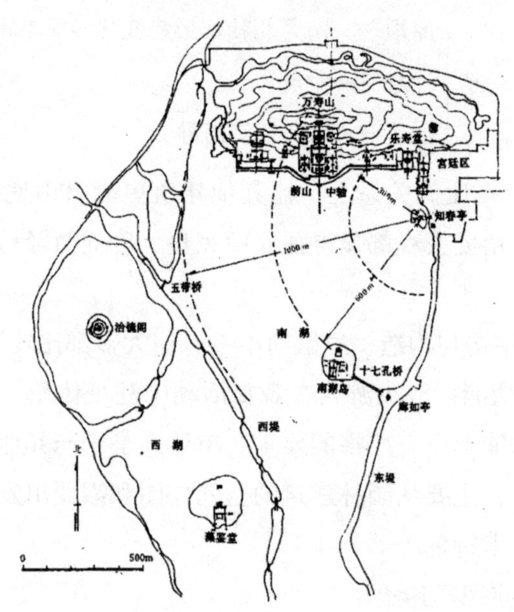

图 7–22　颐和园“知春亭”的位置选择

山上建亭应选择宜于远眺的地形，特别是山巅、山脊上眺览的范围内，方向多，同时用于登高者休息。同时可以丰富山的轮廓线，使山色更有生气，并控制到景区的范围。

例如承德避暑山庄。康熙建国初期，在西部、北部山峰上建“北枕双峰”“南山积雪”“锤峰落照”三个亭子。后又在西北部最高峰上建“四面云山”亭，大致在空间上把全园的景物控制在一个立体交叉的视线网络中，把平原风景区与山区建筑群在空间上联系起来。

乾隆年间，又在北部山峰最高处建“左俱亭”，用于俯视北宫墙外的沿狮子沟北山坡上建起的“罗汉堂、广安寺、殊蒙寺、普陀宗乘庙”等，进一步使山庄与这几组建筑群在空间上取得联系与呼应。

水面建亭，一般应尽量贴近水面，宜低不宜高，并突出水中，三面或四周为水环绕。例如拙政园的荷风四面亭。

凸入水面或完全凌驾于水面上的亭，也常基于岛、半岛或水中石台之上，与堤桥岸相连。完全临水上的亭，应尽可能贴近水面，切忌用柱把亭子高高架起，使亭子失去了与水面之间的贴切关系。通常做法：亭子挑出，柱墩内缩，或选用天然石材柱墩，并在亭边的沿岸和水中放置叠石，以增添自然情趣。

水面设亭，亭的体量大小宜根据所对水面的大小而定。单体亭、半亭，体量宜小——宜于较小的水面。对于开阔的湖面，亭子的体量宜大或组成一组亭群，形成层次丰富、体型变化的建筑形象加强气势。例如：北海的五龙亭、避暑山庄的“水心榭”、扬州瘦西湖的五亭桥等。

桥上建亭，也是常用手法，设计得好，将会锦上添花。

平地建亭主要选择在：位于道路交叉口上（交叉口的标志，供游人休憩等）；位于路侧的林荫之间为花圃、草坪、湖石等所围绕；位于厅、堂、廊、室等建筑一侧，供主人户外活动用。

（四）亭的设计要点

（1）首先必须选择的位置，按照总的规划意图选点，无论其位置如何，都要使亭子置身于特定的景物环境之中。发挥亭子基地小，受地形、基址、方位影响小的特点，适用对景、借景等手法，使亭子的位置充分发挥观景与点景的作用。

（2）亭子的体量与造型的选择，主要应看它所处的周围环境的大小、性质等，因地制宜而定。亭子的体量与造型要和周围的山石、绿化、水面及临近的建筑很好地搭配、组合、协调，没有固定的模式。

（3）亭子的材料及色彩，应力求就地选用地方性材料，不但加工便利，又易于配合自然。应与周围景观相协调，不必过分追求人工的雕琢感。

第五节　堆山、置石、理水

一、堆山

（1）堆山不宜对称，平面上要做到缓急相济，给人以不同感受。

北方堆山，一般北坡较陡，因为南坡有背风向阳的小气候条件，适于大面积展示植物景观和建筑色彩，所以南坡宜缓。

（2）主峰、次峰、配峰不能处在同一条直线上，也不要形成直角三角形或等边三角形关系，宜远近高低错落有致。

宋朝画家郭熙认为："山，近看如此，韧里看又如此，远十韧里看又如此，侧面又如此，背面又如此，每远每异，所谓山形步步移也。山，正面如此，侧面又如此，背面又如此，每看每异，所谓山形面面看也。"

在堆山中，要做到"山形步步移""山形面面看"都非易事，在设计中应仔细斟酌，从多种角色、多种层次去推敲，不能信手拈来，随便画画。

（3）主山与客山在高度和体量上应保持适宜的比例。客山太大，则难衬主山之雄；客山太小，则显的无足轻重。

应做到"众山拱伏，主山始尊。群雄互盘，视峰乃厚"。

（4）山的三远。宋朝画家郭熙在《林泉高致集》中提出山有三远："自山下而仰山巅，谓之高远；自山前而窥山后，谓之深远，自近山而登远山，谓之平远。"高远、深远、平远即山的不同的意境。

①高远的手法：为使假山具有真山的效果，常将视距安排在山高的 3 倍甚至 2 倍以内，靠视角的增大产生高耸感。空间里 4 ~ 8 倍的视距会对山体有雄伟的印象，如果将视距大于景物高度的 10 倍，这种印象就会消失。

②深远的手法：深远通常被认为是三远中最难以做到的，可使山体丰厚深幽。如在山趾相交处形成幽谷，在高山前设置小山，创造前后层次。

③平远的手法：通常是指远处，或大空间看远山，其手法主要是借景。堆山手法如图 7–23 所示。

例如：扬州平山堂，取"远山来此与堂平"之意，远山是指隔长江而望的金山和焦山。

（5）山分南北之别。东南之山多奇秀，西北之山多深厚。一园之山，应风格一致，相互协调，不可山兼南北。

（6）山势不足，塔、树可补。低山上为加强地貌，弥补山势不足的缺陷，可以用高大的建筑或树木进行强调。例如北京的玉泉山，延安的宝塔山属山前丘陵，琼华岛、虎丘、景山属平原孤丘，杭州保俶塔位于山之余脉上，都只能靠大体量建筑烘托气氛，引人驻足。

高远　自下仰视山颠

深远　自山前窥山后

平远　自近山望远山

左急右缓，莫为两翼　　主客分明，顾盼呼应

图 7–23　堆山手法

（7）气脉贯通。山的组合可以很复杂，但要有一气呵成之感，不可使人觉得孤立零碎，其布置手法主要在于山脊线的设置，要做到气脉贯通，山脉即使中断，也要做到“形散而神不散”，脊线要“藕断丝连”，保持顾盼之情。

（8）山高度的控制。供人登临的山，应高于平地树冠线，一般应在 10 ~ 30m 左右。

在山顶覆以茂密的高大乔木林，造成磅礴之气势，但应注意，高大乔木的根部要为灌木所掩，以免使山的真实高度一目了然。有庇荫要求的可采用小乔木，以突出山的体量。

（9）建筑一般不要建在山的最高点，使山体呆板，同时建筑也失掉了山体的陪衬。建筑选址既要配合山形，又要便于观赏。

二、置石

石是园林建筑与自然环境空间联系的一种中介，也是自然环境的组成部分，中国园林中有“无园不石”之说。石既可以成为景观的主题或主景，也可以作为植物景观或建筑景观的点缀，具有很高的审美价值，古人称之为“片山多致，寸石生情”。

计成认为掇山之法，首先要掌握石性、形态、色泽、纹理、质地而作不同的用处。

（一）选石（图 7-24）

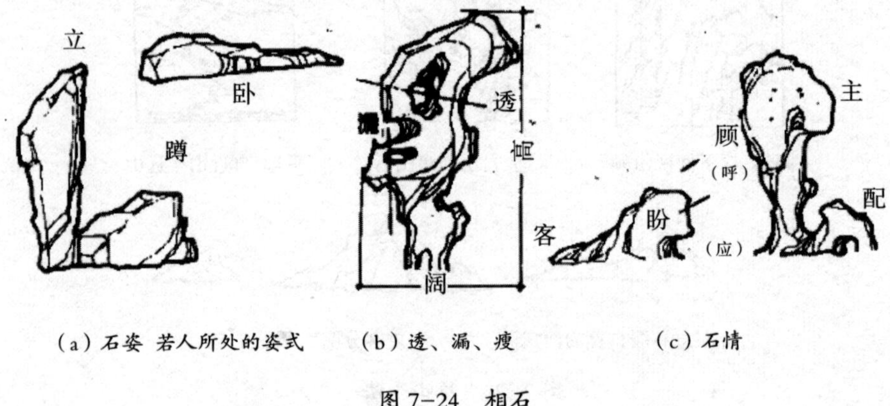

（a）石姿 若人所处的姿式　（b）透、漏、瘦　（c）石情

图 7-24　相石

（1）石材——常用 7 种：太湖石、黄石、英石、石笋、房山石、青石、石蛋。

（2）质——质地、石性：坚、润、粗、嫩等。

（3）色——青、白、黄、灰、绿、红、黑等。

（4）纹——纹是评价山石的重要依据，纹的形态、色泽、凹凸等。

（5）形——透、漏、瘦、皱、顽。

（6）阴阳——阳：纹理清晰而色泽亮丽；阴：纹理不明，色泽昏暗。

（7）体——形态大小。

（8）姿——苍劲、古朴、玲珑、浑厚、秀丽、丑怪等。

（二）置石的方法和手法

（1）单点：由于石块本身形、纹、色、姿突出，或玲珑或奇特，立可观之，可置于一定的地点作为局部小景，或局部的构图中心来处理。正对大门的广场上，院落中，也有布置在园门入口或路旁，山石伫立，点头引路，起点景和导游作用。

（2）聚点：几块石或组摆列一起，作为一个群体来表现；聚点忌排列成行或对称。石块大小不等，疏密相间，错落有致，左右呼应，高低不一，如图

7-25 所示。

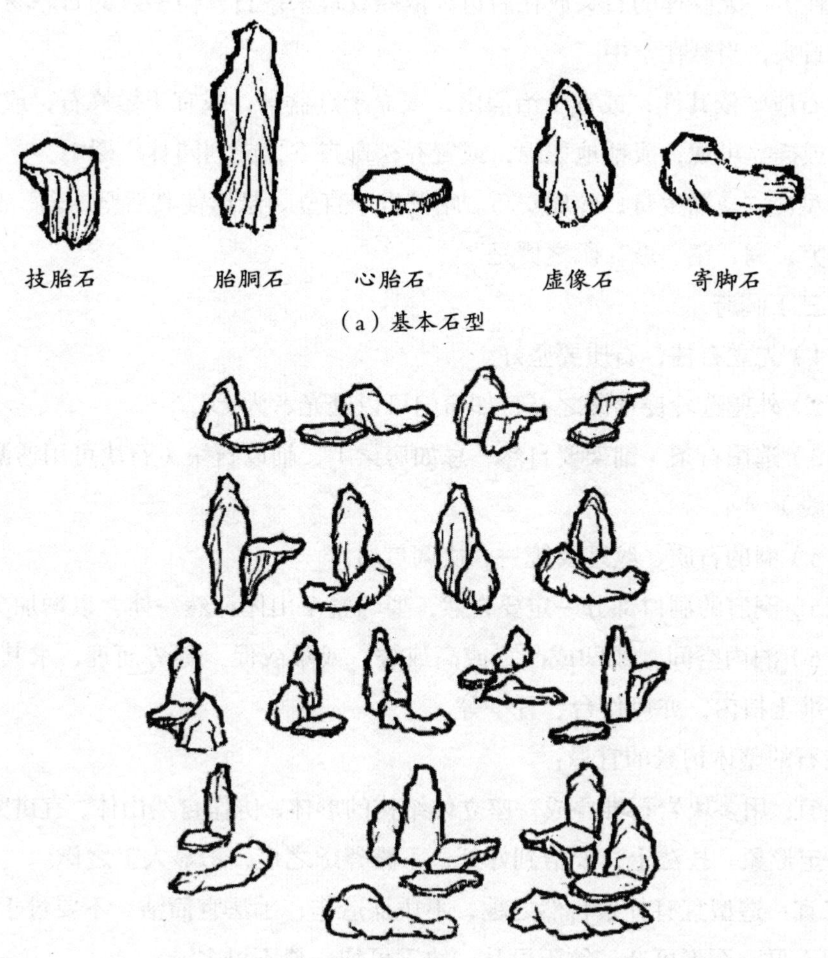

（a）基本石型

（b）山石组合（二、三、五块）

图 7-25 基本石型与组合

（3）散点：若断若续，连贯而成为一个整体，散点无定式，随形就势。

散点运用很广，在山脚、山坡、池畔、溪涧、河流及林下路旁，均可散点置石，得到意趣。关键散点的石要相互联系和呼应，形成一个整体。日本置石手法（散点）：“凡立石之事，逃石一二，追石必有七八，又有如童辈作鹰抓鸡之戏。”

《园冶》第九篇“选石”：“取巧不但玲珑，只宜单点，求坚还从古拙，堪用层堆。须先选质，无纹俟后，依皴合掇，多纹恐损，垂窍当悬。”选石先看质地（石性），无纹理的石头放在后边，依照纹理来掇石，但多纹的石恐易损坏，透漏的石头，当悬在空中。

置石应“依其性，或宜于治假山，或立于点盆景，或宜于做峰石，或宜于掇山景，或插立可观，或铺地如绵，或置乔松奇卉下，或列园林广榭中”。

造型应“瘦漏生奇，玲珑安巧。峭壁贵于直立，悬崖使其后坚。岩、峦、洞、穴之莫穷，涧、壑、坡、矶之俨是”。

（三）洞府

（1）先立石柱，石质要坚好。

（2）外壁选玲珑透漏之石，如窗门可以透光者为上。

（3）选用石条（铺架要自然，忌如房梁），辅以石块（石块可用透漏之石，送入光线）。

（4）洞的石质、纹理要统一、协调贯通。

（5）洞府的洞口部分一定要自然，要与整个山体浑然一体，以增加美感。

（6）洞内空间，或凹或凸，或高或矮，或敞或促，随势而理，求其自然。洞上可堆土植树，亦可作台、置亭等。

置石的整体构景的宜忌：

一宜：用多块岩石堆叠成一座立体结构的形体，仿作自然山体，宜讲究气势，构成一定形象。技法上，要恰到好处，不露斧琢之痕，不显人工之作。

二宜：造型宜有朴素自然之趣，不矫揉造作；手法宜简洁，不要过于烦琐。

四不可：石不可杂，纹不可乱，块不可均，缝不可多。

六忌：忌似香炉蜡炉，忌似笔架花瓶；忌似刀山剑树，忌似铜墙铁壁，忌似城郭堡垒，忌似鼠穴蚁蛭。

三、理水

（一）水的形式

自然界中的水有江河、湖泊、瀑布、溪流、涌泉几种形式。

园林设计中的水的有平静的——湖泊、水池、水塘，流动的——溪流、水道、水涧，跌宕的——瀑布、水帘、水梯、水墙，喷涌的——各种类型的喷泉。

园林水景设计，既要师法自然，又要不断创新，设计中可以以一种形式为主，其他形式为辅。

（二）水的特性

水本身透明无色，但水流经水坡、水台阶或水墙时，构筑物饰面材料的颜色会随水层的厚度而变化。

宁静的水面具有一定的倒影能力，水面会浮现出环境的色彩。倒影能力与水深，水底和壁岸的颜色深浅有关，水底用深色材料会增加倒影的效果。

急速流动的喷洒的水因混入空气而出现白沫。

当水面波动时，或因水面流淌受阻不均匀产生湍流时，水面会扭曲倒影或水底面图案形状。

（三）水面的尺度和比例

在园林设计中，除自然形成的或已具规模的水面外，一般应加以控制。过大的水面，散漫、不紧凑，难以组织，而且浪费用地。过小的水面，局促，难以形成气氛。

水面的大小是相对的，同样大小的水面在不同环境中所产生的效果可能完全不同。

在设计中，水面的尺度需要仔细地推敲所采用的水景设计形式，表现主题，周围的环境景观等。

小尺度的水面较具有亲切感，适合于宁静、不大的空间，如庭院、花园、城市小公共广场；尺度大的水面，适合于大面积自然风景区，城市公园和巨大的城市空间，大型广场。

第六节　园林植物配置

在园林设计中，运用一定的科学技术和艺术规律，从园林的综合功能出发，因地制宜地选择各种植物，并合理地进行规划，充分发挥园林植物的综合作用。

一、园林绿地的功能

（1）给人美感，供人观赏。

（2）通过布局，创造和形成新的空间。

（3）改变小环境的温度、湿度和风速。

（4）提供遮阴、减少噪声，防止水土流失。

（5）防尘隔尘，吸收有害气体。

上述5项功能中，（1）、（2）、（3）项对于园林设计是十分重要的。

植物的自然美取决于它特别具有的形态、色彩和风韵，这些特点随季节与树龄的变化而逐步丰富与发展。如一般落叶乔木，大多都有“春花、夏荫、秋实、冬枝”的特点，四季各有其风采。

植物配置应在满足生态习性要求的基础上，从平面到立面合理地布局，以满足各种不同功能和艺术要求，组成相对稳定的植物群落，创造丰富的园林景观。

在植物配置中，应充分考虑植物之间的组合和植物与环境的协调美，正确选择树种。充分发挥园林植物的特性，形成四季富于变化的美景。

在园林建设中，植物的配置有一定的滞后性，常常需要几年、十几年甚至几十年的时间，才能完成一个创造过程。急于求成必然会难有所成，使人难以得到一个稳定、熟悉的园林环境。

二、园林植物配置的一般原则

（一）符合园林绿地的性质和功能要求

1．充分发挥园林植物在园林中的主体作用

城市中的园林绿地，具备多种功能。在设计中，应根据其功能要求来进行植物配置，构成多种多样的园林空间，形成不同风格的园林，创造各种不同的园林气氛。

综合性公园，则需根据公园的功能分布来确定植物配置形式。如入口处，一般宜设置集散广场，植物配置多采用规则式的种植方式。从植物的种类到体形力求均衡对称，以使园林与城市有机地结合在一起。

公园中的安静休憩区，则需要以大面积自然的植物群落为主，产生一种幽远

迷人的山林气氛，使游人在此能充分领略大自然的风貌。

公园中的儿童游戏区，需要选择无毒、无刺、无害的植物。夹竹桃的花很美，但花粉有毒，玫瑰等植物的花也很美，但有刺，均不能在儿童游戏区种植。

2. 力求通过植物与其他园林要素的结合来发挥园林绿地的综合作用

（1）建筑与植物配置：建筑与植物结合能突出建筑的主题，协调建筑与周围环境的关系，丰富建筑的艺术构图，赋予建筑时空的季相感，使固定不变的建筑变得生动活泼，富于变化。

（2）水体与植物配置：园林中的水景，一般为湖池等水面，局部也有河流、瀑布等流动水景，水体无论是成主景还是作配景，都需要借助植物来丰富水体景观。平静的水面一般比较单调，只有靠周围景物在水中的倒影，才能改变这种单调的气氛。如池边的大树，藤蔓植物在水中形成倒影，微风吹过，枝蔓摇曳，水中的倒影也在运动之中，使平静的水面增添几分活泼。从视角景观讲，水池为近景，树木为中景，透过树的枝叶间隙，看到的是无尽的天空（即远景），使景观更为丰富。水体与植物配置的形式有：湖池、河流、溪涧等沿岸的种植；驳岸的种植，包括山石驳岸和平缓的土岸；堤、岛的种植；水面的种植。

（3）山体、山石与植物的配置：堆山和置石与植物的配置，可通过山、石的刚，花、木、藤蔓的柔形成对比，植物配置应以烘托山、石的意境为主。

（4）道路与植物配置：园路植物配置，应力求使植物具有导游作用，暗示不同的活动区域，在空间上应做到有开有合，借植物配置以丰富园景，达到“步移景异”的效果。园路的植物配置重点在于：主路的植物配置；径路、小路的配置；道路转角处的植物配置；道路对景的植物配置等几个方面。

（5）草坪与植物配置：园林中的草坪是人们喜爱的游憩场所，为了创造不同的情趣和适于开展各种活动的空间，植物配置是很重要的手段，主要表现在：作为草坪的主景；草坪空间的划分；草坪树丛。

（二）满足园林艺术构图的要求

1. 园林总体布局要协调，满足设计立意要求

利用植物配置中，基调树种与重点树种，乔、灌、花卉、地被植物等的有效配置，形成多层次的构图，注意植物的群体美。

园林植物的总体布局要体现地方特色，基调树种最好是当地的乡土树种，以保证生长良好及树种对土地、气候等适应性。

重点树种的选择，首先是乡土树种，同时要具有一定的观赏价值。

乔、灌、花卉、地被植物适当搭配，形成相对稳定的复合混交林，搭配得当的植物群落可以成为构图的主景。

色彩和季相直接影响植物群落的景观和艺术构图，主要表现在：叶的绿色深浅不同，形成颜色不同或色调的明暗不同；四季的变化；花期不同。园林中应尽量做到三季有花或四季有花，四季常青。

2．快生、慢生树种相结合，近期、远期景观综合考虑

速生树种，在中华人民共和国成立初期，见效快、效果好，但寿命短。慢生树种虽然生长缓慢，但寿命长。在设计中，两者要有机地结合起来，在特定的位置与景观上，宜用寿命长的树种。背景林可采用速生和慢生相结合的布置。

3．利用植物四季景观变化

随着四季的变化，植物的形貌、色彩发生变化，在植物配置上，要注意季相变化而形成的不同景观，花卉应注意花期的长短和时间，使游人能够体会到季节的变化。

4．常绿、落叶植物的搭配使用

落叶植物一般生长较快，每年更新新叶，对有害气体、尘埃的吸收能力比较强，因此，在污染严重的地方，应加大落叶树的比例。

由于气候的差异，北方的冬季比南方寒冷，日照就比较重要。

一般性公园的常绿和落叶植物的比例为：华南地区：常绿70%～80%，落叶20%～30%；华中地区：常绿50%～60%，落叶40%～50%；华北地区：常绿30%～40%，落叶60%～70%。

西北地区大部分与华北地区相同，戈壁、沙漠、荒漠、高原地区应根据具体情况而定。

纪念性园林及宗教园林为创造一种庄严、肃穆的气氛，常绿树占的比例较大，主要景点周围的栽植方法多采用规则式。

5．充分利用植物本身的生物学特性，来促成特定环境的风景效果

（1）根——如榕树。

（2）枝干——绿荫面积、树冠的大小不同。

（3）树形——姿态千变万化，主要有：直立、并立、丛立、匍匐、向上、平展、下垂等。

（4）叶——叶形、叶色。叶色的景观效果特别突出，如早春的柳，晚秋的枫、银杏等。

（5）花——花穗、芳香。

（6）音响——指自然界中的风、雨声响，植物枝叶产生的声响，如松——松涛，芭蕉——雨打芭蕉。

（三）选择适当的植物种类，满足植物的生态要求

1. 注重栽植环境与植物的关系

植物与环境之间有着极密切的关系，环境主要指气候、空气、土壤、地形地势、生物、人类活动等。在设计中，应借鉴当地植被，突出地方风格，做到适地适树。

2. 充分考虑植物种类之间的关系，建立相对稳定的植物群落

植物种间的相互影响在植物配置中是不容忽视的一个问题，特别是混合林。如核桃对柞树产生抑制生理活动，梨属植物不能和柏类搭配栽植等。

（四）注重配置中的经济原则

1. 合理使用珍贵树种

珍贵树种造价较高，在配置中应巧妙应用，起到画龙点睛的作用。

2. 多用乡土树种

乡土树种适应性强，能保证成活且造价低。因此，在普遍绿化时应以乡土树种为主导。

3. 合理引种

园林中的植物配置主要作用是形成景观，景观设计时，应合理引种对当地来讲新的树种，以丰富设计构思。

（五）植物在城市景观中的作用

植物在城市中不但有维持生态平衡，保护环境等作用，还是城市景观的重要组成部分，有的甚至成为城市的特征和代表。如海南椰树、福州的榕树等。植物

为人们带来大自然的生机与季节的变化感，是美化环境，创造丰富而又和谐优美景观的重要手段。

利用植物创造不同的空间气氛与意境：种植广阔的草坪，可使景象具有祥和舒坦的气氛；种植苍郁的林木，使景象具有悠久、清静气氛；在空间中多种植松柏，利用其枝干造型的奇特，使景象具有庄严肃穆或久远的气氛。松柏与山崖相结合，以山石为背景，可以表现出强烈的性格；多植垂柳，以其细枝柔条飘然，初春盛夏，景物变幻，景象奇特；种植梅、竹，使景象显出高雅与清静。

利用植物创作不同的气氛与意境，其根本在于人对植物的审美经验和人赋予花木的象征意义。

在利用植物组织景观时，应仔细考虑种植的形式，花木生长的习性，是否与周围的环境、气氛相宜，色、香、造型的搭配，季节变化后的特点等等因素。

利用绿地、绿廊、行道树、园林、公园将自然环境与城市的人工环境紧密结合起来，创造优美和谐的城市环境。

利用沿江、河、渠、池岸边的绿地和植物，将不同景象的水体与呈现生命活力的植被相互辉映，给人以生机勃勃的景象。

利用绿化树木缓和不同空白或建筑物之间的不协调关系，形成用植物组成的“软过渡空间”。

要用庭院绿化、屋顶、平台绿化、墙面垂直绿化等办法，最大限度地扩大城市绿化覆盖率和城市绿化率。

第八章 城市历史文化环境的保护与设计

第一节 城市历史文化名城的保护简述

中华民族有着悠久、灿烂的历史文化，城市作为政治、经济、文化、社会生活的载体，是历史文化遗产积累最多的地方。国务院 1982 年 26 号文件指出："我国是一个历史悠久的文明古国，保护一批历史文化名城，对于继承悠久的文化遗产，发扬光荣的革命传统，进行爱国主义教育，建设社会主义精神文明，扩大我国的国际影响，都是有积极意义的。各级人民政府要切实加强领导，采取有效措施，并在财力、物力、人力等方面给予应有的支持，进一步做好这些城市的保护和管理工作。"

国务院在 1982 年公布了国家第一批 24 个历史文化名城，在 1986 年又公布了国家第二批 38 个历史文化名城，在 1994 年又公布了国家第三批历史文化名城，这对于继承我国的历史文化遗产，建设社会主义物质和精神文明有着重大作用。

一、保护历史文化名城的作用和意义

城市是社会各个历史阶段所遗留下来实物的积累和文化的映射，是研究社会发展、科学技术发展、文化艺术发展的重要例证和源泉。

历史文化名城及许多历史文化遗迹，反映了当地文化的结晶，有着各民族、各地区不同的特点。了解、认识这些中华民族的历史文化，对于启迪爱国主义，增强民族自尊心有积极的教育作用。

历史文化名城作为城市建设的优秀范例，是今天城市规划、城市设计人员、建筑设计人员进行创作的源泉和重要借鉴，只有认识、熟悉这些优秀的城市和优

秀的建筑，才能继承和发扬中华民族的历史文化，尤其是城市文化和建筑文化。

历史文化名城是开展旅游业，增强我们民族和城市对外宣传的重要条件。

城市是由许多物质要素组成的有机的综合实体，城市是由人创造的，人在城市里进行生产和活动，城市的生成、发展与存在是与城市里的人的心理和生存活动共同存在的，人是城市的灵魂。因此，城市是一个类人体，是一个有生命有节奏的动态的物质实体，并有一定的精神、性格和气质。城市的保护，不同于一件文物、一座古建筑的保护，可以放到博物馆里，可以划定一个保护范围，可以仿制，可以修旧如旧。城市是与人的活动紧密相关的，城市的发展具有不可逆性，因此，历史文化名城的保护完全不同于一般文物保护的方法，应当从城市环境做起，维护它的历史和生存，保护好历史文化的遗存。

二、历史文化名城保护的制度变迁

（一）历史文化名城前期立法工作（1950 ~ 1981 年）

1951 年 5 ~ 7 月，中央人民政务院发布《古文化遗址及古墓葬之调查发掘暂行办法》《关于征集革命之物的命令》《关于保护古文物建筑的指示》。《关于保护古文物建筑的指示》要求：凡全国各地具有历史价值及有关革命史实的文物建筑，如革命遗迹、古城郭、宫殿、关塞、堡垒、陵墓、楼台、书院、庙宇、园林、废墟、住宅、碑塔、雕塑、石刻等，以及上述各建筑物内之原有附属物，均应加以保护，严禁毁坏。

1951 年，文化部、内务部颁发了关于“文物名胜古迹”保护、管理等一系列规定。文化部负责具有重大革命历史、艺术价值之革命遗迹、宗教遗迹、古建筑、古陵墓、古文化遗址等的保护工作。所在地人民政府负责一般的革命遗迹、宗教遗迹、古建筑及山林风景的保护工作。

1953 年 10 月，政务院《关于在基本建设工程中保护历史及革命文化的指示》（以下简称《指示》）：“各部门如在重要古遗址地区，如西安、咸阳、洛阳、龙门、安阳、云岗等地区进行基本建设时，必须会同中央文化部与中国科学院研究保护、保存或清理的办法。”

“在基本建设工程进行中，发现大量地下文物或古墓葬、古文化遗址、古生物化石时，主管部门应立即暂停局部工程，会同当地文化主管部门将发现遗址尽可能保持原状，妥善保管，并迅速报告省、中央文化部，决定清理办法。其规模巨大、性质重要者，文化部即会同中国科学院组织发掘队前往清理或派遣专家前往勘查，研究保护办法。”

1956 年 4 月，国务院《关于在农业生产建设中保护文物的通知》，通知列举重要古代文化遗址有陕西省的西安市丰镐遗址、汉城遗址。

1961 年 3 月 4 日，国务院公布了第一批全国重点文物保护单位共计 180 处，发布了《文物保护管理暂行条例》《国务院关于进一步加强文物保护和管理工作的告示》。条例中，规定了国家保护的文物范围：

（1）与重大历史事件、革命运动和重要人物有关的具有纪念意义和史料价值的建筑物遗址、纪念物等。

（2）具有历史、艺术、科学价值的古代遗址、古墓葬、古建筑、石窟寺、石刻等。

（3）各时代有价值的艺术品、工艺美术品。

（4）革命文献资料以及具有历史、艺术和科学价值的古旧图书资料。

（5）反映各时代社会制度、社会生产、社会生活的代表性实物。

在《指示》中提出文物保护的原则：“保护原状，防止破坏，除少数即将倒塌的需要加固修缮以外，一般维持不塌不漏。”并指出：“大拆大改，改变附近环境等，实际上是对文物古迹的破坏。”

1963 年，文化部颁布《文物保护单位管理暂行法》，提出了保护范围划分为重点保护区和一般保护区的概念。颁布《革命纪念建筑、历史纪念建筑、古建筑、石窟寺修缮暂行管理办法》，分为三类修缮：①经常性保养维护；②抢救性加固；③重点修理修复。

1974 年 8 月 8 日国务院《关于加强文物保护工作的通知》指出：在文物修缮中“保存现状或恢复原状，不要大拆大改，任意油漆新画，改变它的历史面貌，对已损毁的泥塑、石雕、壁面，不要重新创作复原。”

1980 年 5 月国务院发布《关于加强历史文物保护工作的通知》，1981 年国务院办公厅转发文化部等《关于长城破坏情况的调查报告》，同年，国家基本建设委员会、国家文物事业管理局、国家城市建设总局联合向国务院提出《关于保护我国历史文化名城的请示》，首次提出保护历史文化名城的概念。

（二）历史文化名城立法并逐步完善

1982 年 2 月 8 日，国务院批准了《三家请示》，并同时公布第一批历史文化名城，共 24 座。

1. 历史文化名城的基本概念

历史文化名城反映了城市的特定性质。作为一种总的指导思想和原则，应当在城市规划中体现出来，并对整个城市形态、布局、土地利用、环境规划设计等方面产生重要的影响。

2. 历史文化名城保护规划的基本概念

保护规划是以保护城市地区文物古迹、风景名胜及其环境为重点的专项规划，是城市总体规划的重要组成部分。广义来说也包含有保护城市的优秀历史传统和合理布局的内容。

3. 保护规划的基本内容

一般应根据保护对象的历史价值、艺术价值确定保护项目的等级及其重点，对单独的文物古迹、古建筑或建筑群连片地段和街区、古城遗址、古墓葬区、山川水系等，按重要程度不同，以点、线、面的形式，划定保护区和一定范围的建设控制地带，制定保护和控制的具体要求和措施。

第一批历史文化名城是由国家直接确定的。1982 年 2 月 23 日，国务院公布了第二批全国重点文物保护单位共计 62 处。11 月 8 日，公布了第一批 44 个国家风景名胜区。11 月 19 日，人大公布《中华人民共和国文物保护法》，提出："不得破坏文物保护单位的环境风貌问题。"

1986 年 12 月 8 日，国务院批准了第二批国家历史文化名城 38 个。第二批历史文化名城是采取自下而上推荐、广泛征求意见的方法，经过长时间讨论后确定的。

历史文化名城分全国和省级两个系列。

历史文化名城的标准：保存文物特别丰富，具有重大历史价值和革命意义的城市。

4．审定原则

（1）不但要看城市的历史，还要着重看当前是否保存有较为丰富、完好的文物古迹和具有重大的历史、科学、艺术价值。

（2）历史文化名城和文物保护单位是有区别的：作为历史文化名城的现状格局和风貌应当保留着历史特色，并具有一定的代表城市传统风貌的街区。

（3）文物古迹主要分布在城市市区或郊区，保护和合理使用这些历史文化遗产对该城市的性质、布局、设计方针有重要影响。

1994 年 9 月 5 日，国务院公布了第三批全国历史文化名城。

三、历史文化名城保护的主要内容

（1）已经确定为各级重点保护的文物古迹和风景点，包括古建筑、古园林、古城墙、雕塑石刻及各种工程设施等。

（2）历史古遗迹、遗址等，已探明的或未探明的地下重要的历史遗存，如古城遗址、古墓葬，古代重要的建筑遗址等。

（3）历史形成的古城格局，包括古城的平面形状、方位、轴线，以及与之相关的道路骨架、河网水系等。

（4）具有历史文化价值和利用价值的民居、街区和富有传统特色的旧城景观风貌。

（5）古代和近代现代的革命纪念性内容，包括杰出人物活动的纪念地等。

（6）历史文化名城中的古树名木，及具有地方特色的花卉、植物。

（7）城市及其近郊区的景观特征和生态环境，包括重要地形、地貌和与重要历史内容有关的山川原野特征等。

（8）城市文化艺术，包括地方戏曲、绘画、音乐、书法、地方民俗、传统工艺品及土特产、风景点等内容。

（9）其他需要保护的内容，包括有意义或有价值的近代建筑物和构筑物等。

四、历史文化名城特色保护

城市的特色是民族历史、文化、自然环境、社会生活、生活情趣等多种因素的折射和投影。从物质方面来讲，主要表现在城市的格局、建筑形式及组合、城市轮廓线、城市设施、城市小品、城市绿化风景以及城市中的艺术品、文物、特产土产等等；从精神方面来讲，主要表现在人的性格、当地居民的习俗、文化素养、社会道德和生活情趣等等。

历史文化名城因为集中了丰富的历史文化遗产和具有悠久的历史文化传统而不同于一般城市，各个历史文化名城之间因历史文化遗产和具有悠久的历史文化传统的内容不同表现出鲜明的个性。一般说来，名城的主要内容决定了名城的特色。历史文化名城特色一般表现在以下几个方面：

第一，文物古迹的特色，主要表现在其所代表的历史文化内容和形式上。

第二，自然环境的特色，主要表现在名城的山、水、风景的特色风貌上。

第三，城市格局的特色，反映了城市发展的过程。我国大部分城市都是构图方正、轴线分明、道路纵横规整、路格划分均等的州府城市格局，也有圆形的城市格局如商丘、宁波等。

第四，城市轮廓景观及主要建筑和绿化空间的特色，包括各城市的主要入城方向，城市制高点的景观特色，以及具有代表性的建筑景观、绿化空间。

第五，建筑风格和古城风貌的特色，每个城市所处的地区、气候、民族等情况不同，各城市的建筑风格和风貌也不相同。一般说来，北方厚重，南方明快，高原粗犷，水乡秀丽。曲阜五马祠商业街是在历史文化名城的背景下修建的，要求其建筑风格要与古建筑协调，但又不能复建新的古建筑，以避免使古建筑被假古董泯灭。在我国目前阶段城市建筑条件下，只能采取拼贴古建筑符号的方式完成新建筑，这是规划主题所要求的，如图 8–1、图 8–2 所示。

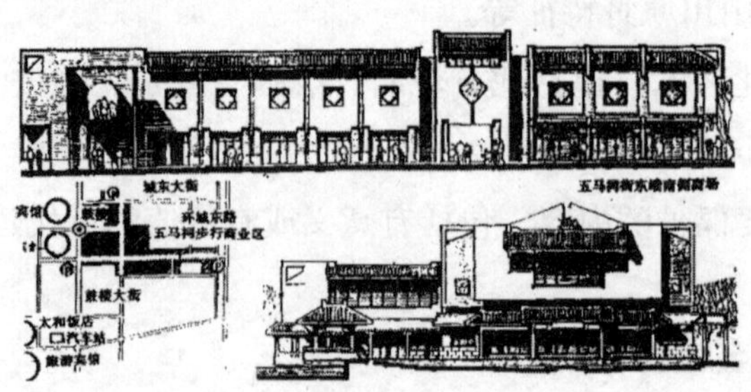

图 8–1　曲阜五马祠规划

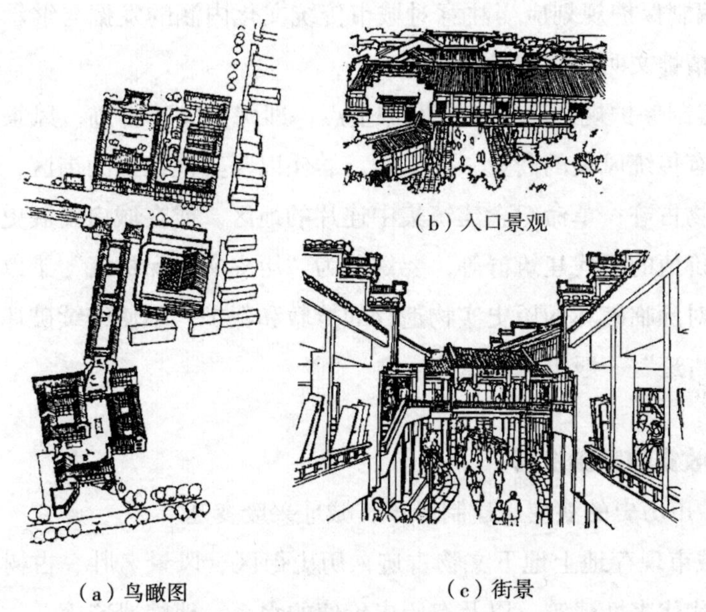

（b）入口景观

（a）鸟瞰图　　　　（c）街景

图 8-2　合肥城隍庙步行商业街

第六，名城物质和精神方面的特色，如土产、特产、诗书字画、戏曲、菜肴、茶点果品、工艺美术、民俗、风情等。

第二节　城市历史文化名城保护规划简述

一、规划原则

（1）历史文化名城应该保护城市的文物古迹和历史地段，保护和延续古城的风貌特点，继承和发扬城市的传统文化，保护规划要根据城市的具体情况编制和落实。

（2）编制保护规划应当分析城市历史演变及性质、规模、现状特点，并根据历史文化遗存的性质、形态、分布等特点，因地制宜地确定保护原则和工作重点。

（3）编制保护规划要从城市总体上采取规划措施，为保护城市历史文化遗存创造有利条件，同时又要注意满足城市经济、社会发展和人民生活和工作环境的需要，使保护与建设协调发展。

（4）编制保护规划应当注意对城市传统文化内涵的发掘与继承，促进城市物质文明和精神文明的协调发展。

（5）编制保护规划应当突出保护重点，即保护文物古迹、风景名胜及其环境。对于具有传统风貌的商业、手工业、居住以及其他性质的街区，需要保护整体环境的文物古迹；革命纪念建筑集中连片的地区，或在城市发展史上有历史、科学、艺术价值的近代建筑群等，要划分为“历史文化保护区”予以重点保护。特别要注意对濒临破坏的历史实物遗存的抢救和保护，不使继续破坏，对已不存在的“文物古迹”一般不提倡重建。

二、需收集的基础资料

（1）城市历史的演变、建制沿革、城址兴废变迁。

（2）城市现存地上地下文物古迹，历史街区、风景名胜、古树名木、革命纪念地、近代代表性建筑，以及有历史价值的水系、地貌遗迹等。

（3）城市特有的传统文化，手工艺、传统产业及民俗精华等。

（4）现存历史文化遗产及其环境遭受破坏威胁的现状。

三、历史文化名城保护规划主要内容

（一）规划文本

表述规划的意图、目标和对规划的有关内容提出的规定性要求，文字表达应当规范、准确、肯定、含义清楚。

主要内容有：

（1）城市历史文化价值概述。

（2）历史文化名城保护原则和保护工作重点。

（3）城市整体层次上保护历史文化名城的措施，包括古城功能的改善、用地布局的选择或调整、古城空间形态或视廊的保护等。

（4）各级重点文物保护单位的保护范围、建设控制地带以及各类历史文化保护区的范围界线，保护和整治的措施要求。

（5）对重点历史文化遗存修整、利用和展示的规划意见。

（6）重点保护、整治地区的详细规划意向方案。

（7）规划实施管理措施。

（二）规划图纸

用图像表达现状和规划内容。

（1）文物古迹、传统街区、风景名胜分布图，比例：1/5000 ~ 1/10000。可将城市和古城区按不同比例尺分割绘制。图中标注名称、位置、范围（图画尺寸小于 5mm，可只标位置）。

（2）历史文化名城保护规划总图，比例：1/5000 ~ 1/10000。图中标绘各类保护控制区域，包括古城空间保护视廊，各级重点文化保护单位，风景名胜、历史文化保护区的位置，界线和保护控制范围。对重点保护的要以图例区别表示，还要标绘规划实施修整项目的位置、范围和其他保护措施示意。

（3）重点保护区域保护界线图，比例：1/5000 ~ 1/10000。在绘有现状建筑和地形地貌的底图上，逐个分张画出重点文物保护区范围和建设控制地带的具体界线；逐片、分张画出历史文化保护区、风景名胜保护区的具体范围。

（4）重点保护、整治地区的详细规划意向方案图。

（三）附件

（1）规划说明书。内容：分析现状，论证规划意图，解释规划文本等。

（2）基础资料汇编。

第三节　城市历史文化环境的保护

著名城市理论学家刘易斯·芝福德指出："城市文化归根到底是人类文化的高级体现，如果说过去许多世纪中，一些名都大邑，如巴比伦、罗马、雅典、巴格达、北京、巴黎和伦敦，成功地支配了各自国家的历史的话，那只是因为这些城市始终能够代表他们的民族和文化，并把其绝大部分流传给后代。"

城市历史文化环境是在长期的社会发展进程中逐渐形成的，是城市历史、地理、社会、经济、艺术、美学、心理等等诸多方面的综合反映。在城市发展的进程中，一个时期有一个时期的特色，一个朝代有一个朝代的特点，城市历史文化环境的保护，就是要研究、挖掘、保护历史遗留下来的珍贵财产，继承和发扬优良的传统，抛弃历史的糟粕，为现代城市建设服务。

一、城市格局的保护

E.N. 培根在旧金山的城市设计中指出：格局是由城市所在的自然基地和人工开发构成的视觉框架，是由水、海湾和大洋、山丘和地脊、旷地和风景地、街道和道路，建筑、结构物及其组群等组成的。

城市格局首先是城市形象特征的表现，并对城市居民具有重要的心理影响，城市格局提供了城市空间组织和联系的整体框架，给人以场所感、目的感和环境的认同感。

城市格局有助于人们去了解、识别、认知他们的城市，如寻找活动中心，如何到达他们在商业区、市中心、机关工作单位等目的地，可以使一个大而密集的城市划分为形式上可以识别、心理上可以接受的许多单位，也可以增强人们对所处地区和生活的自豪感。

从城市二维平面上看，城市格局反映了城市中诸项用地之间的关系，如城市中心区、商业区、居住区、工业区等用城市道路分割或围合的区域及它们之间的相互联系。

一个城市格局的形成，其主要原因是城市的历史渊源和所处地理环境的影响。一般说来，一些历史悠久的名城重镇，城市中的古城区，大多数都有自己独特的、蕴含城市深层次文化内涵的布局特点，一些建城历史较短，又处于山地水边的城市，则道路随山就势，蜿蜒起伏，布局灵活。

在城市环境设计中，应从以下几个方面去保护和突出城市的格局。

第一，注重保护城市中与城市格局有关的古迹、城墙、风景名胜、绿地和水体，在城市环境设计中，只可以加强，不可以削弱。

第二，保护和加强城市历史遗留的道路格局，街道是城市格局中起稳定和统一作用的因素，街道系统的改变将导致城市格局的显著改变，特别是与地形相结合的街道格局。在旧城改造中，应注意城市道路格局的通行速度和尺度，有地方特色的街区可以开辟为商业步行街，以保护街区的传统风貌。

第三，建筑群体是城市中最大的可变因素，建筑群体之间及建筑群体与其他要素之间的关系，应从城市格局的统一与加强出发，进行规划、设计和调节。建筑群体宜加强城市的地形和活动中心的重要性，衬托城市格局。单体建筑或其他构筑物只有在象征城市意义的特定情况下，才在城市格局中予以突出。

第四，通过街道绿化、街道特色的设计来加强城市格局的可识别性。

第五，增强城市游览线路的明确性，通过改善文字信息、符号、图形设计及标志位置的设置，来增强城市格局的可识别性。

在城市环境设计中，不但要保护现有的、历史的城市格局，也同时应注重形成新的、具有时代特色的城市格局。在中国漫长的封建主义社会中，城市作为封建统治者意志的体现和统治的需要，大多遵循《考工记》中棋盘式城市格局，以体现统治阶层与被统治阶层的尊卑，尽管管仲提出过："因天材，就地利，故城郭不必中规矩，道路不必中准绳"的城市设计原则，但只在一些比较特殊的地理环境下体现出来。作为我们新一代城市环境设计人员，应当在城市环境设计中，在城市格局的完善中，因地制宜，广泛采用新的思想、新的技术、新的社会发展标准，以体现新的科学、新的信息、新的速度、新的人格和新的风貌。

二、城市历史文化环境的分区

（1）主要景观区，如文物古迹、历史风景名胜和最能代表城市特色的地段，如城市中心区等。

（2）传统特色区，是表示城市悠久历史和传统特色的区域，可以是一个独立的区块，也可是一条街、一个广场等。

（3）重要沿街景观区，主要指城市的主轴线的街道景观。

（4）自然风景区，主要指滨海、滨河、靠山城市中的自然风景名胜。

（5）一般景观区，主要指城市用地性质不同形成的不同景观。

（6）景观协调区，主要指城市中新区和老区之间、现代区与传统区之间的协调过渡区域。

以上是一般城市历史文化环境的分区，在城市环境设计中，依据城市具体情况，着重突出某几方面。

吴良镛先生指出："封建的政治经济文化是城市文化进一步发展的桎梏。由于中国封建社会上层建筑的极度完善，城市作为封建政治经济文化堡垒的作用加强，巩固了封建统治。就城市本身，尽管有百万人口的城市，也有着较为完整的消费，但它属于封闭性的，并且专断的封建统治还竭尽全力维护城市的封闭性质，剥夺了各阶层人民思维和生活的自由。城市没有能像西欧城市那样形成独立自治的经济文化体系，不能随着经济的发展而发展，也未能形成自由交往的基地，'稷下学宫'之风可惜未能相继下来，因此它没有，也不可能产生思想革命，不能出现像西欧那样的文艺复兴。"

三、城市的民风民俗环境

由于人类生活环境的差异和人种、民族的不同，造成了人们生活习俗、精神面貌、宗教信仰上的地方性，使不同的地区形成了不同的民风民俗和人文景观。例如潍坊的风筝、大理的泼水节、岳阳的赛龙舟、巴西圣保罗的狂欢节等，成为所在城市具有代表性的民风民俗景观。当我们仔细考察每一个城市，即使城市之间相互距离不远，地区文化差异很小，其民风民俗景观也会不同，每个城市总会有自己的民风民俗，从集市山会、风味小吃、地方戏曲到方言土语等，只不过是程度不同和包含内容的多少不同罢了。

民风民俗是社会群体后天形成的、长期相袭所共有的行为方式，一个城市里的民风民俗反映了这个城市的特定环境里人们生活、交往、信仰、气质等特点，它和城市的自然地理、人文历史一样是城市环境的重要内容，特别是我国幅员辽阔，民族众多，民风民俗更是千姿百态。

随着社会的进步，历史的发展，城市的民风民俗也在不断发展变化，一个时期所形成的民风民俗是城市在一定的历史条件下和社会、经济发展过程中形成的，代表了同一时期的文化、道德、思想和生活水准。随着社会精神和物质文明的进步，新的时代精神、新的民风民俗、新的人际关系正在形成，这是我们环境设计人员应当注意及发扬光大的重点。

四、城市的场所与文脉

城市的场所是指在一定空间内与人的行为相关联的地方。城市的文脉是指城市文化的渊源、流变和沉积。由于文化包含了人的全部物质、精神活动及其成果，所以城市文脉具有广泛的历史文化意义，同时也泛指人工物质形态的历史沉积。由此可知，场所和文脉都是与人的活动、行为有关的一对概念。从人的活动及行为的多重性、多样性及社会活动的复杂性分析，每个场所都有独特的、各自不同的特征，每个城市也同样都有独特的、与其他城市不同的文脉。这种场所和文脉，不但包括城市空间和各种物质属性，也包括人所体验的文化联系和漫长时间里形成的环境气氛。

第四节　古建筑（群）环境设计

一、古建筑环境设计的三种条件设计

（一）视觉设计

观赏古建筑（个体或群体）的视觉方式设计和视觉形象设计，诸如动观、静观以及观赏路线设计、视线设计、环境与古建筑本身形成的总体空间艺术设计等。

（二）环境要素设计

古建筑个体或群体以外的建筑物、绿化、道路广场、水面、雕塑及园林小品等的技术设计，还包括各环境要素的季相变化、色相变化、声音、光彩变化设计及现代材料及设施设计等。

（三）环境行为及环境综合效应设计

人是环境设计的主体，人的行为决定着环境设计，环境设计也特别影响人类的行为，后者是环境行为设计的重点。

二、古建筑环境设计中的常规做法

（一）环境纯净化清理与环境要素职能的确认

列为城市保护项目的古建筑，是城市中重点的环境景观地区，艺术价值的体现有赖于环境景观的全方位设计。首先需要做好净化清理，包括杂物、垃圾、视

线所及范围内的形象丑陋容易引起视觉不快的构筑物、设施等；其次需调整与古建筑不相协调的树种与绿化方式，特别是宗教意念较强的古建筑；再次，后人由于不恰当的用途填建了一些风格不协调或有损于古建筑文物价值的附加部分，也需要在环境清理中一并拆除。

古建筑环境设计中均应在保护历史信息的原则下，明确其职能，对环境的任何处理，如水面、硬质铺面、装饰物、草皮与树丛等，均应有充足的设计理由，是升华古建筑（群）历史文化价值与艺术价值的必要物质要素。那些观赏保存对象不利的位置，一般可采用设计水面、绿篱等方式形成观赏者无法进入的区域。

（二）单幢古建筑的孤岛设计手法

城市中标志性历史建筑，或周围历史环境残存下来的单幢建筑，可采用孤岛式处理方式加以保护，这些古建筑常常由于孤岛式环境处理而成为城市交通干线上的地标，并成为城市历史连续性的形象说明物。

（三）古建筑群外应有一定宽度的绿化林带

能够经历千百年来历史上不断发生的战争和各种天灾人祸的摧残而保存下来的古建筑群，是民族文化最宝贵的遗产。从景观、防灾等角度，积极保护古建筑群，原则上均应有一定宽度的绿化带环绕作为界定物质，保护性绿带的宽度可依据现实条件决定，一般可从 20m 到 50m，一起划入古建筑群的一级保护区。

城市中保存下来的古建筑群或者由于住房紧张不断侵蚀而使绿化带逐渐被蚕食而丧失，或者始建之初就未预留绿化带，在这种情况下，有条件的城市均应考虑逐渐迁移周边建筑，形成一定宽度的林带。位于城市中心区而无法拓展形成绿化带时，至少应环绕古建筑群开辟一条不少于 6m 宽的环状道路。

绿化带有助于提高古建筑群的环境质量，减少与城市新建筑之间的不协调景观，环状道路人为地将古建筑群从城市一般性建筑中独立出来，可使其特色更加鲜明。

（四）古建筑群的历史地面抬高控制

古建筑群只有同一定的历史环境共同存在时，才具有历史文化遗存价值，这时保留下来的历史信息才是完整的、充分的。由于城市不断地发展，古建筑群除了环境的逐渐蚕食外，地面标高的变化也常是使古建筑文物价值降低的一个重要原因。如许多古城中心的古建筑群，常由于逐年翻修马路，不断抬高地面，而使古建筑群地面相对降低，失去了真实的历史尺度感和环境感。

印度处理古城堡的方式：在古城堡外围一定保护宽度以外建一矮墙，矮墙之外为城市现代地面标高，矮墙内保留历史地面标高。

凡属于国家级重点保护的古建筑群，均应按照一定的保护范围界定一个原则上保存历史环境的区域，该区域应与城市有明显的界线，地坪标高不受城市建设竖向设计的影响，使历史信息更多地完整地保护下来。

（五）重视古建筑或其他项目残迹的环境设计

古建筑（宫殿、庙宇）、城墙或城门、各种民用或军事设施的残迹在城市景观建设中最容易被忽略而遭到全面的破坏。有些残迹，尽管其遗存甚少，但在城市建设上只是决定性的方位标志，一旦被确定为文物保护单位后，均应及时保护并做出环境设计方案。这些景点尽管很小，但在精心设计下，常常可以为城市的文化景观增添不少生动的、有时甚至是极富爱国主义精神的活动空间，对这些残址，均应用地面高差或绿篱将保护范围明确圈定，并做出地面上的艺术处理，增加铺地、草皮、辅助建设和一定的纪念说明，使之成为一个城市纪念性艺术景点。

（六）单体古建筑的群体艺术价值升华

单幢而文物价值较高的古建筑，其周围环境必须增建新的建筑时，应该将该幢古建筑作为新建筑群的起始点来进行新的群体设计；意在强调古建筑是城市历史发展的一个阶梯时，可将新建筑与古建筑通过各种中介空间（如庭院、水面、中庭）将新旧建筑协调成一个统一完整的艺术群体；意在强调古建筑在群体中的地位时，可将其置于建筑群的中轴线上；意在强调古建筑是视觉中心时，可将其置于人流活动的视线焦点上。

这种价值升华处理，有利于突出城市的历史延续性和艺术性，也可采用古建筑残垣断壁组合到新建筑中，采用古建筑某些基本构件（如立面、某个屋角）作为新建筑的主要立面或构件等多种方法，如图 8-3 所示。

图 8-3 马来西亚旅游中心（运用传统建筑造型的符号语言）

（七）古建筑（群）环境拓展和时空延伸

随着城市市民文化素质的不断提高和自身认识的不断完善，人们的视野兴趣向纵横两个方面拓展。横向上，人们追索民族间、国家间、地区间的文化异同，渴望了解更多的异质文化和更广阔的世界；纵向上，人们不仅着眼于未来的建设成就，同时也不断深化对历史的回顾与借鉴。

这种文化上求新和进取精神，要求城市具有相应的物质景观和人文景观，古建筑环境设计就其本质来说，就是这种背景下的文化设计。

古建筑（群）的环境设计工作，是一项需要十分精心、反复推敲才能认定的繁复劳动，设计者必须在阅读大量历史文献，包括诗词歌赋中对这些古建筑的形体和环境的歌咏，弄清所要设计对象的情感价值、文化价值和科学技术价值，弄清其历史沿革及结构上的各历史时期构件的真伪和价值，弄清祖先在这幢建筑上所倾注的思想感情和技术上采取的措施等等，非如此不能开展工作。要在设计工作开始前对古建筑的环境整治提出上述调查与分析报告，进行周密的可行性研究，经过认可后再进行设计工作。

第九章　城市人工环境设计

第一节　城市中心区的布局结构

城市中心区是城市的心脏，具有行政管理、商业、文化和娱乐等多种职能，是城市文化的展示橱窗，也是市民的集散枢纽。因此，它是城市环境设计的重点和难点。从城市整体功能结构演变过程看，城市中心区是一个综合的概念，是城市结构的核心地区和城市功能的重要组成部分，是城市公共建筑和第三产业的集中地，为城市及城市所在区域集中提供经济、政治、文化、社会等活动设施和服务空间，并在空间特征上有别于城市其他地区。它可能包括城市的主要零售中心、商务中心、服务中心、文化中心、行政中心、信息中心等，集中体现城市的社会经济发展水平和发展形态，承担经济运作和管理功能。

一、中心区的智能

城市中心区是城市形态中最突出的部位，具有很强的聚焦力和辐射力，是城市政治、经济、文化、交通、信息、生活的枢纽，在整个城市运转中起中心作用，具有控制、辐射、集结、疏导等功能，是城市人流、物质流、能量流、信息流最集中的地方，也是城市建筑景观和文化景观最突出的部位。

城市中心区的构成，取决于城市历史的演变过程，取决于城市的性质，取决于不同功能公共建筑的组成，取决于空间的环境容量。因此，每个城市都有各自不同的中心区，如行政中心区、商贸中心区、文化娱乐中心区等，以及几个单一的功能中心的复合，很难有一个统一的模式。在不同的历史发展时期，城市中心区有不同的构成和形态，首先，古代城市的中心主要由宫殿和神庙组成，这与当时的社会状况相符。其次，工业社会中，零售业和传统服务业是城市中心区的主要职能，Downtown是当时城市中心区的代称。最后，城市中心区发展到现在，地域范围迅速扩大，并出现了专门化的倾向，如CBD（Central Business District）的兴起，但城市中心区本质上仍是一个功能混合的地区。

同时，不同规模和区域地位的城市中心区的功能构成和形态是有差异的。首先，许多小城镇商务功能分散，城市结构比较单一，往往一条街或一个节点就集中了城市的商务功能，这些城镇没有也不可能形成真正的城市中心区。其次，地区性的中心城市的中心区以商业零售功能为主，常常还包括行政中心，商务办公功能集中，这类城市主要包括像中国的省会城市那样的地区中心城市。最后，区域或国际地缘中心城市的中心区除拥有大量的传统服务业和商业零售业外，高级商务办公职能占有相当的比例，城市中心区内已经出现新兴的CBD。如中国的上海、北京，欧洲的米兰、柏林，北美的多伦多、墨西哥城，非洲的约翰内斯堡等。第四，全球性城市的城市中心区功能十分复杂，包罗万象，但以高级商务职能为主，也就是说它有发展成熟的CBD网络，城市中心区功能是以CBD功能为主导功能，其辐射强度是全球性的，如纽约、伦敦、巴黎等城市的中心区。

二、中心区的结构形态

（一）中心区的布局结构

1. 单核结构形态

集中型中小城市的结构一般都是单中心模式，城市的主要商业活动、商务活动、公共活动都相对集中在城市中心。就商业活动来说，全市性的商业中心在整个城市商务活动中居于绝对优势。这种中小城市单核结构的布局通常有两种形式：一种是围绕城市的主要道路交叉口发展，形成中心职能聚核体，这种中心布局式常常出现在小城镇中，其结构形态都非常单纯。另一种则是集中于一段或几段街道的两侧，形成带形或块状的商业街区，这是中等城市单核中心常见的布局形式。除集中型中小城市外，一些综合性大城市的城市中心区也属于单核结构形态类型。这类城市的城市中心一般是多功能性的，既有发达的商业服务设施，也有相对发达的商务办公设施。另外，这类城市的一个主要特点是拥有相对完善的城市中心体系。除主中心外，还有若干次一级中心，但主中心的首位度很高，因此从总体上来说仍然属于单核结构形态类型。例如南京城市主中心新街口地区已经成为综合性的商务中心。除新街口主中心外，还有二级中心 9 个，三级中心若干，形成城市中心体系，如图 9–1 所示。

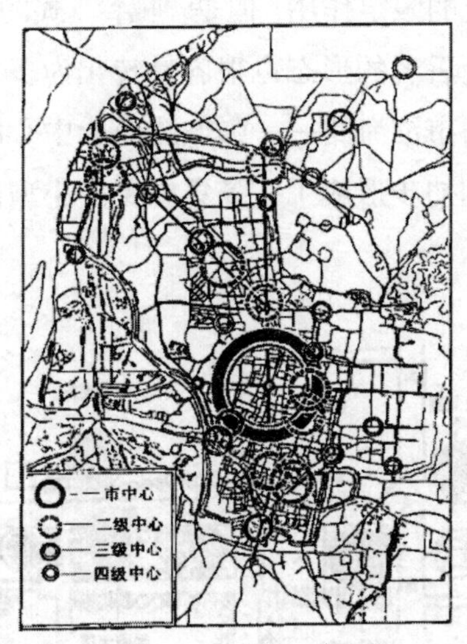

图 9–1　南京市商业中心等级体系分析图

2. 多核结构形态

城市发展到一定阶段，当原有的城市中心不能容纳快速发展的城市中心职能时，也就是说城市中心规模达到其承载极限时，就会在另一个地方发展新的中心，形成城市的另一个核心或副中心，这是双核或多核城市发展的一般过程。这种情况通常出现在较大规模城市或历史性城市中。

国际性大城市由于城市规模的巨大及城市在世界经济中占有重要地位，其城市中心职能趋向多样化和高级化。在发展过程中，由于原有中心地域结构的限制，不可能满足日益增加的城市中心用地的需求。特别是国际性大城市中心职能主要是以对外服务为主，这种规模的增加与区域的发展有很大的关系。在中心职能构成中，中心商务职能是增加最快，同时也是最能代表城市地位的要素，这就要求开辟新的商务中心，来配合城市结构和地位的变化。

不少市级商业中心具有两个相对独立分布的大型商业主体设施，构成“双核”结构中心，其核心位置或者位于商业街的两端，或者位于商业街之中，形成“哑铃”或“杠铃”式双核结构形态。

相对单核结构商业中心而言，双核结构商业中心的稳定性较强，两个核心对商业中心的规模起了一定的限定作用。但是“哑铃”式的双核结构很有可能向“杠铃”式双核结构转化，而后者的形态也很容易转化为多核放射型和复线型，甚至转化为团块型。例如徐州市淮海路——彭城路商业中心的发展已经出现了初步的复线形态，在淮海路南侧初步形成了一条集中着中小型商业、饮食服务业设施的步行轴线，如图 9–2 所示。

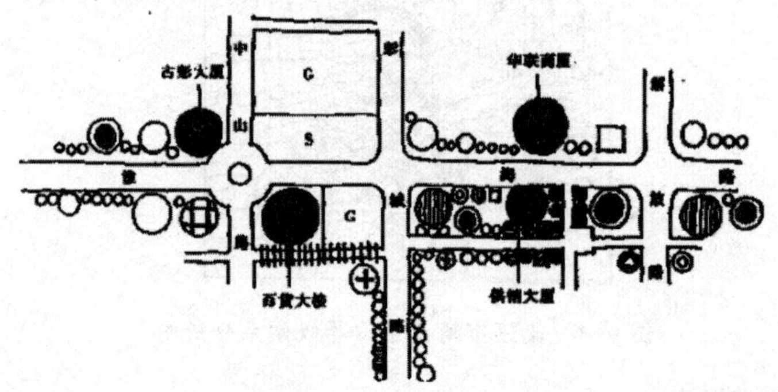

图 9–2　徐州市淮河路——彭城路商业中心的“杠铃”式结构

3. 凝聚式多核结构

多核中心即有两个以上的大型综合性设施，分别处于商业中心的不同位置，利于合理组织和分配商业中心的活动人流。这在国外城市的新兴商业中心尤其是较大规模的购物中心比较常见。常通过步行街和广场，将若干个商业主体设施——大型商场购物中心、超级市场等，组织成带状、卜字型、丁字型、口字型等多核布局结构。

4. 均质型无核结构

有些商业中心由若干规模相当的中小型商店组成，相互补充共存。这里各商店具有各自的吸引力，没有“独占鳌头”的核心商店，形成相互间引力关系相对均衡的无核结构中心。

均质型无核结构的商业中心适应的是传统的小规模商品手工生产和产销一体化，因此一般在历史传统悠久而又没有发展较多现代化工商业的小城市或者具有特殊职能（如旅游职能）的大中城市才可以见到。

城市中心区是多种因素与多种矛盾交织在一起的区域，这些因素和矛盾，在中心区的范围内，争空间、争时间、争位置、争主顾，同时又相互依赖、相互作用，既存在相互制约的一面，又存在相互促进的一面。

（二）功能结构

商业中心各功能组成部分间的结构关系，一方面由外部人流活动的相关程度、连续程度所决定，反映着人们的不同活动需求及各项活动相关的密切程度；另一方面由不同功能部分能够和愿意支付的房地产租金所决定，反映着不同功能部分对商业中心地价的敏感程度。商业、饮食服务业与文娱设施作为商业中心的基本公共设施，相互之间关系密切、彼此接近可获得更高的外部经济效益和活动效益，因而能够也愿意支付商业中心核心地段的高额房租、地租。而非群众性的商务办公设施、金融设施等则具有一定的独立性，不宜设于商业设施主要地段之中，这类设施通常汇集在一起，体现出对环境、气势要求较高，但对地租并不敏感的特点。而一些服务水平低、规模较小的设施则由于与核心关系不是特别密切，又无法支付高额的房租、地租，所以大多分布在核心地段以外。常见而较典型的多功能布局结构有如下几种：

（1）分段式结构；

（2）平行分带式结构；

（3）结核——圈层式结构；

（4）层叠式结构。

商业中心的主干设施结构形式与多功能结构形式，表达了商业中心的综合布局结构。规划中应采取什么样的综合布局结构，则应结合商业中心的性质、规模、内容构成、历史发展与现状特征、发展条件以及交通组织与外部活动空间组织方式等要素进行综合评价、分析和确定。

第二节　商业中心的设计

一、商业中心的空间形态

（一）带状商业中心

带状中心指沿街线性展开布置的带状商业街。它是商业中心常见的基本布局类型之一，普遍存在于各大中小城市。

商业街是一种历史悠久的，在今天仍被证明是行之有效的商业空间形态，在商业中心的规划建设中，无论是从原有人车混行的商业街改造而来的各种步行商业街，还是新建的步行商业街和购物中心，都会把公共设施沿线展开，与街结合作为最基本的空间布局形式，只是对这种布局组织形式的利用程度和利用方式上有所不同，才衍生出多种多样的商业空间形态。

1. 单一线型商业街

单一线型商业街是沿一条城市道路（城市商业中心往往是沿主要干道）展开的布局形式。沿街设置的各商业设施具有较均等的人流接近机会，是商业中心满足人们广泛的活动选择、组织人流活动流线的基本方式和空间形态。但是，单一线型商业街人流活动流线较长，空间较单调，街面像一条长长的布景，因而控制和限制单一线型商业街的延伸，是规划中要考虑的要素之一。综合考虑人流活动的舒适性、方便性等因素，商业街长度宜控制在 500 ~ 1000m（实际上目前我国许多城市的商业街都超过了 1000m 这个极限），过长则不便于人流活动，如有扩大规模的需要，则可向商业街两侧纵深方向发展。

2. 复合型商业街

复合型商业街相对于单一线型商业街而言，具有比单一线型商业街复杂的体型，主要指以交通枢纽、干道交叉口为中心，公共设施沿几条道路的方向带状沿街延伸“复合”而成的商业中心，构成 L 型、T 字型、十字型等布局形式。例如西安市商业中心以鼓楼广场为中心，由历史上形成的西大街、东大街和规划拓宽后的南大街组成 T 字型布局形式。

3．单面街

单面街是商业街布局中的一种特殊形式，主要商业设施沿道路一侧布置，流线单一，把人活动领域与城市交通领域分割开来，人流活动安全舒适，流线简捷，对交通组织很有利，但由于设施单面沿街布置，流线长度不宜过长，发展规模受到限制。

（二）块状中心

1．商业街区

商业街区是街坊式布局的块状商业中心，各项功能部分在道路围合的街坊内组织，与沿道路两侧的带状布局有本质的区别，其最大的优点是满足了城市交通与商业文化等公共活动的相对独立，街坊内形成安全舒适、丰富多变的步行空间。

2．广场式

广场式商业中心在国外较多，较为著名的有瑞典发斯塔市中心，它以步行广场为核心空间组织各项设施，巨大的梭形广场由两层公共建筑围合，东西两侧布置了大面积的停车场，结构简单，布局紧凑，如图 9-3 所示。

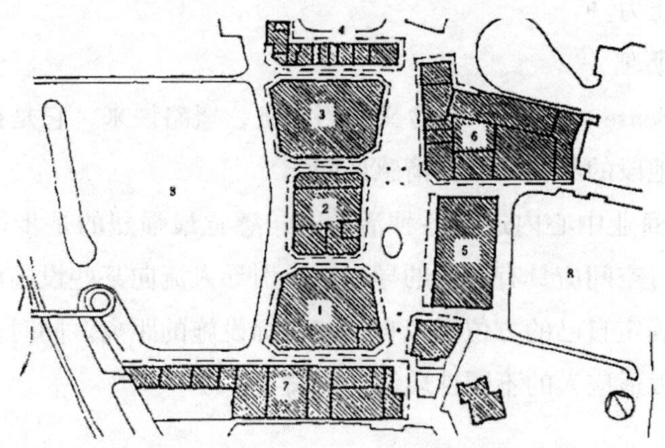

图 9-3　发斯塔市中心平面图

二、商业中心的场所感设计

（一）安全感

良好的商业中心形体环境的基本条件是使人们能够自由地在中心内从事各种

活动而不必担心他们的安全。当商业中心内采用全步行化的道路交通组织方式时，人们的安全感最强，小孩们可以在街道上自由玩耍，老人们可以悠闲地坐下来休息，购物的人们可以放心地穿越街道，到沿街两侧的商店中选择自己想要购买的商品。但是目前国内大部分城市的商业中心采用的都是人车混行的道路交通组织方式，而且许多城市的商业中心地段同时也是城市主要交通干道交汇的地段，繁忙的交通和热闹的商业活动相互干扰十分严重，使得两者功能的发挥都受到妨碍，人们在商业中心内活动也缺乏安全感。因此，从长远来看，步行化或半步行化是我国城市商业中心发展的必然趋势，也是人们对商业中心形体环境安全性的必然要求。

（二）舒适感

人在商业中心内舒适与否主要与人流密度和休息空间及设施有关。

导致人流拥挤的原因主要有两个：其一，商业中心的环境容量不足，步行空间狭小；其二，商业中心设施布局不合理。

从人的舒适度出发，商业中心形体环境设计时可取约束感（2.2 ~ 3.7m^2/ 人）作为环境容量参考值。同时应注意沿线大型设施后退形成人流集散广场，减轻步行道上的人流压力。

（三）场所感

场所感（Sense of Place）的含义相当丰富，概略说来，它是指人们对于某一特定的地点或地段的经验认识和情感认同。

当人们在商业中心内进行各种活动时，感觉最强烈的是步行空间的形态特征。明晰的步行空间应具有一定的导向性，引导人流向某些设施前进，并使人在空间中能随时确定自己的方位以及自己与目标设施的距离。同时步行空间应该是丰富多样的，以适应人的不同性质活动的需要。

三、商业中心建筑景观设计

环境景观设计主要是指对构成形体环境的各种要素及其相关关系的设计，以使之符合人的各种活动要求，并向人传达一定的信息，满足其精神上的要求。环境景观的设计和评价对象虽然不包括人的各种活动，但是人的各种活动要求却是环境景观设计和评价的依据。人产生某种行为的直接动因是一定的个体心理需求和共同心理需求。因此，现代环境景观设计十分重视对场所中人的行为心理进行分析，从使用者的角度确定设计原则和评价标准，从而区别于传统的强调构图造型原则和审美价值的视觉艺术设计以及强调功能合理性的功能主义设计，其特点主要表现在以下三个方面：

第一，在指导思想上，现代环境景观设计强调以具体使用者的多样性要求为出发点和依据。

第二，在具体操作中，现代环境景观设计强调多学科、多种方法的综合运用与扬长避短。

第三，在评价标准上，现代环境景观设计强调场所的最优化。

第三节　CBD 的规划与建设

一、CBD 的研究历程

20 世纪 20 年代，芝加哥学派代表人物伯吉斯（E.W.Burgess）在研究城市空间结构时，提出 CBD 概念。在著名的同心圆模型中，伯吉斯定义：CBD 是包括有百货商店和其他商店、办公机构娱乐场所、公共建筑等设施的城市最核心部分。也就是说，CBD 的研究起源于对城市结构的研究。20 世纪 50 年代，美国的墨菲（R.E.Murphy）和万斯（J.E.Vance）对 CBD 作了最有影响的综合研究，他们认为：从城市发展和城市规划的角度来看，只有中等规模（人口大致为 10 万）以上的城市才有 CBD。人口在 10 万以下的城市，城市中心形不成一个区，即内部结构达不到一定的关联水准和空间规模，只是一个点。

CBD 的判定——墨菲系数

CBHI——商务高度指数＞ 1

CBII——商务密集指数＞ 50%

二、CBD 的基本特征

（1）CBD 具有区域（乃至全国或世界）中非常高的中心性。

①提供的所有货物和各种服务均具有最高的水平。

②在交易和交流中都是非常高档次的。

③是商贸、信息、金融等各类精华集中的地方。

（2）CBD 具有非常高的可达性和拥挤程度。

（3）CBD 具有非常高的人际和信息交流量。

（4）CBD 具有非常高的土地价格。

（5）CBD 具有非常集中和非常高档的零售业。

（6）CBD 具有非常高的服务集中性，服务包括经济、行政、管理、娱乐、文化等。

三、CBD 的确定及内部结构

在规划及实际工作中，需要划出 CBD 的范围，CBD 的确定方法如下：

（1）地价峰值确定法；

（2）人口——机构密集性综合确定法；

（3）可达性确定法；

（4）指数确定法（墨菲指数）。

当代中央商务区（CBD）是以商务办公为主导内容的城市中心区。以北京大都市地区城市中心结构设想为基础，我们进一步对具体中心的性质进行界定，提出北京 CBD 网络结构发展设想，如图 9–4 所示。

图 9–4　北京大都市地区 CBD 网络发展设想

四、CBD的发展

（一）CBD自身的发展趋势

（1）高等级办公机构继续增长，低等级的办公机构继续外迁。

（2）居民及日用消费品商店继续外迁，专门化的零售业（如耐用消费品、珍贵饰物等）则继续发展。

（3）CBD中心的交通、通信是该城市该地区最发达最先进的状态，公共交通继续增长，私人交通受到限制。

（4）城市景观上摩天大楼增高，建筑风格日趋多样化。

（二）现代CBD的目标和思路

（1）远期战略目标：以经济发展为主体，同时考虑城市建设、环境、生态、社会、文化等方面的建设与发展。

（2）调整CBD职能结构的原则：淡化零售商业意识，树立大流通的观点；树立跨国经营意识，加速CBD的国际化；利用地价法则，提高CBD的职能层次。

（3）空间结构及职能结构的调整方案：以编制形态规划为框架，功能规划为内涵，建立调整方案。

（4）CBD的主要功能分区。金融贸易区以金融贸易为主，旅游、信息业为辅。贸易总部区以贸易、企业管理为主，金融、旅游为辅。高级服务区以代理、中介、房地产、广告、设计、律师、科技咨询等高级商贸服务功能为主，兼有文化、娱乐、宾馆、绿地、公园等。中心商业区以零售、批发、商品展示、时装表演、内外贸易洽谈为主，物资中介、装潢审计、会计事务所等为辅。

第四节　城市中心区的环境设计

一、城市中心区的规划要素

城市中心区的规划要素主要有：中心区功能分析（包括现有功能、拟定功能、聚集辐射范围、人群流向分析等），公共建筑组合（包括功能载体的需求、空间的限定与围合、整体性与秩序、时代性、民族性、地域性等的和谐统一、微差对比），交通组织（包括人流、车流、货运等流线分析，步行路线的确定，人、车流线的组合），景观环境（包括环境与空间分析、标志、识别、定位，景观欣赏价值，自然性与艺术性），人的行为分析。

二、城市中心介绍

（一）华盛顿中心区

华盛顿中心区是由一条约 3.5km 长的东西轴线和较短的南北轴线相并，并结合西南方向的波托马克河的自然景色，形成了气势宏伟、环境优美的首都中心区。

东西轴线的东端是以国会山上国会大厦为主题，西端则以林肯纪念堂作为对景，白宫的位置在南北短轴的北端，汤姆·杰费逊纪念亭布置在南端。在两条轴线的交叉点上耸立着华盛顿纪念碑，它以简洁的方尖柱造型，明亮的碑身，高大的尺度，控制着整个中心区的空间。在华盛顿纪念碑与林肯纪念堂之间有一条形水池，映射着两侧碑堂的身影，由于空间开阔，水面的倒影更加强了中心区的空间效果。

（二）平壤市中心区的环境景观

平壤城市区的丘陵制高点上是建筑面积达 10 万平方米的国家图书馆——人民大学习堂，结合地势构成的宏伟体量和华美的屋顶造型，形成了城市的空间核心。轴线向东伸展，跨过近千米之阔的大同江面是临江耸立的一个高达 170m 的纪念性建筑——主体思想塔。两者之间大同江西岸一侧是供城市集会的节日庆典之用的金日成广场，面积约 6 公顷，东西略长，中轴对称。此外，金日成广场南北两面为文化、办公建筑，而东部临江只设 2m 多高的台阶式防洪堤岸，从视线上不予遮挡、一连东西。以主体思想塔作为东部的端景，将千米江面空间收纳进来，有效地扩大了广场的视觉空间。有目标地将城市主要迎宾庆典路线上的胜利大街引入广场，从中部穿过，既保证了城市正常的交通，又使过往的行人能充分欣赏到这一城市景点。

三、城市中心区的交通问题——以曼哈顿为例

（一）曼哈顿地区的交通状况

20 世纪的交通巨变，人们仰仗于飞机。但实践证明，能够直接深入城市中

心和特有的舒适旅行环境，使铁路交通至今仍具有生命力，特别是对中短途旅客来说，无须历经跋涉到郊区飞机场的劳作。

1．中央火车站

建成于1913年，由瓦伦设计创造。

雄伟的中央大厅是车站的水平和垂直交通枢纽，与之相连的庞大的地下步行系统直接通向周围二十几栋建筑，同时与周围20多栋高层旅馆和办公楼的电梯间相连。

中央火车站是在原有老车站的基地建设的，在此之前，开敞的露天铁轨占据了42街以北的几个街区，城市形象破败杂乱。

中央火车站的设计，将铁轨置于地下，深达20m，为此开挖土方量近300万立方米，这个大胆而有远见的措施，为公园大道北段的开发建设铺平了道路，维护了城市空间的连续完整。

当时任中央铁路局总工程师的威尔格斯亲自撰写任务书，构想出多层分流系统，使下沉的中央大厅直接与相邻建筑相通，从而避免街道层人流交叉拥挤。

将主层中央大厅地面低于街道层5m，威尔格斯的三方面的考虑：①避免与街道层城市活动的交叉冲突；②与地下步行系统处在一个水平面上；③受重力原则的启发，让进站旅客受重力影响自然而然地下行。为扩大容量，少占城市用地，铁轨分两层，分别与主层中央大厅和下层大厅相通。

受当时设计时间的影响，这样一个极其注重使用功能的建筑，却被赋予雄伟庄严的巴黎美术院式的古典形象。正对公园大道南段的42街主立面，是十分幽雅的对称构图，填充三座巨大拱券的则是钢材和玻璃，正中上方配的是艺术家朱利斯·柯丹设计的大钟和古典群雕，唯一与欧洲古典作品不同的是古典神话人物配的是象征美利坚的鹰。与室外立面相比，中央大厅室内显得过分简洁，几乎没有任何装饰构件。

2．宾夕法尼亚车站

建于1902年，1910年竣工，罗马复兴风格。

1964年拆除改造，29层办公楼，11层悬索结构体育馆，下行通过电梯、楼梯与地面层联系，地下2层是大量的商业设施和设备用房，同时为上一层分流、协助疏散旅客。列车停靠站台处位于相当于地下3层的位置，共有21个站台。铁轨深置于两座建筑和两层车站候车厅之下，南北两侧各有一条钻过曼哈顿岛的地下隧通向东伸去。

两层车站停车厅，也许会让第一次使用它的旅客感到无所适从，稍微观察和分析，它的内部交通组织十分简洁，在这里各种商业服务设施应有尽有，东西两侧直接与市区地铁联通，已成为一座地下城。近年来，铁路当局致力于改善车站内部环境质量，不久前竣工的长岛铁路局所属北侧大厅宽敞明亮，疏导线路简洁，十分有效率。

3. 港务局长途汽车总站

始建于20世纪50年代，20世纪80年代扩建，纽约港务局基建处设计。与中央火车站跨越公园大道和宾夕法尼亚车站切断西32街的做法不同，长途汽车站扩建时保留了41街的畅通，没有破坏曼哈顿格网的连续。

车站在除地面层外的地下和地上各层相连，也因此形成两个长度不同的环状内部交通系统，通过复杂的坡道和高架桥，车辆进入后沿外环行驶调度，乘客由环内核心的水平和垂直输送系统达到站台，相互无交叉。

车站内商业服务点统一规划，与主体建筑协调一体，而无附加或多余的感觉。

（二）与城市设计有关的问题

1. 尽量减少占用城市用地，保持城市空间的连续性

中央火车站和宾夕法尼亚车站均将铁轨置于地下，前者更新路轨和站台双层叠置，所获经济效益可观，也减少了对城市空间的破坏性影响。

不仅铁路交通线，城市中尤其是人口密度高的大都市中，立交桥和高架公路的建设也许能在一时解决机动车交通的难题，但由此割裂了路桥两侧城市空间的有机联系，有时不仅会破坏城市局部地区的商业经济结构，很可能因此导致一些居民区的解体，社会治安问题频现。

近年波士顿市拟将战后建设的高架路大西洋大道全部埋入地下，从而使城市地区与河边地区再重新建立良好的联系。

2. 将交通建筑网并入城市整体结构

这三座大型车站集散问题的解决，依靠车站四周与城市格网一致的各条街道

和地铁系统。车站边缘没有独立于城市结构的自身完整的子系统，而是一旦离开车站建筑便立即进入城市，车辆、人流以极快的速度沿城市街道消散开去，没有站前路与城市街道衔接处常出现的“瓶颈现象”。

铁轨深入地下使得人们可从各方向接近或离开车站，车站建筑对相邻地区的冲击也减到尽可能小的程度。20 世纪 70 年代以来，中央车站开发组织把以车站为核心的周围相当范围的地区视作一个整体，实践告诉他们，单纯搞好某些个体建筑，其生命力和吸引力是十分有限的。

3. 与市区公交系统紧密相连

与城市整体结构协调解决人车集散在街道层的问题，与市区地铁系统形成联运统一体，在很大程度上减少了地面层的压力。

人们在地下直接进入地铁车站，衔接紧凑，三座车站均在地下无须出站与地铁线连接，没有旅客进出的唯一性的进出站口，而且多途径消化人流，因用地紧张或与某些地铁线仍有一段距离时，通过地下步行系统搭接，让乘客自由转乘。

4. 车站成为城市空间的延续

车站内部设计是城市设计的有机组成部分，城市活动不终止于车站外立面，同样，解决交通建筑本身的难题，也要仰仗相邻地区城市建筑的协助。

中央火车站庞大的地下步行系统伸向四面八方，直达四周建筑的门厅、电梯厅，许多与车站相关的活动，可以异地发生在相邻公共空间，减轻车站的压力。

这三座车站中均有大量商业服务设施，与周围城市商业活动结合在一起，方便使用者。车站不但解决交通问题，而且成为集商业、服务、文化娱乐多项城市生活内容的综合体。

因为车站建筑与城市环境的紧密联系，作为主体交通系统枢纽和各项活动集中的车站大厅，其位置、布局、规模和设计手法，不仅要考虑车站客运需要，还应与相邻城市环境综合协调，这里不仅是车站的大厅，也是城市的有效空间。

5. 内部改造和建筑保护

三座车站自建成使用之日起，车站内部及其邻近城市区域的改造就从未间断过。

宾夕法尼亚车站北侧地下步行街，经过多年改造设计，1995 年年底才全部完成投入使用，改造之后，线路清晰，空间格局更加新颖，更适应快节奏效率的现实需要。

城市中特别是大都会的车站建设牵涉范围广，都是以不断的内部改造来适应新的需要，而非动辄异地兴建，其经济效益不可忽视。

20世纪60年代拆除原有的宾夕法尼亚车站，使纽约在战后建设中第一次痛切地意识到，建立完善的建筑事物保护法规才是根本保证。

6. 对城市中建筑类型的重新认识

在信息快速交流转换的今天，以静止的观点认识建筑在城市空间中的作用，已失去说服力和实际指导作用。

特别是在商业文化的强有力冲击下，任何建筑物都会因实际需要改变使用功能。内部空间设计和技术设备体系，城市中建筑的生命力，往往取决于其灵活应变的可能性。在整体结构体系完整有序的前提下，其中任何局部的变异和变化，能够为整个机体消受。

如今的车站，已成为集客运、商业、文化娱乐多项城市内容的综合体，其触角在地上地下多层次地与相邻城市环境融为一体，边界条件日益模糊。

值得注意的是，车站中商业空间所占比例似乎或已经超越客运部分，走出车站，俨然来到一个规模宏大的市场。

特定建筑类型在历史发展中形成的模式和语言，是人们认识表现规律的反映，但在我们的现实生活中，原有模式的形式语言不断受到冲击和“侵蚀”，恪守旧的教条，不只是无视现实，已几乎成为不可能。

第五节　城市广场设计

历史上的广场，都基于宗教、军事、政治、商业、交通等某种功能的需要，多属单一功能为主，兼有其他功能。欧洲历史上形成的广场，几乎是市民人生的一部分，市民在这些广场空间中彼此交往，相互认同，安静舒适地进行各种各样的活动，街道和广场都是城市的中心和聚会的场所。

一、城市广场的分类

（一）市政广场

市政广场多修建在市政府或城市政治中心所在地，是市政府组织集会活动的场所。主要用于：政治、文化集会、庆典、游行、检阅、礼仪、传统民间节日等活动。广场上主体建筑物是室内集会空间，广场则是室外集会空间，市政广场上不宜布置过多的娱乐性建筑及设施。例如：威尼斯圣马可广场。

（二）纪念广场

为缅怀历史事件和历史人物，在城市中修建的用于纪念活动的广场。广场中心或侧面以纪念雕塑、纪念碑、纪念物或纪念性建筑作为标志物，主体标志物应位于构图中心，其布局及形式应满足气氛及象征的要求，广场本身应成为纪念性雕塑或纪念碑底座的有机构成部分。建筑物、雕塑、竖向规划、绿化、水面、地面纹理应用相互呼应，以加强整体的艺术表现力。

纪念广场的选址非常重要，因为其具有深刻严肃的文化内涵，所以应尽量远离喧闹繁华的商业区或其他干扰源。纪念性广场应突出某一主题，创造与主题相一致的环境气氛，用相应的象征、标志、碑记、纪念馆等手段，教育人、感染人，以便强化所纪念的对象，产生更大的社会效益。

主题纪念物应根据纪念主题和整个场地的大小来确定其大小尺度、设计手法、表现形式、材料、质感等等。形象鲜明、刻画生动的纪念主体将大大加强整个广场的纪念效果。

（三）交通广场

交通广场一般位于火车站、航空港、码头、城市主要道路交叉点，具有多种服务功能，是城市交通系统的有机组成部分，是交通的连接枢纽，起交通、集散、联系、过渡、停车等作用。交通广场可以从竖向空间布局上进行规划设计，以满足现代社会复杂的交通需要，分隔车流和人流，做到畅通无阻，有足够的面积及空间以满足车流、人流和安全要求。车站、航空港是各种交通矛盾的集合体，它的建筑造型是城市的一种标志，而其功能解决的如何则标志着城市现代化的程度。

（四）商业广场

商业广场集购物、休憩、娱乐、观赏、饮食、社会交往于一体，一般位于城市商业中心，或与专业市场相结合。将商业服务、步行街和市民休憩用地有机地结合在一起，是城市生活中重要中心之一，广场应避免人车交叉混流，可设置部分娱乐设施，建筑小品的尺度和内容应富有人情味。

（五）宗教广场

早期的广场，多是修建在教堂、寺庙及祠堂前面，以便举行宗教庆典仪式，集会、游行，在广场上一般设有尖塔、宗教标志、坪台、台阶、敞廊等构筑设施，用于宗教礼仪，祭祀、布道等活动，也有和商业广场结合在一起的布置形式，现代的宗教广场已经逐渐起市政或休憩娱乐广场的作用。

（六）休憩及娱乐广场

这类广场是居民城市生活的重要行为场所，包括花园广场、水边广场、集合广场、文化广场以及居住区和公共建筑前设置的公共活动空间，广场中多布置台阶、座凳等供人们休憩，设置花坛、雕塑、喷泉、水池及城市小品供人们观赏，广场应具有欢乐、轻松的气氛，布局自由，并围绕一定的主题进行构思。

二、广场的空间环境

广场与街道是主要的开敞空间，其组合为城市的结构骨架，因此，开敞空间的位置安排应与城市形态设计联系起来，预留一定的弹性发展余地。

现代城市广场设计的基本原则：

（一）以人为本的人文原则

在城市空间环境的创造中，要充分认识和确定人的主体地位和人与环境的双向互动关系，并以此为依据，对绿化、水体、铺地、小品、色彩、灯光、音乐等多种构成要素进行精心设计和有机组合，才能自始至终体现对人的关怀和尊重，使城市广场真正成为为人享受、为人喜欢、为人向往的共同活动空间。

（二）城市空间体系分布的系统原则

城市广场是城市重要的开敞空间，是城市空间环境和城市景观的有机组成部分，好的重要的城市广场往往是城市的标志。城市空间体系是城市子系统之一，城市广场是这个子系统中更小的子系统。城市广场有功能、性质、规模、区位等多种类型和区别。

（三）继承和创新并重的文化原则

城市是人类社会生活中人口、权力、文化财富以及能量、物质、信息等在地球表面聚集的节点，是人类文明的象征。城市的历史并没有“逝去”，它仍然在影响着我们现存的城市，影响着现存的社会，影响着我们每一个人。

第六节　城市步行环境设计

一、步行环境的性能、概念和类型

（一）步行环境的性能

步行环境是人类在漫长的历史文化中享受城市价值，并通过城市价值创造城市文化的行为空间。

美国城市规划学者凯温·林奇曾提出城市环境必须具备：活力性、感觉性、适合性、接近性和管理性五种性能，对城市步行环境，主要有以下性能：

（1）安全性——通行安全。

（2）安定性——没有噪声和其他公害的污染。

（3）可识别性——步行环境的空间结构易于辨认。

（4）观赏性——有较好的环境景观、建筑及其他设施小品等，美观，并富有个性和象征意义。

（5）亲密性——步行环境气氛和谐，有亲切感。

（6）坚实性——有良好的适应步行的物理性。

（7）通用性——对步行以外的其他功能也有良好的适应性。

（8）方便性——便利日常生活，不妨碍社区的日常行为。

（9）平等性——面向社会，对老人、残疾人也无通行障碍。

（10）维护性——有妥善的管理功能和良好的维护机制。

（二）步行环境的概念

步行环境的规划与设计是城市规划和城市环境设计中重要组成部分，在设计中应注重以下几个方面：

（1）居民（或使用者）的认同与参与。在规划阶段，要听取居民的意见，提倡使用者参与，力求居民与使用者的认同。

（2）保护城市市区的历史环境。在历史文化悠久的城市内，要尽量保护传统街区的街景和散步道上的设施，将保护、观赏、商用等功能结合起来。

（3）以自然为中心，力求整体环境的和谐。在有水系的城市要修建临水的河滨散步道，在缺少自然景观的市中心修建“绿道”“袖珍公园”和散步道，以及开设水渠，修建人工瀑布等。

（三）步行环境的类型

城市步行环境的类型主要有：

（1）小规划开放空间：包括居住区级公园、小区级小游园、组团绿地、街心小公园、高层建筑下的开放空间等。

（2）步行者专用空间：包括步行商业街、步行者用天桥、空中走廊。

（3）地下步行空间：包括地下商业街、地下过街通道等。

二、步行商业街设计

步行商业街是促进城市中心区的城市生活、保护传统街道富有特色的结构的方式之一。

商业空间与一般建筑群不同，它以购物者活动的场所和空间为设计起始点，空间要有趣味，并能休憩与停留，才能吸引更多的“潜顾客”，增大销售额度。走得很累又无休憩之地，像我国大多数商业街一样，则不可能是好的商业空间。喷泉、雕塑、观赏性商品陈列、娱乐、包括街头艺人，都是空间应包含的内容。

商业步行街是最容易形成特色的街道形式，绿化小品和休息座凳等是最基本的设施，除了购物之外，游览、散步、休憩、社交等活动均可在步行街内进行。

通过步行商业街的设置，可使城市变得更亲切动人，使优秀的文化传统生活方式为人们所体验。

三、步行环境的空间设计

（一）空间序列的设计

1．心理与空间序列

信息学研究表明，同一信息或相似信息作用的时间过长，心理感觉量将会降低，失去信息的新鲜感，继而产生厌烦情绪。要使步行者心理感觉量保持在最佳，必须在每段时间或每段空间中部使其有新的信息，以保持步行者的兴奋状态。因此，空间序列的设计是十分重要的，除了考虑步行街的功能外，建立一个完整的空间序列构架尤为必要，以使人们在不断的信息演进中系统地得到心理的满足。这种空间序列，通常是由前导空间、演进空间、高潮空间和后叙空间等组成。

2．一般模式

主旋律：步行街—广场—步行街—广场—步行街的模式。

次旋律：大街—小巷—广场—小巷—大街的模式。

辅助旋律：步行街—庭院—步行街—庭院—步行街的模式。

三种模式应相互交叉，巧妙结合，使空间变化有致，内外交错，使步行商业街区获得丰富生动而又秩序良好的效果。

（二）空间尺度、形式

空间尺度从使用要求上应满足通行和消防的要求，并有一定的通行强度，街道宽度不宜过宽，传统商业街的宽度均为 7 ~ 10m，有大量人流较拥挤时，宜扩大为 10 ~ 15m。

街道长度太长则容易产生疲劳和厌烦，太短则引不起人们足够的兴趣，一般应在 300 ~ 500m 为宜。

四、城市小品

城市小品是点缀、美化环境的有效手段，城市小品包括的范围极广，包括有座椅、用水器、垃圾箱、花池与花台、喷泉、人工瀑布、栏杆、标牌、灯具、雕塑、公交车站和休息亭等等。其中雕塑、喷泉等对周围环境具有画龙点睛作用，可成为人们的视觉中心。城市小品在一特定的环境中，如果造型别致，布置合理，对环境是一种美化，如果造型丑陋，布置散乱，则往往和周围环境不协调，造成视觉污染，妨碍游人行进，降低游人兴趣。

（一）雕塑

雕塑是供人们进行多方位视觉观赏的空间造型艺术，它像树木、水体、建筑小品一样，是构成空间环境的一部分。城市雕塑主要有以下类型：

（1）纪念性雕塑：是以雕塑的形式来纪念人或事，常布置在空间的中心部位或视线的焦点处，以形成空间环境的主体，抑制整个空间环境。其周围场地的布置设计要服从其雕塑的总构思，如图 9–5 所示。

图 9–5　巴格达无名英雄纪念碑

（2）装饰性雕塑：常常结合环境设计的需要，配合建筑、道路、绿化，起点缀装饰作用。

（3）主题性雕塑：为了揭示某一主题，不具体表现某人或某事，但却包含有深刻的思想内容，如图 9–6 所示。

图 9–6　纽约联合国总部“铸剑为犁”雕塑

（4）功能性雕塑：首先是具有实用性，同时也具有装饰性，如某种造型的果皮箱、仿树桩的桌、凳以及街头、广场、绿地中的造型儿童玩具等。

（二）雕塑具有很强的环境性和空间性

雕塑作为艺术品，不仅要依靠自身的形态和神态，与观赏者进行感情交流，而且有赖于整体环境的相互烘托和强化而产生社会效应。

第十章　城市景观设计生态学研究

第一节　人文生态系统的概念和内涵

一、人文生态系统的概念

人文生态系统是以人文为主要特征的一类特殊的生态系统，它以人类为主体，是个人之间、群体之间、群落之间等形成的复杂的相互联系，以及人类主体与周围的政治、经济、文化、社会等人文环境（非物质环境）所组成的复杂系统。

人文生态系统的概念借鉴了生态学、系统论以及两者相结合的生态系统理论。一般认为，“生态学是研究生物有机体与其周围环境（包括非生物环境和生物环境）相互关系的科学”。“系统论”是运用逻辑学和数学方法研究一般系统运动中客观事物和现象之间相互联系、相互作用的共同本质和内在规律性的理论，由于其主题是通过总体性、整体性、有序性、层次性、动态性、开放性和目的性等一系列概念阐述对一般系统普遍有效的原理，而不管系统组成元素的性质关系如何，因而从理论上为现代各学科的交叉综合奠定了基础，发展成为运用最普通的横断学科之一。生态系统理论正是生态学在引入系统论后的新发展。

二、人文生态系统的内涵

人文生态系统是人这一主体与其人文环境的结合，其内进行着政治、经济、社会、文化的各种运动，这种运动在一定的时空条件下，处于协调的动态之中。作为生态系统的一个类型，人文生态系统具有一般生态系统的基本特点。但由于人类主体的活动能力和组织方式的特殊性，其与人文环境的交互关系更加丰富复杂，人文生态系统又具有许多不同于普通生态系统的特征。

（一）以人为本的人文特征

人文生态系统是以人为中心的。首先，人文生态系统内的有机主体就是人，而将自然生态系统中的动植物和微生物等其他有机体排除在外；其次，人文生态系统研究的环境是指政治、经济、文化、社会等人文环境，其本质都是由人类活动而构成，并不涉及太阳、空气、水、森林、气候、岩石、土壤、动物、植物、微生物、矿藏、自然景观、建筑物、构筑物等自然和人工物质环境。最后，系统研究的重点是了解人文环境如何影响人们的思想、行动和发展，而并非其物质生命是如何产生和延续的。

（二）与文化相关联的区域特征

和生态系统的一般特征一样，人文生态系统也都与特定的空间边界相联系，因而包含区域或范围的意义，且区域边界也可以包含不同的层次和等级尺度。我们通常根据研究目标的需要，人为地界定系统的范围。这种界定主要依据两个方面，一种像自然生态系统那样根据生物分布的地域划分，可以根据人分布的地域划分人文生态系统，如城市人文生态系统、乡村人文生态系统；另一种是根据某种人文特征，将相似特征的人群所处的地域划分为一个系统，如居住区人文生态系统、少数民族地区人文生态系统等。

（三）物质和文化的动态自持特征

任何生命系统都是有代谢机能的开放系统，通过与外界不断进行物质、能量交换，不断建造和调整自身的结构，以实现系统的自我维持，简称自持。人文生态系统具有物质和文化两方面的动态自持特征。无疑，人文生态系统中的人类具有生长、发育、繁殖、代谢、衰老、死亡等系列生物学特性，其生活和生产必须从动植物和物质环境中摄入食品、物资，而人类的农业劳动和工业生产、建设又向物质环境输出各种自然和人工物质。

（四）功能更高级的自组织特征

自组织是指在不存在外部指令的情况下，系统按照相互默契的某种规则，各尽其责而又协调地自动地形成有序结构的过程。自组织现象无论在自然界还是在人类社会中都普遍存在。一个系统自组织功能愈强，其保持和产生新功能的能力也就愈强。人类比其他生物的自组织能力强，人文生态系统比自然生态系统的功能也高级，能够在一定的条件下，自动地由无序走向有序，由低级走向高级。

第二节　人文生态与景观形态互动的基础理论

一、系统论

城市人文生态系统首先建立在系统论基础之上。系统论由美籍奥地利生物学家贝塔朗非（L.V.Bertalanffy）在1930年提出，是一门运用逻辑学和数学方法研究一般系统运动中客观事物和现象之间相互联系、相互作用的共同本质和内在规律性的理论，其主题是通过总体性、整体性、有序性、层次性、动态性、开放性和目的性等一系列概念阐述对一切系统普遍有效的原理，而不管系统组成元素的性质和关系如何，因而从理论上为现代各学科的交叉综合奠定了基础。

从系统论的角度分析，城市人文生态系统是由相互联系、相互作用的要素（部分）组成的具有一定结构和功能的有机整体，综合整体性、有机关联性、动态性、有序性和目的性是其最基本的五个特征。

首先，人文生态系统是一个“整体大于部分之和”的综合整体，具有不同于单个人简单累加的复杂的城市功能和结构。第二，组成人文生态系统的各要素之间具有有机关联性，正是这种关联使人与人、文化与文化、人与文化之间形成了错综复杂的社会网络和文化体系，这也是产生系统的功能和结构的原因所在。第三，城市人文生态系统是一个随时间发生演变的动态系统，不仅其内部结构随时间迁移而变化，而且也同其他城市和乡村之间进行着人文、经济、社会、文化和信息的动态联系和交换，这是保证系统多样性的前提。第四，城市人文生态系统的动态和关联并非是杂乱无章的，而是具有特定的组织秩序的，如空间层面的街区，社会层面的社区、邻里、家庭，经济层面的收入阶层，文化层面的亚文化群体等等，都是人文生态系统有序性的组织要素，与关联、层次和结构等系统属性密切相关。第五，城市人文生态系统有目的性。人文生态系统的目的性是有序性的表现之一，是系统结构及其整体形态的综合，也是人们配置各种城市资源从而形成城市景观的出发点。

系统论主张从对象的整体和全局进行考察，反对孤立研究其中任何部分或仅从个别方面思考和解决问题。

二、等级理论

等级理论是对城市人文生态系统等复杂系统进行描述和研究的有效手段。等级（系统）理论是1960年在系统论、信息理论、非平衡态热力学以及现代哲学和数学有关理论基础之后发展起来的。它认为复杂性常常表现为等级形式，即由若干单元组成的有序形式（Simon，1973）。一个复杂系统是相互关联的亚系统组成，亚系统又由各自的亚系统组成，以此类推直到最低层次。层次的数目、特征及其相互作用关系即为等级系统的垂直结构。等级系统中的每一个层次是由不同的亚系统或整体元组成的，整体元的数目、特征和相互作用关系即构成等级系统的水平结构，每个整体元又具有两面性或双向性，即相对于其低层次表现出整体的制约作用，而对其高层次则表现出从属组分的受制约特性。城市人文体态系统既可按照组织层次分为系统、群落、群体和个体，也可以按其他标准划分等级，如可按行政序列分为城市、区、街道、居委会、家庭、个人，或按经济体系分为城市、行业、单位、班组、个人。高层次对低层次具有制约作用，每一个层次又都由若干相互联系的单元构成。

三、尺度理论

尺度是根源于人文生态系统复杂性和等级理论的一个基本概念，是讨论研究对象在时间上或空间上的范围量度，即时间尺度和空间尺度。空间尺度一般是指研究对象的空间规模和空间分辨率，研究对象的变化涉及的总体空间范围和该变化能被有效辨识的最小空间范围。在实际研究中，空间尺度最终要落实到研究的人文生态过程和功能所决定的空间地域范围，如研究城市流动人口景观，就必然将城乡人口流动范围作为研究范畴，把流动人口聚居区作为具体的研究单元。空间尺度随着研究目的的不同，其范畴也不一样，小到小区尺度、家庭尺度，大到区域尺度、全球尺度。

四、自组织理论

自组织理论是1960年末期开始建立并发展起来的一种系统理论。它的研究对象主要是生命系统、社会系统等复杂自组织系统的形成和发展机制问题，即在一定条件下，城市人文生态系统等复杂系统是如何自动地由无序走向有序，由低级有序走向高级有序的。自组织理论主要由耗散结构理论、协同学、突变论三部分组成。

第三节　景观结构的人文生态分析

景观结构即景观组成单元（景观元素）的类型、多样性及其空间关系，是指在一定时期内，系统各个要素通过内在机制相互作用而表现出的景观形态。

景观空间为政治、经济、社会及文化提供了存在和运行的物质载体；同时，对政治、经济、社会、文化和制度有反作用，两者相互作用、相互促进。

一、相关理论研究

景观生态学的基质—廊道—斑块研究以及景观异质性理论、生态交错带理论和生态位理论为我们研究城市景观形态提供了分析语汇和研究方法。我们利用此理论和方法对城市景观结构与格局进行简要研究，并分析景观结构形成的人文生态动因。

（一）景观异质性理论

景观的异质性是景观结构研究的主要内容。异质性是生态学、社会学、地理学和规划学等多学科广泛应用的概念，用来描述系统属性在时间维度和空间维度上的变异程度。系统和系统属性在时间维度上的变异实际上就是系统和系统属性的动态变化，因此，这里研究的异质性一般是指空间异质性。空间异质性是指生态学过程和格局在空间分布上的不均匀和复杂性。景观异质性是一定尺度上景观要素组成和空间结构上的变异性和复杂性。

（二）生态交错带与边缘故应理论

不同人文系统的交界区域，或两类环境相接触的部分，即通常所说的结合部位，称为人文生态交错带，也可称为人文生态环境交错带或人文环境过渡带。在引入界面（相对均衡要素之间的“突然转换”或“异常空间邻接”）的概念后，将人文群落交错区定义为：在人文生态系统中处于两个或两个以上的物质体系、文化体系、功能体系之间所形成的界面，以及围绕该界面向外延伸的“过渡带”空间。

（三）生态位理论

生态位是指在自然生态系统中的一个种群在时间、空间上的位置及其与其他物种之间的功能关系。生态位是一个物种的最小分布单元，或者说是一个物种所占有的微环境，其中的结构和条件能够维持物种的生存（Grinnel，1917）。生态位又可分为生境生态位和营养生态位，生境生态位指该生物占据的自然空间；营养生态位则表示该生物在本生境的生物群落中所起的作用。

二、景观结构成分的人文生态分析

景观结构是在人文因素的影响下形成的，可以说怎样的人文生态系统就会有怎样的景观，而人文生态系统的结构直接影响着城市景观结构。我们引入景观生态学中描述景观格局的概念：斑块、廊道和基质，分析构成景观结构的三种因素在人文生态上的意义。

（一）景观基质的人文生态分析

基质是景观中分布最广、连续性最大的背景结构。Forman（1995）认为，这些结构和功能特征，即面积上的优势、空间上的高度连续性和对景观总体动态的支配作用，是识别基质的三个基本标准。

（二）景观斑块的人文生态分析

斑块泛指与周围环境在外貌或性质上不同，并具有一定内部均质性的空间单元。应该强调的是，这种所谓的内部均质性，是相对于周围环境而言的。对于人文生态系统而言，斑块可以是商业区、历史街区、火车站、公园或湖泊等。因此，不同的斑块的大小、形状、边界以及内部均质程度都会表现出很大不同。

（三）景观廊道的人文生态分析

廊道是指景观中与相邻两边环境不同的线性或带状结构。常见的廊道包括道路、河流、输电线路、人工规划的生态廊道等。廊道重要结构特征包括曲度、宽度、连续性、组成内容及其与周围斑块或基底的相关关系等。

三、经济是城市景观结构形成的基础和动力

一定时期的城市景观总是由当时的经济技术水平所决定的，经济是城市发展的基础，也是城市景观形成和演变的基础和主要动力。生产力水平、生产方式、产业结构、经济流通、分配方式、消费结构都深刻地影响着城市景观，如产业革命对于欧洲城市景观的巨大影响。大量学者研究经济规律对城市空间和景观的影响，新古典主义经济学指出，自由市场经济的竞争状态下的区位均衡过程是空间发展的内在机制。新马克思主义分析了价值规律和劳动力再生产方式对景观格局和分异的决定性作用。相学技术的进步提供了人类建设城市的技术手段，重大的技术革命将带来生产力和生产方式的革命，继而引发城市景观的演变。例如交通技术的革命使城市的景观尺度发生根本变化。技术发展还带来了结构技术、建筑材料、施工技术以及设计理念的革新，直接影响到建筑形式、空间组合，甚至城市的整体景观。例如钢筋混凝土的普遍运用、高层结构技术的发展都使现代城市景观迥异于传统城市。经济和技术为城市景观的形成提供了基础和手段，是城市景观格局发展演变的重要推动力。

四、社会是城市景观结构的人文背景

社会因素也是塑造城市景观的重要动因，景观是一定社会关系和社会秩序在物质空间上的反映，景观不仅被人所塑造，也塑造着生活在其中的人。一切社会活动都是在一定的景观背景中进行的，社会阶层、教育水平、政治权力、经济能力、性别、族群等社会因素决定了人与景观的关系。而城市景观以多样的方式影响着人们的行为，这些方式通常以视觉美学为主要目标。亨利·列斐弗尔认为特定的社会文化是景观意义的源头，空间环境之所以有意义，具有怎样的意义，以及该意义的作用如何在人的行为环境中得以体现，均受到特定文化及由此形成的脉络情景的影响。人的行为、人与人之间的关系、人与环境的关系是景观产生的社会源头，社会因素对景观的影响是持久而缓慢的，尤其在历史悠久的传统城市中，社会因素对景观形成的作用是我们分析景观时不可忽视的方面。

五、文化是城市景观结构的精神内核

城市景观是人类文化的结晶，其形成与发展的过程是与作为内在动力的人类文化分不开的。文化有其特定的文化系统或体系，有一定的结构与格局，文化的结构与格局影响着城市景观。人类文化包括了人类创造的一切精神财富，是世界观、价值观、人生观、道德、信仰、习俗、知识、艺术、文学等的综合体。它通过影响人的思维方式、价值判断、行为标准而在城市景观建设与发展过程中发挥作用。文化是城市人文生态系统的内核与深层结构，对景观的影响是深刻的、潜移默化的。

第四节　景观形态变迁的人文生态规律

一、景观形态变迁与人文生态群落演变

（一）人文生态群落演替的概念和相关理论

1. 人文生态群落演替的概念

任何一个人文生态群落都不会静止不变，而是随着时间的进程，处于不断变化和发展之中。人文生态群落的演替是指在群落的发展变化过程中，群落人文结构由低级到高级、由简单到复杂、一个阶段接着一个阶段、一个群落代替另一个群落的演变现象。人文生态群落的演替既包括自然演替，如人从出生到死的自然发展以及群落随季节随时间的自然更迭；而更重要的是人文的演替，包括文化的兴衰、制度的更迭、经济的发展等等，这些发展与演替对人文生态群落的影响是最为关键的。

2. 人文生态群落演替顶级理论

顶级是人文生态群落演替达到稳定的状态，随着人文生态群落的演替，最后出现一个相对稳定的群落。该群落是一个围绕着一种稳定状况波动的群落，成为人文群落演替的顶级。演替顶级概念的中心点就是群落的相对稳定，这有赖于群落组成、结构、功能的稳定。群落演替顶级理论包括复杂程度和适用范围依次增加的相似顶级说、多元顶级说和顶级格局说。

（二）人文生态群落演替过程的景观形态变迁

人文生态群落的演替是指一个人文生态群落开始形成到被另一个人文生态群落代管的过程，从时序上大致可分为人文生态群落发展的初期、盛期和末期。

人文生态群落演变每个阶段的景观特征有所不同，动荡和简单是人文生态群落发展初期最显著的特征，表现为组成人文群落的人群类型与数量变化较大，人群的结构不稳定，分化情况经常发生，群落的物质环境与景观也处于不断变化之中，整个系统呈上升的发展趋势。此时的人文群落成员相对简单，结构较为清晰。景观变化的速度快，虽然存在方向不明确、稳定性差等问题，但总体上丰富度不断上升。

需要指出的，并非所有的人文生态群落都完整地经过三个阶段的循环。在外力的干预下，人文群落的景观形态可能会出现中断或跳跃式的发展。

二、景观形态演替的人文生态动因

人类有选择、适应、改造和破坏环境的能力，对人文生态群落中的各种关系起着促进、抑制、改造和重建的作用，人类这些主观能动的行为对人文生态群落的演替产生了重要影响，控制着群落演替的方向和速度，常常成为人文生态群落及其景观演替的决定性因素。

现代人文群落中的流动性比传统人文群落有较大的提高，流动带来了外来人口、外来文化以及外来的经济形式，对系统原有状态造成干扰，流动性增加是传统人文群落遭受外来人口入侵、发生演替的重要指标。侵入城市人文群落的初期，外来人口往往在和本地人口之间的竞争中处于劣势，所以他们一般会自动回避这种不利竞争，放弃优势的空间及社会资源，即选择区位和环境较差的地点居住，选择劳动强度较大、劳动环境较差、危险性较高和薪酬较低的行业工作，他们在城市中最早渗入的是各人文群落之间的边缘，在城市的概念上是城乡接合部，在社区或者群落的概念上是社区边缘或群落之间的廊道——街道两侧。因此，这些区域往往是经济活力高的地区，景观上除了车流量、人流量大，商业繁华外，重要的特点是往往聚集了各地特色的小型餐饮和服务业，多样性明显高于一般城市地区。

第五节　城市景观形态发展的人文生态调控

一、相关理论研究

（一）文化多样性

文化多样性理论的思想来源之一是生物多样性理论。生物多样性是地球生命经过几十亿年发展进化的结果，由于生物多样性的内在价值，和生物多样性及其组成部分的生态、遗传、社会、经济、科学、教育、文化、娱乐和美学价值，以及生物多样性对进化和保护生物圈的生命维持系统的重要性，保护生物多样性成为全人类共同关切的问题。

与生物多样性类似，文化多样性对于人类社会平衡与发展所具有的价值也日益为人们所重视。文化多样性指各群体和社会借以表现其文化的多种不向形式，这些表现形式在他们内部及其间传承。文化多样性不仅体现在人类文化遗产通过丰富多彩的文化表现形式来表达、弘扬和传承的多种方式，也体现在借助各种方式和技术进行的艺术创造、生产、传播、销售和消费的多种方式。

文化多样性增加了每个人的选择机会，它是发展的源泉之一，它不仅是促进经济增长的因素，而且还是享有令人满意的智力、情感、道德精神生活的手段。每项创作都来源于有关的文化传统，但也在同其他文化传统的交流中得到充分的发展。人类的共同遗产文化在不同的时代和不同的地方具有各种不同的表现形式。这种多样性的具体表现是构成人类的各群体和各社会的特性所具有的独特性和多样化。因此，各种形式的文化遗产都应当作为人类的经历和期望的见证得到保护、开发利用和代代相传，以支持各种创作和建立各种文化之间的真正对话。文化多样性是人类的共同遗产，应当从当代人和子孙后代的利益考虑予以承认和肯定。

（二）人文生态平衡

生态平衡的概念是指一定的动植物群落和生态系统发展过程中，生物与生物之间、生物与外界环境之间通过相互制约、转化、补偿、交换等作用而达到的相对稳定的平衡阶段。人文生态系统平衡指的是共同生活的人群通过竞争、协作、排斥、共生等相互作用而形成人文群落及其环境间相互牵制的稳定整体；在稳定状态下群落的人群组成和各人群的数量变化都不大；群落出现的变化实际上都是由环境的变化，也就是干扰所引起的。与自然生态系统的平衡不同，人文生态系统的物质、能量和信息的输入量远大于输出量，只有在更大的范畴内才能达到平衡，从而使得系统的结构和功能长时间处于稳定状态。实际上人文生态系统中的人群始终处在不断地变化之中，群落在环境干扰下不断地抵抗和恢复，通过自我调节，保持原有的状态或进入更高的平衡状态，这种平衡是一种动态的相对的平衡，而非静态的绝对的平衡。

（三）景观的稳定性

景观的稳定与人文生态系统的平衡有着内在的联系。景观稳定性是一种有规律的绕中心波动的过程，是指一个系统对干扰或扰动的反应能力。景观的稳定性可以从两个方面来理解，一种是从景观变化的趋势看景观的稳定性，另一种是从景观对干扰的反应来认识景观的稳定性。景观无时无刻不在发生着变化，绝对的稳定性是不存在的，景观稳定性只是相对于一定时间和空间的稳定性；景观又是由不同组分组成的，这些组分稳定性的不同影响着景观整体的稳定性；景观要素的空间组合也影响着景观的稳定性，不同的空间配置影响着景观功能的发挥。

（四）可持续发展

1987 年联合国世界环境与发展委员会主席，挪威首相布伦特兰夫人在《我们共同的未来》报告中，将“可持续发展”定义为：“既满足当代人的需求，又不对后代人满足其自身需求的能力构成危害的发展。”这一概念最初是针对环境的可持续发展而提出，现在已经成为整个人类社会的共同目标。

二、城市景观形态发展的人文生态调控

（一）群体关系调控

通常情况下，人文生态系统中的人口数量与结构变化总是呈现出一定的规律，这是因为如同自然生态系统一样，在人文生态系统中也存在着对群体的调控机制。虽然人类总体数量呈不断上升的趋势，但各群体的数量总是保持在一定水

平达到某种平衡，不会出现无限增加的情况，群体内部及外部对数景有自发的调节功能。但是人文生态群体的调节因素中自然环境的影响力大为减小，各种人文因子的影响日益凸显，如经济、文化、政治等因素。

1．剥削

剥削是指占有他人的劳动而不给予公平的或相当的报酬，这是在对立阶级中发生的常态。根据马克思的政治经济学，剥削的根源是生产资料的所有者对劳动者部分劳动的无偿占有。在资本主义社会中资本家对无产阶级剩余价值的无偿占有就是剥削的典型代表。剥削伴随着私有财产而诞生，它是人类间最冷酷的关系之一，它使得财富在某类人群里集中，使不同人群对生产、生活资料的占有不均，产生社会层级关系和不公平现象。

2．竞争与协作

自从达尔文在《进化论》中提出“物竞天择，适者生存”，竞争就成为研究生物间关系的重要课题。生物界的竞争是指生物体之间由于食物、栖息场所或其他生活条件的矛盾而斗争的现象，竞争既存在于种间也存在于种内。

生物间的协作是指两种生物相互作用，双方获利，但分离后仍能独立生存。因此，协作是一种互惠互利的关系。同样，协作可以发生在群体内部，也可以发生在群体之间。相互协作促成了高度发达的人类的出现，也促进了复杂的人类社会的产生，协作是人类间最常态的相互关系之一，从原始人类的协作狩猎到现代企业间复杂的协作关系，协作是人类克服各种困难，实现更高目标，不断发展的重要手段。人类群体之间以协作为常态，才可能出现相对统一、连续的城市景观形态，才可能保持景观的稳定性，否则将可能导致景观的隔离、分裂和剧烈变化。

（二）系统平衡控制

1．正反馈和负反馈

生态系统普遍存在着反馈现象。当生态系统中某一成分发生变化的时候，它必然会引起其他成分出现一系列的相应变化，这些变化最终又反过来影响最初发生变化的那种成分，这个过程就叫做反馈。反馈分两种类型，即负反馈和正反馈。

2. 抵抗力和恢复力

抵抗力是人文生态系统抵抗外来干扰的能力。抵抗力与人群的特性及系统现有的阶段状况有关。个体的人对环境因子的适应性越强，人类群体多样性和文化多样性越高，系统发育越成熟，系统抵抗外干扰的能力就越强。

恢复力是指人文生态系统遭到外部干扰破坏后恢复到原状的能力。恢复能力主要是由人文群落特征和系统结构决定的。

三、城市景观形态的可持续发展与人文生态的关系

（一）持续自生与景观的稳定性

自生是生物自我繁殖的一种能力，是物种延续的重要环节。人文生态系统也是自组织、自复制的系统，只有自我调节和自我维持的自生机制，其组成分子的持续自生和持续互动行为造成人文生态系统的存在与延续。持续自生既是个体的自生，也是经济、社会和文化的自生，是整个人文生态系统的自生。持续自生是系统延续的重要手段，也是人文生态系统可持续发展的基础。

（二）循环再生与景观形态更新

自然生态系统中的物质是循环利用的，从生产者—各级消费者—分解者—无机环境，物质的多重利用及循环再生是生态系统长期生存并不断发展的基本对策。为此，生态系统内部必须形成一套完善的生态工艺流程，物质在其中循环往复，充分利用。在人文生态系统中，不但资源利用是高输入、低利用、高废弃的单向度使用，社会文化也在对传统的背弃中走着线性发展的道路。由于缺乏循环再生机制，城市面临陷入环境污染、资源短缺、社会文化贫乏的困境中。随着可持续发展理论的提出，循环再生思想得到重视。循环论的思想也是认识论的一个重大突破。它要求我们既要抛弃传统的有始终、有因果的单目标线性思维方法，又要抛弃人是宇宙的中心和进化的终极的观念。同时，它使我们认识到：必须把自己、把城市乃至整个人类社会放进一个更大的系统范围里去，因为我们只不过是这个更大的循环圈中的一部分而已。

人文生态系统的再生是经济、社会、文化的全面的再生，它导致了系统环境，也就是城市景观的相应变化。城市景观更新过程是相对漫长的修复过程，是循环

再生思想在城市物质层面上的表现，是更深层的循环经济、文化再生与城市更新的直接表现。景观的再生是景观的历时性和共时性的共同产物，景观既保存了过去的历时信息，同样会刻上现代的印痕，在继承的基础上实现景观的自我更新，实现城市景观的可持续发展。